Kürti/Bringewatt

Geheimsprache TÜVologischer Fahreignungsbegutachtung

Dr. Karl Kürti
Diplom-Psychologe und Journalist
Dorothee Bringewatt

Geheimsprache *TÜVologischer* Fahreignungsbegutachtung

Leitfaden zum Entschlüsseln des wahren Inhalts von MPU-Gutachten für Betroffene, Juristen und Mitarbeiter von Führerscheinstellen

Marta Kürti
Mitglied der Internationalen
Akademie für Zytologie
Labormedizinische Beratung

Werner-Verlag

1. Auflage 1995

Die Deutsche Bibliothek – CIP-Einheitsaufnahme

Kürti, Karl:
Geheimsprache TÜVologischer Fahreignungsbegutachtung : Leitfaden zum Entschlüsseln des wahren Inhalts von MPU-Gutachten für Betroffene, Juristen und Mitarbeiter von Führerscheinstellen / Karl Kürti ; Dorothee Bringewatt. – Düsseldorf : Werner, 1995
ISBN 3-8041-2463-1
NE: Bringewatt, Dorothee

ISB N 3-8041-2463-1

Umschlagentwurf: brose-design, Düsseldorf
Gesamtherstellung: ICS Communikations-Service GmbH, Bergisch Gladbach
Archiv-Nr.: 972-8.95
Bestell-Nr.: 3-8041-2463-1

Inhaltsverzeichnis

1 Vorgedanken*

Alle Kraftfahrer kennen ihn, viele fürchten ihn insgeheim, vielen steht er Jahr für Jahr bevor, viele meinen, durch ihn sei ihre Existenz zugrunde gerichtet worden, und nur verhältnismäßig wenige haben ihn mit Erfolg (im ersten Anlauf) hinter sich gebracht – den landauf, landab zu Recht oder zu Unrecht so genannten „Idiotentest". Um die Begutachtung der Eignung zum Führen von Kraftfahrzeugen durch amtlich anerkannte Medizinisch-Psychologische Untersuchungsstellen geht es, genauer um die Gutachten, die von diesen Stellen, die – bis auf einige wenige Ausnahmen – bei den Technischen Überwachungsvereinen e.V. und bei der DEKRA e.V. angesiedelt sind, erstellt werden. Wir wollen diesmal die Sprache dieser Gutachten unter die Lupe nehmen, weil wir der Meinung sind, daß der zunehmend schlechter werdende Ruf dieser Untersuchungen bzw. deren schriftlicher Ergebnisse zu einem wesentlichen Teil auf die Eigenarten der von uns so bezeichneten „TÜVologischen Geheimsprache" zurückzuführen ist.

Ziel dieses Buches ist nicht nur, Kritik zu üben, sondern dazu beizutragen, daß Betroffene, ihre Rechtsanwälte, Richter, die Sachbearbeiter der Verwaltungsbehörden und die „TÜVologen" einander verstehen. Insbesondere wäre es wünschenswert, daß sich die Sachbearbeiter der Führerscheinstellen nicht nur unkritisch dem Schlußsatz des positiven oder negativen MPU-Gutachtens anschließen, sondern die Ausführungen der Gutachter hinterfragen. Die Verständnis- und Erklärungsnot der verantwortungsbewußten Behördenmitarbeiter ist nach all dem, was uns sogar leitende Verwaltungsbeamte berichtet haben, sehr groß.

Jede wissenschaftliche Fachdisziplin entwickelt eine eigene sprachliche Ausdrucksweise, die aus Fachbegriffen, aber auch einer speziellen Diktion besteht – im Volksmund im allgemeinen auch „Fachchinesisch" genannt. Diese Fachsprache hat für den Wissenschaftler die Aufgabe, Erkenntnisse festzuhalten und an Dritte, in der Regel ebenfalls in dieser Disziplin ausgebildete Fachleute, weiterzugeben. Zu diesem Zweck muß die verwendete Sprache präzise und exakt sein, aber auch notwendige Differenzierungen erlauben, sie muß leicht zu verwenden und unmittelbar verständlich sein.

Insofern gestehen wir natürlich auch der Fachdisziplin der wissenschaftlichen Begutachtung der künftig wahrscheinlichen Eignung zum Führen von Kraftfahrzeugen, die nach den „Richtlinien zur Prüfung der körperlichen und geistigen Eignung von Fahrerlaubnisbewerbern und -inhabern" (Eignungsrichtlinien) und den Grundsätzen der wissenschaftlich anerkannten Methoden der Medizin und Psychologie (Verkehrspsychologie)

* Im Interesse der besseren Lesbarkeit des Textes wird jeweils nur in der maskulinen Form von Gutachtern, Psychologen, Klienten usw. gesprochen. An dieser Stelle sei darauf hingewiesen, daß selbstverständlich alle Aussagen sinngemäß auch für Gutachterinnen, Psychologinnen, Klientinnen usw. gelten.

zu erfolgen hat, die Freiheit zu, eine fachspezifische Sprache zu entwickeln und zu verwenden.

Das Wesen einer jeden Fachsprache ist es, daß sie sich auf allgemein anerkannte Definitionen der verwendeten Begriffe stützt. Das Wesen einer jeden Wissenschaft liegt bekanntlich auch in der Tatsache, daß allgemein anerkannte und verbindliche Definitionen vorhanden sind. So gab es bereits in den Anfängen unserer Zeitrechnung die ältesten Fachsprachen, die sich infolge der Spezialisierung gewisser Tätigkeiten – etwa der Fischer und Bauern – herausgebildet haben. Im Zuge der menschlichen Entwicklung, insbesondere durch die zunehmend differenziertere Arbeitsteilung, kam es dann zur Entstehung von immer mehr Fachsprachen, von denen wir nach FLUCK (1976) – ohne Anspruch auf Vollständigkeit – nur die *Fachsprache der Börse, Fachsprache der Metallverarbeitung, Fischersprache, Verwaltungssprache, Politische Fachsprache, Linguistische Fachsprache, Chemische Fachsprache, Sprache der Physik, Medizinische Fachsprache, Fachsprache des Theaters* nennen. Allen diesen Fachsprachen ist gemeinsam, daß ihre Terminologie normiert ist, d. h., es gibt eine allgemein anerkannte fachsprachliche Normung, die es den Benutzern der Fachsprache ermöglicht, einander recht gut zu verstehen.

Durch diese Orientierung auf einen genau definierten Benutzerkreis ergibt sich zwangsläufig die Gefahr, daß die verwendete Sprache auch nur noch diesem Kreis zugänglich ist. Ein Biologe wird also Schwierigkeiten haben, einen Volkswirt zu verstehen, und selbst unter den Angehörigen einer einzigen wissenschaftlichen Disziplin gibt es zunehmend Verständnisschwierigkeiten. Dies gilt insbesondere dann, wenn es sich nicht im eigentlichen Sinne um eine exakte Wissenschaft wie die Physik handelt, wenn sich eine Disziplin sehr schnell entwickelt oder wenn ein Themenbereich von einem Monopolisten wie dem TÜV beherrscht wird, der jedoch die für interne Zwecke formulierten Begriffe nicht einer allgemeinen wissenschaftlichen Prüfung zugänglich macht. Es besteht die Tendenz, daß jeder Wissenschaftler seine eigenen „Definitionen erfindet", die sich von denen der Kollegen in bestimmten Nuancen unterscheiden, weil es keine allgemein anerkannte Terminologie gibt. All das macht es für einen Außenstehenden noch viel schwerer, sich in die Sprache eines Fachgebietes einzuarbeiten und immer zu wissen, was ein bestimmter Begriff in einem gewissen Zusammenhang bedeutet.

Durch die stärkere Spezialisierung der wissenschaftlichen Fachdisziplinen und die damit einhergehende Spezialisierung der Fachsprache entstehen somit Informationsbarrieren, zumal viele Wissenschaftler wegen ihrer nicht besonders ausgeprägten sprachlichen Begabung nicht in der Lage sind, in verständlicher Art und Weise das auszudrücken, was sie eigentlich sagen wollen. Wenn in solchen Fällen einem Adressaten eines bestimmten Textes auch noch die Fachkenntnisse fehlen, die es ihm erlauben, die fehlende sprachliche Klarheit eines Textes durch eigenes Vorwissen auszugleichen, ist eine Kommunikation zwischen den Angehörigen eines Fachgebietes einerseits und den Nichtfachleuten andererseits nicht oder nur noch sehr eingeschränkt möglich. Dies gilt auch und insbesondere für Medizinisch-Psychologische Gutachten der amtlich anerkannten MPU-Stellen und die Adressaten ihrer Fachtexte (Gutachten) – die Betroffenen als Auftraggeber und die Sachbearbeiter der Straßenverkehrsbehörden als Entscheidungsträger in der Frage der Wieder-/Neuerteilung der Fahrerlaubnis.

Auf dem großen Fachgebiet der gutachtlichen Beurteilung der medizinischen und/oder charakterlichen Eignung von Kraftfahrern durch die Medizinisch-Psychologischen Untersuchungsstellen der Technischen Überwachungsvereine e.V. und der DEKRA e.V., die seit vielen Jahrzehnten jährlich Zigtausende und in den Jahren nach der Vereinigung Deutschlands über 150000 Fahreignungsgutachten erstellen, wird eine spezielle Fachsprache benutzt, die jedoch nicht normiert ist.

Im Bereich des Gutachtenwesens, gleich um welche Fachdisziplin es sich dabei auch handelt, ist eine Normung der Fachsprache jedoch unerläßlich, weil ein Gutachten eines Sachverständigen auch für Dritte verständlich sein muß. So wird jedes Gericht, jede Behörde, aber auch der Auftraggeber eines Gutachtens und dessen potentieller Prozeßgegner verlangen, daß ein Fachgutachten, das ein Hilfsmittel für den Entscheidungsträger und somit die Grundlage der Entscheidung selbst ist, nachvollziehbar und nachprüfbar sein muß.

Wir meinen nun nach Analyse und Auswertung von 813 in den Jahren 1986 bis 1994 erstellten und nach Sichtung von mehr als 3000 weiteren Fahreignungsgutachten der MPU-Stellen der TÜV- und DEKRA-Organisationen, daß sowohl im medizinischen als auch im psychologischen Teil der MPU-Gutachten eine regelrechte „Geheimsprache“ verwendet wird.

Wir sind allerdings nicht der Ansicht, daß diese „Geheimsprache“ eine von vornherein von den Gutachterstellen ausgedachte, geplant verschlüsselte Sprache ist. Vielmehr sind wir der Meinung, daß die in den Gutachten verwendete Terminologie und auch die typische sprachliche Diktion infolge der anhaltenden öffentlich geäußerten Kritik sowie der juristischen und fachpsychologischen Angriffe auf den sogenannten „Idiotentest“ im Laufe vieler Jahre, jedoch insbesondere seit Mitte der 80er Jahre, nach und nach entstanden sind. Es besteht sogar Grund zu der Annahme, daß diese „TÜVologische Geheimsprache“ zumindest in den letzten Jahren eine regelrechte Blütezeit erlebt.

Daß auf dem Gebiet der „TÜVologischen“ Fahreignungsbegutachtung infolge der anhaltenden öffentlichen Kritik eine Sprachentwicklung stattgefunden hat, ist zwar durchaus zu begrüßen, es ist dabei allerdings zu fordern, daß neugeschaffene Begriffe – solange sie noch nicht in die Allgemeinsprache und/oder in eine anerkannte wissenschaftliche Fachsprache eingegangen sind – in den Gutachten selbst oder in erläuternden

Zusatzinformationen erklärt und damit für Nichtfachleute verständlich gemacht werden. Da es nicht wahrscheinlich ist, daß die Monopolisten TÜV/DEKRA diese Forderung erfüllen, möchten wir diesem Mangel abhelfen.

Im Zeitalter der Computer und der Textverarbeitungssysteme besteht natürlich die große Versuchung, fertig formulierte Absätze im Computer zu speichern und einfach abzurufen, wenn die Formulierung mehr oder minder auf einen bestimmten Fall paßt. Diese Verwendung von sogenannten Textbausteinen, von denen es in den MPU-Stellen des VdTÜV angeblich einen Fundus von mehreren tausend geben soll, ist natürlich eine sehr zweischneidige Angelegenheit. Es ist als Arbeitserleichterung für die Gutachter verlockend, Standardsätze wie die von der Behörde vorgegebene Fragestellung in Form von Textbausteinen parat zu haben und immer wieder abzurufen. Es ist aber fragwürdig, wenn auch bei der Beurteilung des Untersuchten solche Textbausteine verwendet werden, denn die MPU-Stelle hat schließlich den Auftrag, ein einzelfallbezogenes Gutachten zu erstellen und darin auf die Besonderheiten des Falles und die spezielle Situation des einzelnen Untersuchten konkret einzugehen. Man kann wohl kaum davon ausgehen, daß es vollkommen übereinstimmende Fälle gibt, die eine nochmalige Verwendung des gleichen Textes rechtfertigen würden. So gesehen unterscheiden sich die heutigen, in der Regel 5 bis 8 Seiten umfassenden Textbaustein-Gutachten von denen, die im Jahre 1979 nur aus einer zur Hälfte vorgedruckten Seite bestanden, nur darin, daß eine größere Anzahl von vorgefertigten Texten als Seitenfüller verwendet wird – wofür natürlich auch mehr Geld verlangt werden kann.

Diese Auffassung wird auch vom Vorsitzenden des Gemeinsamen Beirates für Verkehrsmedizin beim Bundesminister für Verkehr und beim Bundesminister für Gesundheit, Prof. Dr. med. H. LEWRENZ, Obergutachter der Freien und Hansestadt Hamburg, geteilt, der feststellt:

„Textbausteine können für den Gutachter eine große Hilfe sein. Aus diesem Grunde bin ich für Textbausteine.
Textbausteine können für den Gutachter zu einer großen Verführung werden. Aus diesem Grunde warne ich vor Textbausteinen.
Textbausteine sollen den Gutachter entlasten von Routineformulierungen, die sich häufig wiederholen.
Textbausteine sollen dem Gutachter nicht das Denken abnehmen. Hiernach bezweifle ich die Zweckmäßigkeit, u.U. auch die Zulässigkeit vieler gebräuchlicher unveränderter, d. h. unangepaßter Textbausteine.
Textbausteine lassen sich einzelfallbezogen verändern.
Ein Gutachten, das zu mehr als 50% aus unveränderten Textbausteinen besteht, ist schon mit hoher Wahrscheinlichkeit kein einzelfallbezogenes Gutachten mehr (KÜRTI).

Wer sich die Mühe macht, durch Zeilenzählung die Verteilung zwischen frei formulierten Anteilen und Textbausteinanteilen zu ermitteln, stößt wahrscheinlich seltener auf Gutachten, die zu weniger als 50% aus unangepaßten Textbausteinen bestehen. Ich fand Gutachten, die zu mehr als 70% aus solchen Textbausteinen bestanden, einige zu über 80%.

Nun kommt es allerdings noch darauf an, in welchen Abschnitten eines Gutachtens Textbausteine eingesetzt werden. Werden sie für Abschnitte der Anamnese eingesetzt, dann kommt es meistens nur zu recht lapidaren Ausführungen (,zur anlaßbezogen durchgeführten verkehrsmedizinischen Vorgeschichtserhebung ergaben sich keine Besonderheiten', oder ,zur Sozialanamnese wurden geordnete wirtschaftliche Verhältnisse u.ä. angegeben', oder ,Aktenanalyse: siehe Akten').

Es bleibt dem Gutachtenempfänger überlassen zu raten, welche Menschen und Schicksale sich hinter diesen Formulierungen verbergen.

Man kann den Prozentsatz des frei formulierten Anteils an einem Gutachten beträchtlich steigern, wenn man die Exploration zur Vorgeschichte und zur Alkoholproblematik im Frage- und Antwortspiel wörtlich wiedergibt oder aus direkter und indirekter Rede aufbaut, was schon mühsamer ist, wenn es gut werden soll.

Nichts wäre zu beanstanden, wenn die Abschnitte, in denen nun die eigentliche Leistung des Gutachters erwartet wird – bei der Interpretation der eruierten Daten und Fakten –, frei formuliert, einzelfallbezogen, folgen würden. Dem ist aber häufig nicht so. Es gibt Gutachten, in denen die sogenannte ,zusammenfassende Beurteilung' bis zu 100% aus Textbausteinen besteht. Der größte Teil befaßt sich dazu noch allein mit den gruppenbezogenen Erfahrungssätzen, also mit der Statistik und der statistischen Rückfallwahrscheinlichkeit und auch mit den Gefahren, die sich ganz allgemein für den Straßenverkehr aus den gruppenbezogenen Erfahrungen herleiten lassen. Ganz abgesehen von seltsamen Textbausteinverwendungen, die deutlich erkennbar nicht zum Begutachtungsfall passen. So, wenn festgestellt wird, daß Herr X ,. . . auch zukünftig sein Kraftfahrzeug unter Alkoholeinfluß führen wird', und Herr X hatte noch nie ein Kraftfahrzeug unter Alkoholeinfluß geführt, er besaß schon seit mehr als 10 Jahren kein Kraftfahrzeug mehr. Er war aber nach einer Vatertagstour betrunken mit dem Fahrrad gestürzt. Die BAK von mehr als 2‰ führte zur Begutachtung, was wohl berechtigt war. Solche an sich verzeihlichen Irrtümer, die gerade bei der Textbausteinverwendung naheliegen können, diskreditieren noch nicht das Verfahren an sich, sie stimmen allerdings bedenklich, wenn sie gerade im Bereich der besonders sensiblen, rechtsrelevanten Abschnitte des Gutachtens auftreten und nicht korrigiert werden" (DAR 2/1992, S. 53).

Die überzeugenden Ausführungen von Prof. LEWRENZ und die bundesweite Kritik hindern die Verfasser des ersten psychologischen Kriterienkatalogs für die Kraftfahreignung, der von der Kommission der Sektion Verkehrspsychologie im Bundesverband Deutscher Psychologen e.V. unter dem Titel **„Psychologisches Gutachten – Kraftfahreignung"** im April 1995 zum ersten Mal veröffentlicht wurde, nicht an ihrem Vorhaben, die Verwendung der Textbausteine in den Fahreignungsgutachten sogar amtlich legalisieren lassen zu wollen. Herausgeber Prof. Günther KROJ von der Bundesanstalt für Straßenwesen und unter anderem die Obergutachter Prof. Udo UNDEUTSCH, Köln, und Prof. Egon STEPHAN, Trier, aber auch Prof. Werner WINKLER, Hannover, und der Leitende Psychologe der TÜV Rheinland Gruppe e.V., Dr. UTZELMANN, haben diesen ersten psychologischen Kriterienkatalog in der Absicht erarbeitet, diesen mit dem medizinischen Eignungskatalog **„Krankheit und Kraftverkehr"** zu kombinieren und durch den Bundesminister für Verkehr legalisieren zu lassen. Zu der Frage der Verwendung von Textbausteinen führen sie auf Seite 28 folgendes aus:

„Die Verwendung von Textbausteinen steht im engen Zusammenhang mit dem Problem der individuellen Gutachtenerstellung. Die Qualität eines Gutachtens hängt diesbezüglich von der fachwissenschaftlichen Qualität der Textbausteine sowie ihrer korrekten Anwendung ab. Qualitätskriterien sind hierbei die fachliche Differenziertheit der Textbausteine und ihre Anpassungsfähigkeit an die Erfordernisse des Einzelfalls. Bei der Beurteilung des Einsatzes von Textbausteinen im konkreten Einzelfall hat eine pauschale Betrachtungsweise einer differenzierten Bewertung zu weichen. Der Sachverhalt, daß ein Gutachtentext zu mehr als 50 Prozent aus Textbausteinen besteht, ist nicht gleichbedeutend mit mangelnder Nachvollziehbarkeit oder dem Fehlen hinreichender Differenzierung."

In dieser Formulierung heißt es mit anderen Worten, daß ein Gutachten, das zu mehr als 50 Prozent aus Textbausteinen besteht – und 80 Prozent sind auch mehr als 50 Prozent –, angeblich immer noch ein Individualgutachten sein soll. Man muß sich wirklich fragen, ob die Verfasser dieser Kriterien bei ihren Überlegungen von wissenschaftlichen Ansprüchen oder vielleicht doch von wirtschaftlichen geleitet worden sind. Wie wir in unserem Buch nachweisen werden, stehen die in den MPU-Gutachten verwendeten Textbausteine der Einzelfallgerechtigkeit unüberwindbar im Wege.

Es kann nicht hingenommen werden, daß die „TÜVologische Geheimsprache" bzw. die offensichtlich gezielte Verwendung von vorgefertigten Versatzstücken, Textbausteinen und Textelementen der computergestützten Textverarbeitung an die Verwaltungsbehörde gerichtete Botschaften enthält bzw. daß auf diese Weise an die Mitarbeiter von Führerscheinstellen zwischen den Zeilen nicht klar verbalisierte Mitteilungen weitergegeben werden, die die Untersuchten (Auftraggeber), ihre Rechtsanwälte, aber auch in der Verkehrspsychologie versierte Diplom-Psychologen zwar vermuten, erahnen und deren Sinn sie mitunter auch klar erkennen, jedoch nicht definitiv nachvollziehen können.

Ein wesentliches Merkmal des Funktionierens dieser „TÜVologischen Geheimsprache" besteht nach unserer Ansicht schlicht darin, daß mittels sprachlicher Formulierungen und der Verwendung bestimmter Kunstworte beim Entscheidungsträger (Sachbearbeiter der Verwaltungsbehörde) zwischen den Zeilen eine Meinung, ein Eindruck, ein Vorurteil initiiert oder eine in der Regel bereits vorhandene negative Einstellung verstärkt wird.

Die Verständlichkeit, genauer die Unverständlichkeit der sprachlichen Ausdrucksweise in den Fahreignungsgutachten der MPU-Stellen ist ein klassischer Streitgegenstand, der schon etliche Gerichte beschäftigt hat. Eine Bestätigung dafür, daß es eine für Dritte nicht oder nicht in jedem Fall nachvollziehbare Sprache gibt, lieferte das Amtsgericht München in einer Entscheidung, in der sogar festgeschrieben wurde, daß der Untersuchte, also der zahlende Auftraggeber der MPU-Stelle des TÜV, keinen Anspruch auf eine sprachlich verständliche Formulierung des Gutachtentextes habe, denn der Gutachter brauche seine sprachliche Ausdrucksweise lediglich auf den „Empfängerhorizont" abzustellen, und Empfänger des Gutachtens sei nicht der Auftraggeber, also der untersuchte Bürger, sondern der Sachbearbeiter des Straßenverkehrsamtes. Nach Ansicht des Amtsrichters habe ein Sachbearbeiter der Führerscheinstelle eine genügend große Zahl dieser Eignungsgutachten gelesen und werde daher auch in der Lage sein, diese zu verstehen. In der Urteilsbegründung heißt es dazu:

„Das Gutachten ist auch inhaltlich, in seiner Abfassung und auch formal nicht zu beanstanden, entspricht vielmehr den Richtlinien, abgesehen davon, daß dem Beklagten auch ein Ermessensspielraum zusteht, der erkennbar nicht fehlerhaft überschritten wurde.

Die Tatsache, daß das Gutachten für den Kläger als Laien im einzelnen nicht nachvollziehbar ist, vermag an dieser Einschätzung nichts zu ändern, da es hier eindeutig auf den Empfängerhorizont der Verwaltungsbehörde ankommt, die im Umgang mit entsprechenden psychologisch-medizinischen Gutachten geübt und somit auch sachkundig ist" (AG München, Urteil vom 18. 9. 1990 zu Az. 131 C 13453/90, bei Himmelreich/Janker Rn. 127 zu Fn. 140).

Das Münchener Amtsgericht hat folglich das Bestehen einer für Dritte nicht nachvollziehbaren Sprache bestätigt, ohne darauf Rücksicht zu nehmen, daß diese „TÜVologische Geheimsprache" als Fachsprache nicht normiert ist. Es ist geradezu erschreckend, daß das Amtsgericht die psychologische und medizinische Sachkunde von in diesen Disziplinen überhaupt nicht geschulten Verwaltungsbeamten und Angestellten darin als gegeben erachtet, daß diese „im Umgang mit entsprechenden ... Gutachten geübt (sind)".

Dieses einsame Urteil des Münchener Amtsgerichts greifen die Verfasser des psychologischen Eignungskatalogs **„Psychologisches Gutachten – Kraftfahreignung"** (KROJ, 1995) selbstverständlich auf und führen auf Seite 27 wie folgt aus:

„Für die Nachvollziehbarkeit ist allerdings nicht der Verständnishorizont des Betroffenen entscheidend, sondern der eines verständigen Dritten, der im Umgang mit entsprechenden Gutachten geübt ist (z. B. der des Behördenmitarbeiters).“

Es ist interessant, darauf hinzuweisen, daß die Verfasser dieses psychologischen Eignungskatalogs diese vom Amtsrichter des Münchener Amtsgerichts aus offenkundiger Sachunkenntnis formulierte These sich so zu eigen gemacht haben, daß sie auf die Fundstelle im obigen Urteil nicht einmal verweisen.

Dem Gedankengang des Amtsgerichts ist allerdings darin zuzustimmen, daß ein Behördenmitarbeiter, der tagtäglich mitunter mehrere derartige Gutachten der MPU-Stelle zu bearbeiten und deshalb auch zu lesen hat, zwangsläufig einen Lernprozeß durchmacht. Er ist nämlich zumindest der suggestiven Wirkung der „TÜVologischen“ Diktion der Gutachten ausgesetzt, und zwar schutzlos, weil ihm die durch eine wissenschaftliche Ausbildung vermittelbare sachliche Kritikfähigkeit fehlt. Durch die besondere Art und Weise der „TÜVologischen Geheimsprache“ werden seine Einstellungen, Haltungen und die selbstverständlich vorhandenen vorgefaßten Meinungen, aber auch Vorurteile, in eine bestimmte Richtung gelenkt.

Laut „Eignungsrichtlinien“ entscheidet zwar nicht die MPU-Stelle, sondern die Straßenverkehrsbehörde über die Frage der Eignung, ein gewaltiges Problem entsteht allerdings daraus, daß die Sachbearbeiter der Verwaltungsbehörden, die über die rein juristische Frage der Eignung zum Führen von Kraftfahrzeugen in eigener Verantwortung positiv oder negativ zu entscheiden haben, über keinerlei fundierte Ausbildung in der wissenschaftlichen Psychologie verfügen und daher mit der Fachterminologie der MPU-Gutachter bzw. der wissenschaftlichen Verkehrspsychologie nicht vertraut sind. Sie können also das ihnen vorliegende Gutachten nur „konsumieren“ und nicht kritisch hinterfragen.

Man könnte sogar etwas überspitzt sagen, daß der einzig klare und eindeutige Satz in den MPU-Gutachten derjenige ist, der die – wohlgemerkt unwissenschaftliche – Behauptung in der Schlußbeurteilung enthält, wonach der Untersuchte auch „künftig ein Kraftfahrzeug unter Alkoholeinfluß führen wird“ oder „ nicht führen wird“ oder „in nüchternem Zustand erneut verkehrsauffällig wird“ oder „nicht verkehrsauffällig wird“.

Ein weiteres ebenso großes Problem ergibt sich daraus, daß die Behördenmitarbeiter kraft ihres Amtes unter Hinzuziehung der Gutachten der amtlich anerkannten Medizinisch-Psychologischen Untersuchungsstellen der Technischen Überwachungsvereine e.V. und der DEKRA e.V. eine schwerwiegende Entscheidung treffen müssen. Diese Entscheidung fällen sie z. Z. jährlich 150000fach, ohne in der Lage zu sein, die vorliegenden Gutachten oder wesentliche Teile davon sach- und fachgerecht zu interpretieren. Die Folge ist, daß mit Sicherheit ein Gutteil der negativ

Begutachteten die Fahrerlaubnis zu Unrecht wiedererhält, während ein Gutteil derjenigen, die geeignet wären, weiterhin auf ihre Fahrerlaubnis verzichten müssen; davon erst gar nicht zu sprechen, daß ihnen auch falsche positive Gutachten nicht als solche auffallen. Für die erste Annahme spricht die enorme Zahl der jährlich rückfällig gewordenen ehemaligen Trunkenheitsfahrer. Es werden also aufgrund der Fahreignungsgutachten viele Fehlentscheidungen getroffen, was nicht zuletzt an der mangelnden Prognosegüte derselben liegt. So stellte A. MÜLLER in einem Aufsatz (DAR 8/94, S. 308 ff.) fest, daß sogar die Treffsicherheit der Fahreignungsgutachten der Obergutachterstelle für das Land Nordrhein-Westfalen (Leiter: Prof. Dr. U. UNDEUTSCH) lediglich um 15% besser ist als der durch *„Münzewerfen zu erzielende zufällige Trefferwert von 50%“*. Das geradezu Erschreckende daran ist, daß die Kölner Obergutachterstelle eine sehr gründliche, ganztägige Untersuchung durchführt, neben der Exploration Charaktertests, Leistungstests einsetzt und noch dazu eine Testfahrt veranstaltet. Man braucht darüber gar nicht zu spekulieren, um wieviel geringer die Treffsicherheit eines MPU-Gutachtens des TÜV ist, das nach einem nur „12minütigen“ oder „44minütigen“ Gespräch als in der Regel einzigem Untersuchungsverfahren zustande kommt. Merkwürdigerweise hat bislang noch kein Medizinisch-Psychologisches Institut der TÜV-Organisationen eine Studie über die Treffsicherheit der MPU-Gutachten veröffentlicht.

Obwohl die „Eignungsrichtlinien“ in II Ziff. 8 vorschreiben, daß die Verwaltungsbehörde darauf hinzuwirken hat, daß die Gutachten in allgemeinverständlicher Sprache abgefaßt sowie nachvollziehbar und nachprüfbar sein müssen, kommt es wohl äußerst selten vor, daß eine Verwaltungsbehörde ein Gutachten an die MPU-Stelle zurückverweist und von dieser nachbessern läßt, weil es unverständlich ist und weder nachvollzogen noch nachgeprüft werden kann. Die Verwaltungsbehörde darf die MPU-Gutachten lediglich als *„Hilfsmittel für die eigene Urteilsbildung“* benutzen, die Sachbearbeiter werden aber für eine Überprüfung der Gutachten nicht entsprechend ausgebildet, und daher schließen sich die Verwaltungsbehörden ohne eigenständige Prüfung der Endbeurteilung durch den Gutachter an, obwohl es in den „Eignungsrichtlinien“ in Ziff. 9 ausdrücklich heißt, daß es nicht genügt, *„daß sich die Verwaltungsbehörde dem Gutachten summarisch anschließt. Sie muß selbst prüfen, welche Eigenschaften der Gutachter festgestellt hat, und ob diese Feststellungen gegebenenfalls in Verbindung mit anderen Beweismitteln der Beurteilung zugrunde gelegt werden können. (. . .) Die Entscheidung der Verwaltungsbehörde muß erkennen lassen, daß eine eigene Prüfung stattgefunden hat. Formelhafte Hinweise und Feststellungen reichen dazu nicht aus. Die Begründung muß vielmehr erkennen lassen, daß die Verwaltungsbehörde das Gutachten den Besonderheiten des Einzelfalles entsprechend verarbeitet hat.“*

Im Gegensatz zu den in den „Eignungsrichtlinien“ genannten Vorschriften nutzt die Verwaltungsbehörde den ihr zustehenden Ermessensspielraum aber nur dahin gehend, daß sie die Schlußfolgerungen des Gutachtens übernimmt, ohne aber begründen zu können, weshalb sie sich dem MPU-Gutachten ohne Einschränkung angeschlossen hat. Die Praxis sollte aufhören, daß die Verwaltungsbehörden einfach erklären, die Nachvollziehbarkeit der MPU-Gutachten sei von vornherein gegeben. Denn durch eine solche Erklärung wird ein MPU-Gutachten noch lange nicht nachvollziehbar und nachprüfbar. Durch die fehlende Klarheit und Eindeutigkeit der verwendeten Terminologie in den Gutachten ist es nämlich auf gar keinen Fall gesichert, daß die Aussage, die die Straßenverkehrsbehörde aus dem Gutachten herauszulesen meint, tatsächlich mit dem identisch ist, was die Gutachter gemeint haben.

Damit die Sachbearbeiter der Führerscheinstellen, die Betroffenen und ihre Rechtsberater künftig in die Lage versetzt werden, die MPU-Gutachten wirklich auf deren Nachprüfbarkeit und Nachvollziehbarkeit hin zu prüfen, will das vorliegende Buch die inzwischen zu festen Bestandteilen der „TÜVologischen Geheimsprache“ gewordenen Begriffe und Formulierungen identifizieren, analysieren, auf verborgene Inhalte hin prüfen und die gängige Verwendung transparent machen. Es ist unser erklärtes Ziel, den die Entscheidung tragenden Mitarbeitern der Verwaltungsbehörden klarzumachen, worauf sie sich einlassen, wenn sie die MPU-Gutachten, gleich, ob diese die Kraftfahreignung bejahen oder verneinen, ungeprüft zur Grundlage ihrer verwaltungsrechtlichen Entscheidung über die Erst- oder Neuerteilung der Fahrerlaubnis machen. Es ist gleichermaßen unvertretbar, einen nicht geeigneten Kraftfahrer auf sich und die Menschheit loszulassen oder einem Geeigneten die Erteilung der Fahrerlaubnis zu verwehren.

Außerordentlich merkwürdig ist doch die Tatsache, daß bisher kaum eine Verwaltungsbehörde ein MPU-Gutachten wegen mangelnder Nachprüfbarkeit und/oder Nachvollziehbarkeit verworfen hat – zumindest ist ein solcher Fall in der Literatur und in Fachkreisen völlig unbekannt.

Eine rühmliche Ausnahme bildet das Ministerium für Wirtschaft und Verkehr von Rheinland-Pfalz, das bereits im Mai 1992 „landeseinheitliche Kriterien für die Bewertung von medizinisch-psychologischen Gutachten“ erlassen hat (Zeitschrift für Schadensrecht, Jahrgang 13, Heft 5/Mai 1992). Die Mitarbeiter der Führerscheinstellen der Verwaltungsbehörden des Landes Rheinland-Pfalz bemühen sich zwar, unter Anwendung dieser sehr sinnvollen Kriterien die Gutachten auf Nachvollziehbarkeit zu prüfen, da sie jedoch nicht über ein entsprechendes psychologisches Hintergrundwissen verfügen, werden sie durch die ergänzenden Stellungnahmen der MPU-Stellen nur noch mehr verwirrt.

Gleichwohl ist eine Vielzahl von amts- und obergerichtlichen Urteilen zu den Kriterien der Nachprüfbarkeit und Nachvollziehbarkeit und der

Wiedergabe der Exploration ergangen, was doch unzweifelhaft dafür spricht, daß hier vieles im argen liegt. Den Mitarbeitern der Führerscheinstellen, also der mittleren Entscheidungsebene der Staatsverwaltung, scheinen MPU-Gutachten kein Kopfzerbrechen zu verursachen, denn sie richten nur sehr selten Rückfragen an die MPU-Gutachter, während die zu differenzierten und einzelfallorientierten Überlegungen verpflichteten, für ihre Entscheidung direkt verantwortlich zu machenden Verwaltungs- und Strafrichter sich die größte Mühe geben (müssen) und den Gutachter sogar anhören und befragen müssen, um ein Gutachten oder Teile davon richtig zu verstehen. Von den maßgeblichen Urteilen der ständigen Rechtsprechung sollen nachfolgend nur einige zitiert werden. So führte das Oberverwaltungsgericht des Landes Nordrhein-Westfalen in einer Entscheidung von grundsätzlicher Bedeutung aus, weshalb es bei der Beurteilung der charakterlichen Eignung so wichtig ist, die Exploration in nachvollziehbarer Weise im Gutachten wiederzugeben:

„Die Eigenschaften (des Begutachteten) spiegeln sich auch unverkennbar in der ausführlichen Wiedergabe des Explorationsgesprächs mit dem Kläger im Gutachten. (. . .) Seine Darstellungen, Meinungen und Behauptungen und sogar seine Ausdrucksweise rechtfertigen anschaulich und plastisch die Beurteilung des Sachverständigen“ (XIII, H. 644/75, S. 13).

Daß die Wiedergabe der Exploration in den MPU-Gutachten keinerlei Grundlage für eine derartige plastische Beurteilung nicht ermöglicht, werden wir mit einigen typischen Beispielen belegen.

Zum wohl wichtigsten Teil eines jeden Gutachtens, nämlich der Wiedergabe der Exploration (des diagnostischen Gesprächs), sind ebenfalls zahlreiche Urteile ergangen, weil ohne zuverlässige Wiedergabe der Fragen des Gutachters und der Antworten des Untersuchten kein Gutachten nachvollzogen werden kann.

„Die ***Exploration*** *ist* ***in den wesentlichen Inhalten*** *– auch wenn dies Mehrarbeit bedeutet – im Wortlaut* ***ausführlich*** *wiederzugeben, um nachvollziehbare und verläßliche Angaben über den Weg zu gewährleisten, auf dem der Gutachter die von ihm festgestellten Ergebnisse erlangt hat. (. . .) Es genügt nicht, wenn der Sachverständige* ***die wichtigsten und entscheidenden Passagen der*** *Exploration* ***nur auszugsweise,*** *etwa gar in indirekter Rede, wiedergibt oder z. B. auch nicht angibt . . .“* (vgl. OVG Münster, MJW 77, 1503; OVG Saarlouis, VM 78, 47; Fundstelle: HIMMELREICH/HENTSCHEL: Fahrverbot – Führerscheinentzug, Werner-Verlag, Düsseldorf 1992, 7. Auflage, Rn. 145, Band II).

Daß in diesem Bereich vieles im argen liegt, mag das nachfolgend zitierte Urteil des Amtsgerichts Köln, das in seiner Entscheidung vom 26. 10. 1988 (137 C 628/87) unter Berufung auf § 633 BGB für Recht erklärt hat:

„*1. Das medizinisch-psychologische Gutachten des TÜV über die Rückfallgefährdung eines Alkoholtäters muß eine auf die konkrete Problemstellung bezogene Antwort geben und darf sich nicht überwiegend in allgemeinen Phrasen erschöpfen, die auf jeden Trunkenheitstäter zutreffen. Ein solches Gutachten ist mangelhaft.*

2. Der Proband hat das Recht auf Nachbesserung eines solchen mangelhaften Gutachtens und, wenn die Nachbesserung abgelehnt wird, Anspruch auf Rückzahlung der Gutachterkosten“ (DAR 2/89).

Da es sich bei der Organisation der Technischen Überwachungsvereine/DEKRA bzw. bei den fast ausschließlich dort angesiedelten Medizinisch-Psychologischen Untersuchungsstellen um eine monopolistische Struktur handelt, in der die Gutachter persönlich nicht für ihre Gutachten haftbar gemacht werden können, ist es fast schon verständlich, daß die zahlreichen Urteile und die seit Jahrzehnten anhaltende Kritik im Endeffekt nichts oder zumindest nichts Entscheidendes bewirken konnten.

Die typischen Merkmale der „TÜVologischen Geheimsprache“ sehen wir in einer auffälligen und durchgängig negativlastigen Ausdrucksweise.

- Negative MPU-Gutachten enthalten nur negative Formulierungen, Beschreibungen; positive Eigenschaften des Untersuchten werden nicht genannt, obwohl es keinen Menschen mit nur negativen Eigenschaften gibt.
- Positive MPU-Gutachten bestehen aus Textelementen, deren Satzbau denen negativer MPU-Gutachten gleicht, wobei aber die diagnostisch wichtigen, das Gutachten tragenden positiven Eigenschaften fehlen.
- Komplexe seelische Zusammenhänge, Funktionsabläufe werden in kurzen Beschreibungen und Erläuterungen sehr stark komprimiert wiedergegeben.

Zusammengefaßt kann die „TÜVologische Geheimsprache“ als ein Gemisch aus ungenauer und inkonsequenter Anwendung von Begriffen und Formulierungen aus Psychologie, Medizin, Verwaltungsdeutsch, Juristendeutsch und Umgangssprache angesehen werden. Man hat den Eindruck, daß TÜV-Ärzte und TÜV-Psychologen bestrebt sind, den üblichen Umfang des Gutachtens von 5 bis 8 Seiten einschließlich Deckblatt nicht zu überschreiten. Da sie es aber nicht schaffen, die einzelnen, komplexen und individuellen Fälle in dieser Kürze genau zu erfassen, zwängen sie nur das aus ihrer Sicht Allernotwendigste in das Gutachten, was zur Komprimierung von Wörtern und Absätzen bis hin zur Unverständlichkeit führt.

Dadurch werden auch sehr viele Sachverhalte in Form von abstrakten Aussagen dargestellt, wodurch der Bezug zum Einzelfall verlorengeht – die vom Bundesministerium für Verkehr in den Eignungsrichtlinien und den zahlreichen Gerichtsurteilen dringend geforderte Einzelfallgerechtigkeit ist nicht mehr gewährleistet.

2 Methodik der nachträglichen Entschlüsselung der wahrscheinlichen Bedeutung der „TÜVologischen Geheimsprache"

Auch demjenigen, der sich nicht tagtäglich und berufsmäßig mit der Analyse „TÜVologischer" Fahreignungsgutachten beschäftigt, fällt auf, daß in den Gutachten bestimmte Passagen oder Formulierungen sich häufig wiederholen. Es wird klar, daß diese Gutachten größtenteils aus vorgefertigten Absätzen, Textteilen, Texteinheiten zusammengesetzt sind. Diese sogenannten „Textbaustein-Gutachten" stehen schon seit langem im Kreuzfeuer der Kritik von Betroffenen, deren Rechtsanwälten und von Gerichten. Bisher ist jedoch eine systematische Aufarbeitung der verwendeten Textbausteine und Textelemente und ihrer sprachlichen und psychologischen Bedeutung noch nicht erfolgt.

Der schier endlose Fundus der Textbausteine in den MPU-Gutachten macht natürlich eine Abgrenzung nicht leicht. Um die von uns gemeinten Textbausteine, die wir für eine systematische Analyse für zugänglich halten, von anderen mißglückten Formulierungen abzugrenzen, möchten wir an dieser Stelle ein Textbeispiel aus dem „Spiegel" zitieren, das zwar zweifelsohne kritikwürdig ist, von dem wir uns jedoch abgrenzen möchten. Wir behandeln keine derartigen Formulierungen, die der „Spiegel" (19/1995, S. 196) unter Berufung auf MÜLLER wie folgt zitiert:

„Bei integrativer Bewertung von Vorgeschichte und Befundsammlung ergab sich gutachterlicherseits schließlich die Feststellung, daß bei einem aktuell unauffälligen Befundbild, einem prognostisch positiven Befund aufgrund der Darstellung kognitiver Einsicht und rational willentlich Steuerungs- und Kontrollvermögens das negative Urteilsgewicht der zuletzt bekanntgewordenen Alkoholauffälligkeit zwar bleibend erheblich ist (insbesondere auch aufgrund des seither erst verstrichenen und relativ kurzen Zeitraums) bezüglich des sich hieraus ergebenden negativen Prognosegewichtes, jedoch aktuell keine bedeutsame Parallelverstärkung zu erlangen war.

Nach ‚positiver Grenzentscheidung' bekam der Betreffende seinen Führerschein zurück, wurde 1991 erneut mit 1,5 Promille aufgegriffen und bekam ein neues Gutachten eines anderen TÜV-Instituts:

Eine Aufstauung von Aktivitätsbedürfnissen einerseits und unbefriedigten Bedürfnissen hinsichtlich der Zuwendungserwartung und der Akzeptation bedingen in Verbindung mit dem überhöhten Geltungsstreben des Untersuchten gefühlsmäßige Ambivalenzen, die zu inneren Zwiespältigkeiten führen und in bestimmten Situationen impulsive Durchbrüche auslösen, die dann nicht den erwarteten sozialen Anpassungserfordernissen entsprechen. In diesem Zusammenhang konnte Herr G. trotz positiver Vorsätze auch nicht die zweite Trunkenheitsfahrt vermeiden."

Wir stimmen MÜLLER zu, der sagt, daß solche *„Satzungeheuer nur einen Ausdruck der inneren Not des Gutachters darstellen, der sein Nichtwissen nicht zugeben kann“*. Richtig ist es auf jeden Fall, daß sehr, sehr viele Gutachter bei den MPU-Stellen offensichtlich fachlich total überfordert sind. Die von uns zum Gegenstand der Kritik gemachten Textbausteine weichen natürlich von diesen regelrechten *„Satzungeheuern“* ab, weil sie das Produkt einer systematischen Vorgehensweise sind.

Als Textbaustein haben wir Textteile und Textelemente definiert, die aus einem oder mehreren Sätzen bzw. Absätzen bestehen und vielfach in unveränderter oder auch geringfügig abgewandelter Form in MPU-Gutachten verwendet werden, ihre Kernaussage jedoch immer die gleiche bleibt. Über einen längeren Zeitraum hinweg kann man beobachten, daß eine bestimmte Anzahl von Textbausteinen und -elementen in stärkerem Maße benutzt werden und dann gegen anders formulierte Textbausteine und -elemente mit gleicher Kernaussage ausgetauscht wird.

Neben dieser Definition der äußeren Merkmale zeichnen sich die Textbausteine auch dadurch aus, daß sie einen konkreten Einzelfallbezug nicht enthalten. Ihr Inhalt ist also allgemein gehalten, ihr Text ist abstrakt formuliert. Durch ihre Plazierung im Gutachten und in einem bestimmten inhaltlichen Zusammenhang täuschen sie jedoch einen Bezug zum Untersuchten vor. Das geradezu Heimtückische an diesen Textbausteinen ist, daß durch deren abstrakte Sätze und/oder Absätze, die gezielt mit wenigen individuellen und/oder scheinbar individuellen Einschüben vermengt werden, davon abgelenkt wird, daß fast alle MPU-Gutachten nur nach „Schema F“ gefertigt wurden.

Mit anderen Worten: Obwohl die „Eignungsrichtlinien“ und der durch den zu Untersuchenden vergebene Auftrag die Erstellung eines Gutachtens nach Maß vorschreibt bzw. beinhaltet, wird keine „Maßarbeit“ geleistet: Einzelfallgerechtigkeit ist nicht gewährleistet.

Der Betroffene ist mit einem Auftraggeber vergleichbar, der bei einem Herrenschneider einen „Maßanzug“ bestellt und auch einen entsprechend hohen Preis bezahlt, dafür aber nur einen Anzug „von der Stange“ erhält, und zwar einen solchen, der für alle Größen „geschneidert“ ist.

Die bei den MPU-Stellen der TÜV-Organisationen im Angestelltenverhältnis beschäftigten Ärzte und Diplom-Psychologen sind gehalten bzw. haben infolge des auf ihnen lastenden Zeitdrucks in den allermeisten Fällen nur die Möglichkeit, ihre Gutachten unter Verwendung der von ihren Dienstherren vorgegebenen Textelemente zu erstellen. Daher entwickeln sich bei ihnen durch die ständige Wiederholung und den Einsatz der ihnen vorgegebenen Textelemente, also durch einen unwillkürlich ablaufenden Lernprozeß, Denkweisen, die nicht durch die individuellen Gegebenheiten eines Einzelfalles, sondern nur durch das Korsett der Textbausteine bestimmt sind. Es entsteht ein „Textbaustein-Denken“, das eine Einzelfallbegutachtung auf wissenschaftlicher Basis sehr stark einengt.

Dieses „Textbaustein-Denken" ist nach unseren Ermittlungen sicherlich zu einem wesentlichen Teil die Folge der unverantwortlichen Arbeitsbelastung der beim TÜV beschäftigten Psychologen, worüber wir das in dem oben zitierten Eignungskatalog **„Psychologisches Gutachten – Kraftfahreignung"** (KROJ, 1995) auf Seite 13 eine erste Bestätigung eines Insiders bekommen haben. Die Verfasser wiesen stolz auf Seite 13 ihres Werkes darauf hin, daß in den MPU-Stellen der TÜV-Organisationen und der DEKRA jährlich über 150 000 medizinisch-psychologische Gutachten verkehrsauffälliger Kraftfahrer erstellt würden. Sie geben auch an, daß diese Aufgabe rund *„400 Verkehrspsychologen in ca. 80 amtlich anerkannten medizinisch-psychologischen Untersuchungsstellen und ca. 130 Rehabilitationszentren unter Fachaufsicht der einzelnen Bundesländer"* wahrnehmen. Wir haben uns nun die Mühe gemacht und ausgerechnet, wieviel Gutachten ein Gutachter am Tag erstellen muß. Wenn wir unterstellen, daß alle 400 Verkehrspsychologen jeden Tag auch Gutachten schreiben – also auch die Leitenden Psychologen – und sie 150 Tage im Jahr arbeiten, kommen wir darauf, daß sie täglich drei Untersuchungen machen und auch drei Gutachten erstellen müssen. Wenn man nur eine Stunde für Aktenanalyse, eine Stunde für die Untersuchung und eine weitere Stunde für das Abfassen des Gutachtens veranschlagt, sind wir schon bei einer Arbeitszeit von täglich neun Stunden; da aber die MPU-Gutachter lediglich 38,5 Stunden in der Woche arbeiten und außerdem noch eine Vielzahl administrativer Tätigkeiten auszuführen haben, an Fortbildungsmaßnahmen teilnehmen müssen und Vertretungen zu übernehmen haben, steht schon fest, daß ein MPU-Gutachter allenfalls zwei Stunden Gesamtarbeitszeit für einen Fall zur Verfügung hat. Es ist schlicht ein Ding der Unmöglichkeit, innerhalb von nur zwei Stunden ein nachvollziehbares und mangelfreies Gutachten erstellen zu können. Hier liegt der Schlüssel für die Absicht der Verfasser, diesen erstmals in Deutschland erschienenen psychologischen Eignungskriterienkatalog und ihr Bestreben, die Tatsache, daß mehr als 50 Prozent der Gutachten aus Textbausteinen bestehen, vom Bundesministerium für Verkehr legalisieren zu lassen.

Die vorliegende Sammlung von Textbausteinen ist das Ergebnis der Prüfung von 813 medizinisch-psychologischen Gutachten der verschiedenen Medizinisch-Psychologischen Untersuchungsstellen des Technischen Überwachungsvereins Rheinland (TÜV Rheinland Gruppe) e.V., des Rheinisch-Westfälischen Technischen Überwachungsvereins (RWTÜV) e.V., TÜV Hannover/Sachsen-Anhalt e.V., TÜV Norddeutschland e.V., TÜV Bayern Sachsen e.V. und der Staatlichen Technischen Überwachung Hessen (TÜH), die in den Jahren 1986 bis 1994 erstellt wurden. Die weitaus meisten Textbausteine stammen jedoch aus den Gutachten des TÜV Rheinland und des RWTÜV, da diese beiden TÜV-Organisationen die wohl eifrigsten Anwender von Textbausteinen zu sein scheinen.

Außerdem dürften der TÜV Rheinland und der RWTÜV als die „geistige Zentrale“ gelten. Aus den Gutachten wurden Textbausteine entnommen, die auffallend häufig als „Versatzstücke“ Verwendung fanden.

Der guten Ordnung halber sei darauf hingewiesen, daß der insbesondere von den Begutachtungsstellen für Fahreignung (BfF-Stellen) des TÜV Bayern Sachsen bevorzugte Stil und die andersartige sprachliche Diktion in einer Extraausgabe behandelt werden.

Da mehr als 90 Prozent aller Gutachten über die künftig wahrscheinliche Eignung ehemaliger Trunkenheitsfahrer erstellt werden, sind die nachfolgend behandelten Textbausteine zumeist diesen Gutachten entnommen.

Die Textbausteine wurden in Anlehnung an die bundesweit gängige Gliederung der Gutachten in die nachfolgenden Kategorien eingeteilt:

I. Untersuchungsanlaß und Fragestellung für die Begutachtung

- methodische Angaben
- MPU – allgemein
- MPU – Untersuchungsanlaß

II. Verkehrsvorgeschichte

- Akten und eigene Angaben
- Auffälligkeit mit und/oder ohne Alkohol
- Drogen

III. Medizinische Befundlage

Anamnese und Befunde
- medizinischer Teil – allgemein
- medizinischer Teil – Blutalkoholkonzentration
- medizinischer Teil – Leberfunktionen
- medizinischer Teil – Schlußbeurteilung

IV. Psychologische Befundlage

Diagnostisches Gespräch (Exploration)
- Leistungstests

Merkmalsbeschreibung
- Rückfallwahrscheinlichkeit/-gefährdung
- Trinkanlässe
- Trinkverhalten
- Verhalten – allgemein

V. Gutachterliche Beurteilung

Voraussetzungen für eine positive Prognose

Prognose und Begründung

VI. Zusammenfassung

- Schlußbeurteilung – negativ
- Schlußbeurteilung – positiv
- Nachschulungsfähigkeit – positiv
- Nachschulungsfähigkeit – negativ

Innerhalb dieser Kategorien haben wir zur Analyse dieser Bausteine verschiedene Bedeutungsaspekte geprüft, die zusammengenommen den Wert bzw. die verborgene Botschaft des Textbausteins ausmachen. Die Bedeutung eines Textes wird immer auf verschiedenen Ebenen bestimmt. Da ist zuerst die Ebene der Semantik, die Ebene der Wortbedeutung oder des Wortinhaltes, der aus verschiedenen Merkmalen besteht, zu nennen. Nimmt man als einfaches Beispiel das Wort „Trunkenheitstäter", so ergeben sich die Bedeutungsmerkmale „Mensch, männlich, betrunken, Ausführender einer Tat". Diese Bedeutungsmerkmale sind aber rein objektive Fakten und geben noch keine implizierten Bedeutungen wieder, die in diesem Beispiel darin bestehen, daß „Trunkenheit" generell eine negative Bedeutung zugeordnet wird, weil das soziokulturelle Umfeld – die Gesellschaft – den übermäßigen Genuß von Alkohol und den daraus folgenden Zustand der Trunkenheit nicht billigt. Dieses Wort ist also negativ „besetzt". Darüber hinaus handelt es sich hier um ein zusammengesetztes Hauptwort, ein Kompositum. Komposita zeichnen sich in erster Linie dadurch aus, daß sie in verkürzter Form komprimierte Inhalte wiedergeben, wodurch natürlich zwangsläufig bestimmte semantische Komponenten nicht mehr oder nicht mehr eindeutig zu bestimmen sind. In diesem Beispiel besteht der Inhalt des Kompositums eigentlich aus einem vollständigen Ausdruck, den man z. B. so darstellen könnte: „Täter im Zustand der Trunkenheit". Dabei geht durch die Verkürzung des eigentlichen Wortinhalts von Täter (= Straftäter) noch ein weiterer entscheidender Aspekt verloren.

Die Mehrdeutigkeit eines Kompositums läßt sich an vielen Beispielen demonstrieren. Im vorliegenden Fall – Trunkenheitstäter – wäre eine weitere mögliche Wortbedeutung: „Mensch, der eine Trunkenheit begeht", was natürlich etwas seltsam klingt, weil Trunkenheit allein kein juristischer Tatbestand ist. Aus der Verkürzung in diesem Hauptwort kann man aber auch nicht entnehmen, daß in den MPU-Gutachten „Trunkenheitstäter" immer bedeutet: „Täter, der im Zustand der Trunkenheit einen Verstoß gegen Verkehrsvorschriften begangen hat". Diese Verkürzung zu entschlüsseln setzt bereits ein gewisses Vorwissen voraus; man muß wissen, daß es bei MPU-Gutachten dieser Art (fast) immer um

Verkehrsverstöße geht, daß die „Tat" im Führen eines Kraftfahrzeugs unter Alkoholeinfluß besteht und daß das Ziel der Begutachtung die Wiedererlangung der Fahrerlaubnis ist. In der „TÜVologischen Geheimsprache" wird jedoch nicht differenziert: Der Begriff „Trunkenheitstäter" wird auch auf Personen angewandt, die gemäß Strafgesetzbuch lediglich eine Ordnungswidrigkeit begangen haben (sie hatten weniger als 1,1 Promille Blutalkoholkonzentration). Die Ähnlichkeit des Wortpaares „Trunkenheitstäter" und „Straftäter" verleitet zu dem Schluß, daß es sich bei einer Fahrt unter Alkoholeinfluß immer auch um eine Straftat handelt.

Nach einer solchen Prüfung der semantischen Ebene muß ein bestimmtes Wort in dem ihm zugehörigen Zusammenhang, also einem Satz oder Satzteil, gesehen werden, weil Worte immer auch durch ihren Kontext bestimmt werden. Der Aufbau eines Satzes (Syntax) und seine logische Verknüpfung mit vorausgehenden und nachfolgenden Sätzen machen erst die Botschaft eines Textes oder Textabschnittes aus. Im Rahmen unserer Untersuchung wird dabei besonders auf Widersprüche zwischen einzelnen Sätzen oder Satzteilen, die logische Verknüpfung und Anschlüsse durch Konjunktionen sowie Phänomene wie die „doppelte Verneinung" geachtet. Außerdem muß auf die Anordnung der verschiedenen Absätze innerhalb eines Textes eingegangen werden bzw. darauf, ob es bestimmte typische Textbausteinkombinationen gibt. Alle genannten Elemente sind Bestandteile der Sprachlogik und somit der Botschaft, also der u.U. verschlüsselten Mitteilung eines Textes bzw. dessen, was „zwischen den Zeilen steht".

Natürlich sind neben diesen rein sprachwissenschaftlichen (linguistischen) Aspekten auch andere zu beachten, die aus dem Bereich der Fachwissenschaft stammen. Bei medizinisch-psychologischen Gutachten sind die Fachdisziplinen Medizin und Psychologie beteiligt, und es ist daher zu prüfen, ob die verwendeten Fachbegriffe allgemeingültig und in dieser Fachdisziplin gebräuchlich sind, bzw. ob sie so verwendet werden, wie es ihrer Definition entspricht, oder ob es sich um spontane Neuschöpfungen der Gutachter handelt, bei denen dann wiederum die allgemeinsprachliche und fachsprachliche Bedeutung geprüft werden müssen.

Wir haben daher zur Prüfung der gesammelten Textbausteine und Textelemente 5 Aspekte herangezogen:

a) Wortinhalt (Semantik)
b) Sprachlogik (Syntax)
c) medizinisch-psychologische Fachterminologie
d) wahrscheinliche beabsichtigte Botschaft an die Behörde
e) Auslassungen von Informationen/Bedeutungen

Die einzelnen Textbaustein- bzw. Textelementkategorien werden nacheinander betrachtet und die einzelnen Textbausteine und -elemente unter Angabe der Fundstelle auf Besonderheiten der Aspekte a bis e hin analysiert.

Im weiteren werden wir anhand eines aus lediglich einer Seite bestehenden MPU-Gutachtens und eines weiteren, umfangreicheren Gutachtens absatzweise eine Textbausteinanalyse ableiten. Diesem Kapitel folgt die ausgewählte Sammlung von bewerteten Textbausteinen und -elementen, der sich eine Begriffssammlung anschließt.

Zu guter Letzt werden wir anhand eines positiven MPU-Gutachtens aufzeigen, weshalb diese positive Begutachtung nicht nachvollziehbar ist. Zur Erleichterung der eigenen Gutachtenanalyse und zum besseren Verständnis der im Zusammenhang mit der medizinisch-psychologischen Begutachtung verwendeten Fachausdrücke, Wortschöpfungen und mit besonderen Bedeutungen versehenen Ausdrücke folgt eine umfangreiche Begriffssammlung.

3 Textbausteine und Textelemente der „TÜVologischen Geheimsprache“

3.1 Gutachtenabschnitt „Untersuchungsanlaß/Methodik der Begutachtung“

Die nachfolgend abgehandelten 15 Textbausteine haben wir aus Gutachten des TÜV Rheinland, der Technischen Überwachung Hessen, TÜV Hannover und dem Rheinisch-Westfälischen TÜV entnommen. Die ältesten Beispiele stammen aus den Jahren 1986 und 1987, die jüngsten von 1994 und stellen somit einen stabilen Querschnitt von Textbausteinen des Typs dar, der in diesem Gutachtenabschnitt ständige Verwendung fand und nach wie vor findet.

Wir haben insbesondere auch Textelemente in unsere Auswahl aufgenommen, die wir immer wieder unverändert oder mit geringfügigen, die Struktur nicht verändernden Variationen angetroffen haben.

Man könnte meinen, in diesen beiden Gutachtenabschnitten, die naturgemäß objektive und sich auch immer wiederholende Sachverhalte enthalten, seien die verwendeten Textbausteine eigentlich ungeeignet, zwischen den Zeilen irgendwelche „geheimsprachliche“ Botschaften unterzubringen.

Die nachfolgenden repräsentativen Beispiele belehren uns eines Besseren.

Auffallend ist, daß die beiden an sich eigenständigen Themenbereiche „Untersuchungsanlaß“ und „Methodik der Begutachtung“ im Gutachten häufig miteinander vermengt werden. Sie sind zumeist von deklaratorischem Charakter, zeigen ein hohes Maß an Abstraktion und sind nicht in einer bürgernahen Sprache abgefaßt.

Textbaustein Nr. 31-1:

Die Maßstäbe für die Untersuchung und Begutachtung sind niedergelegt im Leitfaden zur Begutachtung der Eignung zum Führen von Kraftfahrzeugen in amtlich anerkannten Medizinisch-Psychologischen Untersuchungsstellen (MPU). Der im Leitfaden festgelegte Untersuchungsumfang ist mit dem Bundesverkehrsministerium, dem Gemeinsamen Beirat für Verkehrsmedizin und den zuständigen obersten Landesbehörden abgestimmt. Er gilt als Maximalumfang.

(Quelle: TÜV Rheinland, K 1143/86)

Medizinischer Befund

Keiner.

Sprachliche Analyse/Auffälligkeiten

Die Sprache dieses Textbausteins ist abstrakt, und durch die Wortwahl – *„niedergelegt“* – wird der Stil der Amts- und Rechtssprache übernommen. Es werden die zuständigen Behörden im einzelnen aufgeführt, obwohl das als Information für die Führerscheinstelle als Empfängerin des Gutachtens nicht erforderlich wäre, da diese bestens bekannt sind.

Eignungspsychologische Aussage

Keine.

Wahrscheinliche geheimsprachliche Aussage/Bedeutung

Der amtliche Charakter der Untersuchung wird betont, weil die MPU-Stelle ausdrücklich hervorhebt, daß ihre Arbeit mit den obersten Behörden „abgestimmt“ wurde. Es werden nur allgemein bekannte Tatsachen wiederholt, die insbesondere den Führerscheinstellen längst bekannt sind.

Im letzten Satz wird der Führerscheinstelle signalisiert, daß ein Gutachten selbst dann zu akzeptieren ist, wenn lückenhaft gearbeitet wurde. Die MPU-Stelle sagt vorsorglich, daß sie sich auf abgesichertem auftrags- und vertragsrechtlichem Boden bewegt, denn die zuständigen Landesbehörden, d. h. die vorgesetzte Behörde der Führerscheinstellen, hat ja die Tatsache genehmigt, daß nicht in jedem Fall eine vollständige Untersuchung erfolgt.

Dem Untersuchten wird suggeriert, daß er keine Einwände wirksam erheben könne, da die MPU-Stelle bereits alles mit den obersten Behörden geregelt habe.

Textbaustein Nr. 31-2:

Da diese Fähigkeiten nur im Beziehungsgefüge der persönlichkeitsspezifischen Eigenarten verhaltenswirksam sind, wurden biografische und soziale Komponenten, soweit sie für die Eignungsbeurteilung von Belang sind, in die Untersuchung einbezogen.

(Quelle: TÜH, G 97/87)

Medizinischer Befund

Keiner.

Sprachliche Analyse/Auffälligkeiten

Abstrakter Satz mit vielen Oberbegriffen wie „*Eigenarten*“ oder „*Komponenten*“ und Neuprägungen wie „*verhaltenswirksam*“ oder „*Beziehungsgefüge*“. Diese Verallgemeinerungen vergröbern den Inhalt des Satzes, indem die logischen Beziehungen, die zwischen den einzelnen Teilen dieser Komposita bestehen, weggelassen werden und die Bedeutung des Kompositums u. U. nicht mehr eindeutig ist. „*Verhaltenswirksam*“ kann einerseits bedeuten, daß durch das Verhalten eine Wirkung erzeugt wird, aber andererseits auch, daß eine Wirkung auf das Verhalten besteht.

„*Komponente*“ wird normalerweise eher in Verbindung mit technischen Anlagen oder Maschinen verwendet und nicht in bezug auf die Persönlichkeit oder ihr Umfeld.

Eignungspsychologische Aussage

Keine. Zumindest keine nach den Grundsätzen der wissenschaftlichen Psychologie.

Wahrscheinliche geheimsprachliche Aussage/Bedeutung

Es wird Verwirrung beim Leser gestiftet, der mit den nicht eindeutigen und ungewohnten Begriffen wenig anfangen kann. Durch pseudowissenschaftliche Wortwahl wird der Eindruck hochwissenschaftlicher Arbeitsweise erweckt, was bei fachlich nicht entsprechend gebildeten Lesern (Sachbearbeiter von Führerscheinstellen und Betroffene und deren Anwälte) zumindest Unsicherheit erzeugt.

Textbaustein Nr. 31-3:

Um zu den begründeten Zweifeln an der Fahreignung Stellung nehmen zu können, haben wir

- *im medizinischen Teil der Untersuchung eine Erhebung der Anamnese und eine körperliche Untersuchung, die dem Untersuchungsanlaß entsprachen, durchgeführt und*
- *im psychologischen Teil der Untersuchung ein diagnostisches Gespräch geführt, bei dem es im wesentlichen um folgende Themen ging: das Zustandekommen der Verstöße; deren Bewertung aus heutiger Sicht; die privaten bzw. beruflichen Lebensumstände, soweit sie zu den Verstößen in Beziehung stehen.*

(Quelle: TÜV Rheinland, G 1154/87)

Medizinischer Befund

Keiner.

Sprachliche Analyse/Auffälligkeiten

Klar strukturierter Aufbau des Absatzes. Der Absatz, der genaugenommen nur aus einem einzigen Satz besteht, bleibt durch die optische Aufteilung mit Hilfe von Spiegelstrichen und die Verwendung von syntaktischen Gliederungselementen wie einem Doppelpunkt verständlich. Nach dem ersten Spiegelstrich ist die Aussage vage, weil nicht näher bestimmte Oberbegriffe wie *„Untersuchungsanlaß“* verwendet werden. Nach dem zweiten Spiegelstrich werden, verglichen mit anderen Textbausteinen in diesem Gutachtenabschnitt, konkrete Beschreibungen gegeben wie z. B. im Ausdruck *„Zustandekommen der Verstöße“*. Obwohl der Stil nominal ist, sind die verwendeten Ausdrücke nicht so stark verkürzt, daß wichtige Bedeutungselemente verlorengehen.

Eignungspsychologische Aussage

Keine. Es sind beschreibende Angaben über den Umfang der Untersuchung.

Textbaustein Nr. 31-4:

Bei der Auswahl der Untersuchungsmethoden beachteten wir die Grundsätze der Angemessenheit und Verhältnismäßigkeit der Mittel. Wir verwendeten nur solche Methoden, die notwendig sind, um Bedenken der Behörde zurückweisen zu können.

(Quelle: TÜV Rheinland, K 215/89)

Medizinischer Befund

Keiner.

Sprachliche Analyse/Auffälligkeiten

Sachlicher Stil mit überwiegend nominalen Ausdrücken. Die Verwendung des Adverbs *„nur“* im zweiten Satz ist auffällig, denn dadurch wird angedeutet, daß es nicht immer der Fall ist oder war, daß *„nur“* die notwendigen Methoden eingesetzt wurden. Die Formulierung hat eine negative Intention, die bedeutet, daß diese Methoden einseitig eingesetzt werden, um die Bedenken der Behörde abzuwehren.

Eignungspsychologische Aussage

Keine.

Wahrscheinliche geheimsprachliche Aussage/Bedeutung

Beschreibung der Methodik, in der aber verschwiegen wird, daß im „Leitfaden zur Begutachtung der Eignung zum Führen von Kraftfahrzeugen in amtlich anerkannten Medizinisch-Psychologischen Untersuchungstellen“ der VdTÜV e.V. verbindlich festgelegt ist, welche Methoden oder Tests ein Gutachter einsetzen darf. Es ist auf gar keinen Fall Aufgabe der MPU-Stelle, bestimmte Bedenken der Behörde zurückzuweisen, denn sie muß ein objektives Gutachten erstellen. Deshalb ist es nicht das entscheidende Kriterium bei der Auswahl der Untersuchungsmethoden, Methoden auszuwählen, um die Bedenken der Behörde zurückweisen zu können.

Dem Untersuchten, aber auch der Behörde gegenüber wird zu verstehen gegeben, daß seitens der MPU-Stelle alles unternommen wurde, um die Bedenken der Behörde zurückweisen zu können. Die MPU-Stelle erklärt beinahe parteiisch, von den ihr zur Verfügung stehenden Methoden *„nur solche verwendet“* zu haben, die dem Begutachteten zu einem für ihn positiven Gutachten verhelfen würden. Die MPU-Stelle deutet im Umkehrschluß an, die negative Beurteilung könne nicht bezweifelt werden, weil sie *„nur solche Methoden verwendet“* habe, die darauf ausgerichtet sind, die Bedenken der Behörde zurückweisen zu können.

Textbaustein Nr. 31-5:
Weiterhin war in der Untersuchung zu klären, inwieweit jene ungünstigen Bedingungen, die das frühere Fehlverhalten bestimmt haben, auch heute noch wirksam sind.

Dazu wurde im medizinischen Teil der Untersuchung ein vorgelegter und schriftlich beantworteter Fragebogen fachlich ausgewertet, eine Anamnese erhoben und eine medizinisch-klinische Untersuchung gemäß den Anknüpfungstatsachen, auf die sich die behördlichen Eignungszweifel beziehen, durchgeführt. *(Quelle: TÜH)*

Medizinischer Befund: Keiner.

Sprachliche Analyse/Auffälligkeiten

Die Wortwahl ist geprägt von Kunstbegriffen wie *„Anknüpfungstatsachen"* oder *„Eignungszweifel"*, die mehrere Bedeutungen haben können wie z. B. *„Anknüpfungstatsachen"*. Dabei kann es sich um Tatsachen handeln, an die angeknüpft wird, oder die Anknüpfung erfolgt unter Verwendung von Tatsachen. Der Wortsinn ist wohl mit dem allgemeingebräuchlichen und verständlichen Wort „Anknüpfungspunkte" zu beschreiben. Das nicht übliche und längere Kompositum kompliziert den Satz und verbirgt lediglich die inhaltliche Leere.

Der Begriff *„ungünstige Bedingungen"* ist so allgemein, daß er praktisch alles bedeuten kann. *„Bedingungen"* können das soziale Umfeld, die Arbeitsbedingungen oder ähnliches sein. Die Auswertung eines Textes oder einer Akte muß immer *„fachlich"* sein. Das Wort ist absolut überflüssig und macht den Satz nur kompliziert und überladen.

Eignungspsychologische Aussage

Keine, obwohl das Ergebnis der Auswertung des „Gesundheitsfragebogens", denn um diesen geht es hier, sowohl in positiver als auch in negativer Hinsicht anzugeben wäre.

Wahrscheinliche geheimsprachliche Aussage/Bedeutung

Vorbeugende Erklärung der MPU-Stelle über die im medizinischen Teil durchgeführten Arbeiten. Indem darauf abgestellt wird, „fachlich" gearbeitet zu haben und daß die Fragen im Gesundheitsfragebogen vom Untersuchten *„schriftlich"* beantwortet wurden, weist die MPU-Stelle darauf hin, sachlich korrekt vorgegangen zu sein und auch über handschriftliche Belege für etwaige Streitigkeiten zu verfügen.

Textbaustein Nr. 31-6:

Forschungsergebnisse weisen für alkoholauffällige Fahrer eine hohe Rückfallwahrscheinlichkeit aus (Stephan, E.: „Die Rückfallwahrscheinlichkeit bei alkoholauffälligen Kraftfahrern in der Bundesrepublik Deutschland“, ZVS 30, 1984, 1, S. 28 ff.). Es ist daher zu untersuchen, ob auch Herr X künftig ein Kraftfahrzeug unter erheblichem Alkoholeinfluß führen wird. *(Quelle: TÜV Rheinland, K 3407/92)*

Medizinischer Befund: Keiner.

Sprachliche Analyse/Auffälligkeiten

Keine. Es handelt sich um zwei Aussagesätze, die den typischen Stil von wissenschaftlichen Veröffentlichungen haben. Dieser Stil ist durch wenig aussagefähige Verben und unpersönliche bzw. indirekte Formulierungen wie *„es ist daher zu untersuchen“* geprägt. Dadurch bleibt ungesagt, wer die Untersuchung vornimmt und an wem sie vorgenommen wurde. Durch diese allgemeine Formulierung ist der Textbaustein ohne Veränderung (und ohne Bezug auf den Einzelfall) verwendbar.

Eignungspsychologische Aussage: Keine.

Wahrscheinliche geheimsprachliche Aussage/Bedeutung

Die MPU-Stelle legt sich einseitig auf die zitierte Publikation von STEPHAN fest, obwohl seine Ergebnisse stark umstritten sind. Andere Publikationen werden von der MPU-Stelle unbeachtet gelassen. Mit der Bezugnahme auf wissenschaftliche Studien lenkt die MPU-Stelle mit diesem Textbaustein davon ab, daß sie die in der obigen Studie mit konkreten statistischen Zahlen ermittelte Rückfallwahrscheinlichkeit nicht heranzieht und nur eine unbestimmt *„hohe“* Rückfallwahrscheinlichkeit zugrunde legt. Ihr eigenes Begutachtungsergebnis definiert die MPU-Stelle auch verschwommen, denn sie erklärt, nur daraufhin zu begutachten, ob der Untersuchte *„unter erheblichem Alkoholeinfluß“* fahren würde, ohne das Adjektiv *„erheblich“* konkret zu definieren. Nach der Logik des Textbausteins ist das Fahren unter „nicht erheblichem Alkoholeinfluß“ kein Gegenstand der Begutachtung, obwohl nach ständiger Rechtsprechung die Fahrerlaubnis u. U. bereits entzogen werden kann, wenn die Blutalkoholkonzentration 0,3‰ betragen hat.

In diesem Fall liegt eine klare Verdrehung der von der Verwaltungsbehörde gemäß „Eignungsrichtlinien“ vorgegebenen Fragestellung vor, die lautet:

„Ist zu erwarten, daß der Untersuchte auch zukünftig ein Kfz unter Alkoholeinfluß führen wird . . .“

Textbaustein Nr. 31-7:

Weiterhin war in der Untersuchung zu klären, inwieweit jene ungünstigen Bedingungen, die das frühere Fehlverhalten bestimmt haben, auch heute noch wirksam sind.

Dazu wurde im medizinischen Teil der Untersuchung ein vorgelegter und schriftlich beantworteter Fragebogen fachlich ausgewertet, eine Anamnese erhoben und eine medizinisch-klinische Untersuchung gemäß den Anknüpfungstatsachen, auf die sich die behördlichen Eignungszweifel beziehen, durchgeführt.

(Quelle: TÜH)

Medizinischer Befund

Keiner.

Sprachliche Analyse/Auffälligkeiten

Im ersten Absatz fällt der Ausdruck *„Bedingungen . . . wirksam sind“*, der unüblich ist, denn das normalerweise verwendete Verb wäre „gelten“ oder „herrschen“. Das gleiche gilt für das Verb *„bestimmen“*, das in Verbindung mit Bedingungen ebenfalls ungewöhnlich ist. Im gleichen Satz ist das Kompositum *„Fehlverhalten“* ein typisches Beispiel für eine verkürzte Aussage – „fehlerhaftes Verhalten“.

In zweiten Absatz sticht das Kunstwort *„Anknüpfungstatsachen“* hervor, dessen Definition bzw. Bedeutung aber nicht näher erläutert wird. Die Interpretation bleibt dem Leser überlassen. Der Satz ist außerdem durch bedeutungslose Elemente wie den *„vorgelegten und schriftlich beantworteten Fragebogen“* gekennzeichnet. Ein Fragebogen liegt immer schriftlich vor, und die Tatsache, daß er vorgelegt wurde, muß nicht extra erwähnt werden. Desgleichen sollte selbstverständlich sein, daß die Auswertung *„fachlich“* und nicht graphologisch erfolgte. Durch diese inhaltsleeren Ausdrücke leidet die Verständlichkeit.

Eignungspsychologische Aussage

Keine Diagnose, kein psychologischer Befund. Indirekt wird jedoch bereits an dieser Stelle, also vor Wiedergabe der Befunde, eine eignungsdiagnostische Festlegung vorgenommen, in dem festgeschrieben wird, daß *„ungünstige Bedingungen“* ursächlich für das frühere Fehlverhalten waren. Es ist auffallend, daß diese Bedingungen nicht konkretisiert werden, was für wissenschaftliche Arbeiten völlig ungewöhnlich ist.

Wahrscheinliche geheimsprachliche Aussage/Bedeutung

Es wird im ersten Absatz ohne konkrete Angabe von *„ungünstigen Bedingungen“* gesprochen, welche das *„frühere Fehlverhalten bestimmt haben.“* Es wird nicht klargemacht, ob es in der Person oder etwa in seinen Lebensumständen gelegene *„ungünstigen Bedingungen“* waren. Damit signalisiert die MPU-Stelle dem Empfänger des Gutachtens, nämlich der Verwaltungsbehörde, daß sie über Erkenntnisse verfügt, die sie jedoch im Gutachten nicht näher beschreibt.

Es wird von der Tatsache abgelenkt, daß eigentlich keine konkrete Aussage vorhanden ist.

Textbaustein Nr. 31-8:

Folglich können wir die Fragen der Verkehrsbehörde nur dann in einem günstigen Sinn beantworten, wenn das Alkoholtrinkverhalten verändert und der Drogenkonsum bzw. Medikamentenmißbrauch eingestellt worden ist. Diese Änderungen müssen ausreichend und stabil sein.

Die Änderungen sind ausreichend, wenn die erhöhte Alkoholgewöhnung abgebaut ist und Alkohol entweder gar nicht mehr oder nur in geringen und damit überschaubaren Mengen getrunken wird. Entsprechend muß ein genügend langer Zeitraum ohne Drogenkonsum bzw. Medikamentenmißbrauch angenommen werden können.

Die Änderungen sind stabil, wenn sie aus einem angemessenen Problembewußtsein heraus erfolgen und in das Gesamtverhalten integriert sind.

Weitere Bedingungen für eine günstige Beantwortung der Fragen ist das Fehlen von körperlichen Befunden, die auf Alkohol- bzw. Medikamentenmißbrauch bzw. Drogenkonsum in jüngster Vergangenheit hindeuten.

Es dürfen zudem keine Anhaltspunkte für wesentliche Leistungsbeeinträchtigungen bestehen.

Evtl. normabweichende Befunde im körperlichen Bereich müssen mit einer angepaßten Teilnahme am motorisierten Straßenverkehr vereinbar sein.

Um zu prüfen, ob diese Voraussetzungen erfüllt sind, haben wir nach den Grundsätzen der Anlaßbezogenheit die erforderlichen Befunde erhoben, zueinander in Beziehung gesetzt und bewertet.

(Quelle: TÜV Rheinland, K 3407/92)

Medizinischer Befund

Keiner.

Sprachliche Analyse/Auffälligkeiten

Beschreibung der Eignungsvoraussetzungen und Methodik der MPU. Hier sind die allgemeinen Formulierungen gerechtfertigt, da im ersten Satz deutlich gemacht wird, daß es sich um eine theoretische Überlegung handelt. Der Satzbau und die Gliederung sind klar, an einigen Stellen wie im vierten Absatz werden nominale Ausdrücke verwendet, die den Text schwerer verständlich machen, obwohl derselbe Inhalt auch verbal, d. h. leichter verständlich, hätte ausgedrückt werden können.

Eignungspsychologische Aussage

Keine individuelle.

Wahrscheinliche geheimsprachliche Aussage/Bedeutung

Der Bezug auf die allgemeinen Eignungsvoraussetzungen wird durch eine so gründliche Darstellung besonders stark betont. Insofern können diesem Textbaustein keine irgendwie verschlüsselten Botschaften entnommen werden. Es ist allerdings äußerst fraglich, ob in der Untersuchung bzw. bei der Erhebung von realen Befunden streng nach diesen Kriterien vorgegangen und ob die hier postulierte Gründlichkeit und Klarheit der Diagnose wirklich durchgehalten wurde.

Die Verwendung von solchen Textbausteinen widerspräche schon der hier geforderten Klarheit und Gründlichkeit der Untersuchung, weil die Verwendung von Textbausteinen zur Darstellung psychologischer Befunde immer zu Lasten der einzelfallbezogenen Begutachtung geht.

Textbaustein Nr. 31-9:

1. *Liegen als Folge eines unkontrollierbaren Alkoholkonsums Beeinträchtigungen vor, die das sichere Führen von Kraftfahrzeugen der in Betracht gezogenen Art in nüchternem Zustand in Frage stellen?*
2. *Ist zu erwarten, daß der Untersuchte auch zukünftig ein Kraftfahrzeug unter Alkoholeinfluß führen wird?*

(Quelle: TÜH, 9804/93)

Medizinischer Befund: Keiner.

Sprachliche Analyse/Auffälligkeiten

Es fällt auf, daß der Satz unter Ziffer 1 die im amtlichen Text nicht vorhandene Einfügung *„der in Betracht gezogenen Art“* enthält, denn die amtliche Fragestellung gemäß **„Eignungsrichtlinien“** lautet:

> *„Ist zu erwarten, daß der Untersuchte auch zukünftig ein Kfz unter Alkoholeinfluß führen wird und/oder liegen als Folge eines unkontrollierten Alkoholkonsums Beeinträchtigungen vor, die das sichere Führen eines Kfz der Klasse . . . in Frage stellen?“*

Dadurch vereinfacht die MPU-Stelle sich die Erstellung des Gutachtens, denn der Textbaustein kann in der geänderten Form für alle Fahrzeugklassen verwendet und braucht noch nicht einmal geringfügig für den vorliegenden Fall verändert zu werden.

Eignungspsychologische Aussage

Nicht nachvollziehbare Einschränkung/Ausdifferenzierung der amtlich festgelegten Fragestellung, da es völlig unklar bleibt, was die *„in Betracht gezogene Art“* bedeutet.

Wahrscheinliche geheimsprachliche Aussage/Bedeutung

Die MPU-Stelle erweckt mit diesem Textbaustein den falschen Eindruck, daß sie bereit und in der Lage sei, auch bei Vorliegen einer alkoholbedingten Beeinträchtigung der funktional-psychischen Leistungsfähigkeit (Reaktionsvermögen, Wahrnehmungsfähigkeit usw.) eine differenzierte Begutachtung für eine etwaige Ausnahmeregelung/Erteilung der Fahrerlaubnis unter Auflage durchzuführen. In Wirklichkeit gehen die MPU-Stellen außerordentlich selten auf diese Frage der **„bedingten Eignung“** ein. Sie erstellen bereits dann generell negative Gutachten, wenn der Untersuchte am Reaktionsprüfgerät eine unterdurchschnittliche Leistung erreicht. Eine für solche Fälle vorgesehene Testfahrt führen sie überhaupt nicht durch, obwohl es ihre Aufgabe wäre zu prüfen, ob sich etwaige Beeinträchtigungen der funktional-psychischen Leistungsfähigkeit auch direkt auf das Fahrverhalten auswirken.

Textbaustein Nr. 31-10:

Herr X ist bisher einmal durch Trunkenheit am Steuer verhaltensauffällig geworden. Die Umstände dieses Deliktes haben erhebliche Eignungszweifel der Straßenverkehrsbehörde bedingt, die nach den Eignungsrichtlinien des Bundesministers für Verkehr (s. Verkehrsblatt, Heft 23 vom 15. 12. 1983) nur durch eine angeordnete medizinisch-psychologische Untersuchung auszuräumen sind.

(Quelle: TÜH, 9804/93)

Medizinischer Befund

Keiner.

Sprachliche Analyse/Auffälligkeiten

Im ersten Satz wird der Untersuchte namentlich genannt, was dem sonst üblichen, durch Passiva geprägten Stil nicht entspricht. Die Wortwahl in beiden Sätzen ist durch künstliche Neubildungen wie *„verhaltensauffällig“* oder *„Eignungszweifel“* bestimmt, wobei durch die nominale Verkürzung immer auch die inhaltlichen Bestandteile verlorengehen, die die logischen Beziehungen zwischen den einzelnen Teilen des Kompositums beschreiben.

Der Stil des zweiten Satzes entspricht der schwerfälligen Amts- oder Behördensprache, wobei das Fehlen eines persönlichen Subjekts und die Erweiterungen mit nominalen Wendungen und die Verwendung des adjektivischen Partizips besonders charakteristisch sind.

Eignungspsychologische Aussage

Keine.

Wahrscheinliche geheimsprachliche Aussage/Bedeutung

Die MPU-Stelle betont den offiziellen Status ihrer Aufgabe und unterstreicht die eigene Wichtigkeit. Sie stellt sich als oberste Instanz dar und verschweigt, daß jedes MPU-Gutachten laut „Eignungsrichtlinien“ des Bundesministers für Verkehr überprüft oder durch Obergutachten ersetzt werden kann.

Textbaustein Nr. 31-11:

Das vorliegende medizinisch-psychologische Gutachten dient ***allein dem Zweck,*** *der die Begutachtung veranlassenden Straßenverkehrsbehörde eine Entscheidungshilfe nach den Anforderungen der Richtlinien für die Prüfung der körperlichen und geistigen Eignung von Fahrerlaubnisbewerbern und -inhabern (Eignungsrichtlinien) sowie dem Leitfaden zur Begutachtung der Eignung zum Führen von Kraftfahrzeugen in amtlich anerkannten Medizinisch-Psychologischen Untersuchungsstellen (MPU) zur Verfügung zu stellen.*

(Quelle: TÜH, 9804/93)

Medizinischer Befund

Keiner.

Sprachliche Analyse/Auffälligkeiten

Langer Satz mit vielen Einschüben in Form von Partizipialkonstruktionen und Aufzählungen. Der Stil ist stark durch Substantive geprägt, während nur zwei Verben verwendet werden, die keine große Aussagekraft haben. Auch dies ist für die Amts- und Behördensprache typisch und macht den Satz für einen mit dieser Sprache nicht vertrauten Leser schwer verständlich.

Die *Unterstreichung* am Anfang des ersten Satzes kann unterschiedlich interpretiert werden. „Allein dem Zweck“ dienen kann bedeuten, daß alle Bemühungen auf dieses Ziel ausgerichtet werden, aber es kann auch heißen, daß alle anderen u. U. für diesen Fall relevanten Faktoren, die nicht unmittelbar diesem Zweck dienen, außer acht gelassen werden.

Eignungspsychologische Aussage

Keine.

Wahrscheinliche geheimsprachliche Aussage/Bedeutung

Die gemeinsamen Interessen der Behörde und der MPU-Stelle werden unterstrichen. Es wird betont, daß man sich auf Rechtsvorschriften beruft, die von vorgesetzten Stellen wie Behörden und Dachorganisationen verabschiedet wurden und daher nicht angreifbar sind. Außerdem wird die Korrektheit der eigenen Leistung herausgestellt.

Textbaustein Nr. 31-12:

Gemäß den Eignungsrichtlinien vom 1. 12. 1982 des Bundesministers für Verkehr und Inkraftsetzen dieser Richtlinien mit Erlaß des Hessischen Ministers für Wirtschaft und Technik am 1. 1. 1983 für das Land Hessen wurde die Untersuchung streng anlaßbezogen durchgeführt, d. h., unser Vorgehen beschränkte sich auf die Fragen, die im einzelnen Fall zur Aufklärung der mitgeteilten Zweifel der Verwaltungsbehörde an der Eignung des Betroffenen oder zur Feststellung besonderer Eignungsvoraussetzungen beantwortet werden müssen.

(Quelle: TÜH, 9804/93)

Medizinischer Befund

Keiner.

Sprachliche Analyse/Auffälligkeiten

Der Satzbau dieser Passage, die nur aus einem einzigen Satz besteht, ist komplex, wodurch der Satz schwer verständlich wird. Das Verständnis wird durch die Einfügung von Aufzählungen erschwert, die zum Inhalt des Satzes nur wenig beitragen, die aber gleichzeitig den Satz so aufblähen und verlängern, daß er nur noch schwer zu durchblicken ist. Die dazu verwendeten modalen Wendungen sind ein typischer Bestandteil der Rechts- und Amtssprache und wirken einschüchternd auf darin ungeübte Leser.

Der Ausdruck *„streng anlaßbezogen“* soll deutlich machen, daß die MPU-Stelle äußerst sorgsam und im vollen Bewußtsein ihrer Verantwortung für die übernommene Aufgabe handelt.

Eignungspsychologische Aussage

Keine.

Wahrscheinliche geheimsprachliche Aussage/Bedeutung

Der Führerscheinstelle wird erklärt, daß man sich an die (geschriebenen und ungeschriebenen) Gepflogenheiten hält. Es wird eine Gemeinsamkeit der Interessen geschaffen und den Sachbearbeitern signalisiert, daß die MPU-Stelle sich für der Behörde gleichgestellt ansieht, weil sie sich ja der dortigen Sprachgepflogenheiten bedient.

Dem Untersuchten gegenüber wird unter Bezugnahme auf höchste Stellen des Staatsapparates Unangreifbarkeit suggeriert.

Textbaustein Nr. 31-13:

Zur Erklärung des Fehlverhaltens in der Vergangenheit wurde die Führerscheinakte auf Merkmale überprüft, die nach wissenschaftlichen Erkenntnissen eine Rückführung der Auffälligkeiten auf personspezifische bzw. umweltbezogene Merkmale und mögliche Wechselwirkungen zwischen beiden Bereichen erlauben.

Weiterhin war in der Untersuchung zu klären, inwieweit jene ungünstigen Bedingungen, die das frühere Fehlverhalten bestimmt haben, auch heute noch wirksam sind.

(Quelle: TÜH, 9804/93)

Medizinischer Befund

Keiner.

Sprachliche Analyse/Auffälligkeiten

Die Sprache der beiden Absätze ist abstrakt und so theoretisch und allgemein gehalten, daß die konkreten Sachverhalte in diesem Fall verschleiert werden. Die Beziehungen zwischen einzelnen Satzelementen sind durch die Abstraktionen und die Verwendung von zusammengesetzten Substantiven (Komposita) nicht mehr eindeutig, zumal es sich bei *„personspezifisch“* und *„umweltbezogen“* um Wortneuschöpfungen handelt. Die Wortwahl ist durch die Verwendung vieler Substantive, eines einzigen, inhaltsarmen Verbes – *„erlauben“* –, von Oberbegriffen wie *„Fehlverhalten“* oder *„Auffälligkeiten“* gekennzeichnet, wodurch der Bezug zum Einzelfall fehlt. Die Aussage des Satzes kann nicht oder nur schwer hinterfragt werden, weil der Satz keine konkrete Aussage enthält.

Im zweiten Absatz gibt es eine sprachliche Unstimmigkeit, denn das Substantiv *„Bedingungen“* ist mit dem Verb *„wirksam sein“* nicht verwendbar. Bedingungen können gelten oder herrschen, sie sind aber nicht *„wirksam“*, wie es z. B. ein Medikament wäre.

Eignungspsychologische Aussage

Keine.

Wahrscheinliche geheimsprachliche Aussage/Bedeutung

Durch die Wortwahl und den Sprachstil stellen sich die MPU-Stellen auf die gleiche Ebene mit der Führerscheinstelle – weil sie ja deren Sprache, die Sprache der Amtsgewalt und Bürokratie, genauso vollkommen beherrschen und sich dieser bedienen.

Textbaustein Nr. 31-14:

Von den bei der medizinisch-psychologischen Begutachtung angewandten Verfahren hat sich die Analyse der Vorgeschichtsdaten als zuverlässige Basis für die Prognose zukünftigen Fehlverhaltens und potentieller erneuter Verkehrsauffälligkeit erwiesen. Denn wissenschaftliche Untersuchungen zur Bedeutung von objektiven Vorgeschichtsdaten haben immer wieder gezeigt, daß die näheren Umstände früheren Deliktverhaltens auf die Qualität der künftigen Verkehrsbewährung schließen lassen. Im vorliegenden Fall ist festzuhalten:

Wegen Trunkenheit am Steuer bestrafte Kraftfahrer sind in besonderer Weise alkoholgefährdet. Bei ihnen handelt es sich nicht um eine Zufallsauswahl aus der Gesamtheit der Kraftfahrer. Untersuchungen haben gezeigt, daß die alkoholauffälligen Kraftfahrer in der Regel häufiger und mehr trinken als die übrigen Kraftfahrer, die nicht durch Alkohol auffallen.

(Quelle: TÜV Hannover e.V., 7/6964/91/3991)

Medizinischer Befund

Keiner.

Sprachliche Analyse/Auffälligkeiten

Es wird durch die Verwendung des Satzes *„Im vorliegenden Fall ist festzuhalten:“* eine künstliche Beziehung zum Einzelfall geschaffen, obwohl die beiden Absätze diesen Bezug nicht beinhalten. Die Wortwahl ist durch viele zusammengesetzte Substantive (Komposita) geprägt, die zum Teil mehrdeutig sind. *„Deliktverhalten“* kann einerseits „das Verhalten während eines Delikts“ und andererseits „das durch Delikte geprägte Verhalten“ bedeuten. Der Ausdruck *„Verkehrsbewährung“* ist eine abstrakte Neuprägung der Eignungsbegutachtung, dessen Definition auch bei Fachpsychologen nicht genau festgelegt ist. Der Satzbau ist stark durch nominale und unnötig komplexe Ausdrücke geprägt, die die Verständlichkeit des Textes mindern. Die *„Gesamtheit der Kraftfahrer“* könnte ebensogut „alle Kraftfahrer“ heißen.

Eignungspsychologische Aussage

Keine wissenschaftlich begründete. Der Einschub *„Im vorliegenden Fall ist festzuhalten:“* läßt die meinungsmachende Absicht erkennen: Trotz Ankündigung des Fallbezuges wird weiterhin in der dritten Person formuliert und der konkrete Bezug zum im Gutachten abgehandelten Fall vermieden.

Wahrscheinliche geheimsprachliche Aussage/Bedeutung

Es wird eine Stimmung erzeugt, in der der Untersuchte von vornherein mit allen anderen auffälligen Kraftfahrern gleichgesetzt wird. Der vorliegende Einzelfall wird zwar erwähnt, aber ein Bezug dazu wird nicht hergestellt. Indirekt wird also gesagt, daß alle für diese Gruppe der Kraftfahrer geltenden Merkmale auch auf den Untersuchten zutreffen. Dies wird aber an keiner Stelle konkret gesagt, so daß allein durch die Vermischung der theoretischen Aussagen über die Gruppe und dem künstlichen, in Wahrheit nicht vorhandenen Bezug auf den Untersuchten ein Vorurteil aufgebaut wird, das eine objektive Beurteilung des Einzelfalles stark erschwert.

Textbaustein Nr. 31-15:

Von etwa 34 Millionen Fahrerlaubnisinhabern waren im Jahre 1984 lediglich 2,8 Millionen, das sind 9,4 %, im Kraftfahrt-Bundesamt mit Punkten belastet. Von diesen hatten lediglich 12 721, das sind weniger als einer von tausend aller Führerscheininhaber, 18 und mehr Punkte. Dieser Sachverhalt belegt anschaulich, daß Mehrfachtäter zahlenmäßig eine extreme Minderheit darstellen (Unfallverhütungsbericht Straßenverkehr 1986 des Bundesministers für Verkehr).

Der reibungslose Ablauf des Verkehrsgeschehens ist weitgehend abhängig von der Beachtung eines Regelsystems, welches das Verkehrsverhalten steuert.

Die Regelbeachtung erfordert aber von einzelnen Fahrern eine Anpassungsleistung. Es kommt zu Regelverstößen, Delikten und Unfällen, wenn er diese Anpassungsleistung nicht erbringen kann oder will. Meist zeigen also Kraftfahrer, die wegen Verkehrsdelikten oder Unfällen auffällig werden, daß es ihnen nicht gelingt oder daß sie nicht bereit sind, sich den Verkehrsbestimmungen und den Verkehrsgegebenheiten anzupassen. Ihr Fehlverhalten läßt auf Anpassungsschwierigkeiten schließen.

Nach empirischen Untersuchungen steigt die Wahrscheinlichkeit, Verkehrsverstöße zu begehen, mit der Anzahl der bereits begangenen Delikte an. „Mehrfachtäter“ zeichnen sich in der Regel dadurch aus, daß sie in relativ dichter Folge Verkehrsdelikte begehen. Verkehrsregeln werden von ihnen schließlich gewohnheitsmäßig übertreten, ohne daß die jeweiligen behördlichen Maßnahmen (Geldbußen, Verwarnungen usw.) eine entscheidende Änderung des Fahrverhaltens bewirken.

(Quelle: Rheinisch-Westfälischer TÜV, 338/27381)

Medizinischer Befund

Keiner.

Sprachliche Analyse/Auffälligkeiten

Theoretische Beschreibung der Literatur. Es fällt auf, daß die neutral beschreibenden Teile im ersten Absatz und dem ersten Satz des zweiten Absatzes unmittelbar mit einer Wertung und einer normativen Aussage im zweiten Teil des zweiten Absatzes verbunden werden. Dem schließt sich wieder ein Absatz mit einer neutralen Darstellung an. Die Vermischung von neutralen und wertenden Textabschnitten ist nur für einen geübten Leser zu analysieren, alle übrigen betrachten die Wertung durch ihre enge Verknüpfung mit dem „neutralen“ Teil ebenfalls als objektive Aussage.

Eignungspsychologische Aussage

Keine. Zwischen den Zeilen jedoch die psychologische Vorbereitung einer negativen Endbeurteilung.

Wahrscheinliche geheimsprachliche Aussage/Bedeutung

Dieser Abschnitt weist zu dem konkreten Fall keinen Bezug auf. Durch die enge Vermischung von neutralen und wertenden Textteilen wird eine Stimmung erzeugt, die den Untersuchten von vornherein in negativem Licht erscheinen läßt. Es findet also eine Vorverurteilung statt, bevor die Begutachtung überhaupt stattgefunden hat und die besonderen Umstände des Einzelfalles, die die Gutachter ermitteln müssen, gewürdigt werden konnten. Nur am Rande sei bemerkt: Den „TÜVologischen“ Verfassern dieses Textbausteins empfehlen wir die Benutzung eines Taschenrechners, denn 2,8 Millionen von 34 Millionen ergeben 8,23% und nicht 9,4%. Wenn „TÜVologen“ selbst kleinste Ungenauigkeiten in den Angaben der von ihnen Begutachteten rigoros gegen diese auslegen, muß man von den Gutachtern selbst die gleiche Korrektheit erwarten können.

3.2 Gutachtenabschnitt „Verkehrsvorgeschichte“

Da die im Gutachten verwertbare Verkehrsvorgeschichte bei jedem Untersuchten eine andere sein kann, ist die Verwendbarkeit von Textbausteinen naturgemäß stark eingeschränkt. Die nachfolgend als typisch für die TÜV-Bezirke ausgewählten 4 Textbausteine machen deutlich, daß die MPU-Stellen zielgerichtet bemüht sind, die Verkehrsvorgeschichte nicht im einzelnen zu analysieren und zu bewerten. Die für die individuelle Begutachtung unerläßlichen „belastenden“ wie auch „entlastenden“ eignungsdiagnostischen Aspekte einer jeden Verkehrsauffälligkeit, die die Grundlagen der in unserem demokratischen System so wichtigen Einzelfallgerechtigkeit bilden, werden übergangen und somit der Nachprüfbarkeit entzogen.

Beispielhaft weisen wir an dieser Stelle lediglich darauf hin, daß natürlich jede verkehrsrechtliche Zuwiderhandlung, gleich ob Ordnungswidrigkeit oder Straftat, Verhaltenselemente enthalten kann, die bei der individuellen Begutachtung von wesentlicher Bedeutung sein können. So kann eine Überschreitung der zulässigen Höchstgeschwindigkeit sich etwa auf der Autobahn im Baustellenbereich oder auf freier Strecke ereignet haben, sie kann sich mit oder ohne Gefährdung anderer Verkehrsteilnehmer abgespielt haben – sie kann also bewußt, nämlich vorsätzlich, aber auch fahrlässig begangen worden sein.

Diese und ähnliche Gesichtspunkte, die ihm aufgrund der Aktenanalyse der Verkehrsvorgeschichte bekannt geworden sind, müßte der Gutachter angeben und bewerten. Ebenso müßte angeführt werden, ob in der Führerscheinakte bereits aus dem Verkehrszentral- und/oder Strafregister getilgte Eintragungen enthalten waren, ob diese dem Gutachter also zur Kenntnis gelangten und ob bzw. in welcher Form er diese berücksichtigt hat.

Statt dessen kommt der nachfolgend mit einigen Beispielen belegte Typ von Textbausteinen zum Einsatz.

Textbaustein Nr. 32-1:

Da der zuständigen Straßenverkehrsbehörde die Akten vorliegen, wird von einer ausführlichen Darstellung der Vorgeschichte abgesehen.

(Quelle: Rheinisch-Westfälischer TÜV, 337/34344 H)

Da die Akten der zuständigen Straßenverkehrsbehörde zur Einsicht vorliegen, wird von einer ausführlichen Wiedergabe der Vorgeschichte abgesehen.

(Quelle: TÜH, G 97/87)

Medizinischer Befund

Keiner.

Sprachliche Analyse/Auffälligkeiten

Sachlicher, beschreibender Stil ohne konkreten Inhalt. Die Formulierung *„wird . . . abgesehen“* ist ein typischer Bestandteil der Rechts- und Amtssprache.

Eignungspsychologische Aussage

Keine.

Wahrscheinliche geheimsprachliche Aussage/Bedeutung

Die MPU-Stellen erklären, auf einen Teil ihrer eigentlichen Aufgabe zu verzichten. Sie signalisieren, daß sie hinsichtlich der Bewertung der Vorgeschichte (= Akteninhalt) nur mit der Verwaltungsbehörde kommunizieren und aus diesem Vorgang den Betroffenen und seine Berater (Anwalt, Psychologe) ausschließen.

Textbaustein Nr. 32-2:

In den hier vorliegenden Akten sind verschiedene Auffälligkeiten vermerkt. Da die Behörde Einsicht in die Unterlagen hat, wird von einer ausführlichen Darstellung der Delikte abgesehen. (Quelle: TÜH)

Medizinischer Befund: Keiner.

Sprachliche Analyse/Auffälligkeiten

Es wird durch die Verwendung von Ausdrücken wie *„hier vorliegend“* oder Oberbegriffen wie *„Auffälligkeiten“* verschleiert, was in der Akte tatsächlich enthalten ist.

Eignungspsychologische Aussage

Keine, obwohl es eine Teilaufgabe der Begutachtung ist, die verwertbare, also nicht unter Tilgung fallende, für die Eignungsbegutachtung heranziehbare verkehrsrechtliche und auch allgemein kriminell zu wertende Vorgeschichte zu analysieren und zu bewerten. Den sog. verkehrs- und allgemeinbiographischen Daten wird eine ausschlaggebende Bedeutung in der wissenschaftlichen Literatur und Rechtsprechung beigemessen. Hierzu schreibt das Bundesverwaltungsgericht vor:

> „Wie der erkennende Senat im Anschluß an das Urteil des 1. Senates (BVerwGE 2, 259) wiederholt dargelegt hat, beurteilt sich die Eignung zum Führen von Kraftfahrzeugen auf der Grundlage einer umfassenden Würdigung der Gesamtpersönlichkeit des Kraftfahrers, und zwar nach dem Maßstab seiner Gefährlichkeit für den öffentlichen Straßenverkehr (. . .). Dabei sind sämtliche im Einzelfall bedeutsame Umstände heranzuziehen, die Aufschluß über die körperliche, geistige und charakterliche Eignung geben können. Insbesondere bei der charakterlichen Eignung kommt eine Vielzahl von Tatsachen und persönlichen Merkmalen in Betracht, wie Art, nähere Umstände und Anzahl der bereits begangenen verkehrsrechtlichen oder nicht verkehrsrechtlichen Straftaten, außerdem das Alter, die persönlichen und familiären Verhältnisse, etwaige Alkohol- und Drogenauffälligkeit und anderes mehr.“ (ZfS Juni 1987, S. 189.)

Wahrscheinliche geheimsprachliche Aussage/Bedeutung

Die MPU-Stelle signalisiert der Verwaltungsbehörde, daß sie alles, was ihr zur Verfügung gestellt wurde, zur Kenntnis genommen und verwertet hat, jedoch die Art und Weise der Verwertung/Gewichtung dieser Kenntnisse nicht preisgibt.

Ein höchst bedenklicher Vorgang, da die Führerscheinakte i. d. R. auch die getilgten bzw. aus dem Strafregister bereits gelöschten Eintragungen enthält.

Die Überprüfung der Nachvollziehbarkeit des Gutachtens laut „Eignungsrichtlinien“ des Bundesministers für Verkehr wird erschwert oder gar unmöglich gemacht.

Textbaustein Nr. 32-3:

Im Rahmen der Anamnese wurden auch die Alkoholkonsumgewohnheiten angesprochen, da aufgrund der Vorgeschichte zumindest für die Vergangenheit von einer Problematik in diesem Bereich ausgegangen werden kann.

(Quelle: TÜH)

Medizinischer Befund

Keiner.

Sprachliche Analyse/Auffälligkeiten

Im Textbaustein wird zweifelsfrei erklärt, daß *„die Alkoholkonsumgewohnheiten“* lediglich *„angesprochen“* wurden. Man kann also davon ausgehen, daß eine wissenschaftlich begründete Erforschung der Alkoholkonsumgewohnheiten nicht stattgefunden hat.

„Alkoholkonsumgewohnheiten“ ist ein durch die Verwendung von Fremdwörtern „angereicherter“ Ausdruck für „Trinkgewohnheiten“, und der Text wäre sicher leichter verständlich, wenn man dieses Wort gewählt hätte.

Eignungspsychologische Aussage

Keine, obwohl die Alkoholkonsumgewohnheiten bei jedem ehemaligen Trunkenheitsfahrer von ausschlaggebender Bedeutung sind und die MPU-Stelle im Textbaustein zugleich erklärt, daß aufgrund der *„Vorgeschichte zumindest für die Vergangenheit von einer Problematik in diesem Bereich ausgegangen werden kann“*.

Wahrscheinliche geheimsprachliche Aussage/Bedeutung

Die MPU-Stelle macht deutlich, aus einem nicht näher genannten Grund die Alkoholkonsumgewohnheiten anläßlich der Exploration (auch: „diagnostisches Gespräch“) nicht gründlich erfragt zu haben.

In einem solchen Fall kann das Gutachten nicht vollständig sein und muß erhebliche methodische Mängel aufweisen.

Textbaustein Nr. 32-4:

Die uns übersandten amtlichen Akten, auf die hinsichtlich der Vorgeschichte im einzelnen verwiesen wird, wurden eingesehen und bei der Begutachtung berücksichtigt.

(Quelle: TÜV Hannover/Sachsen-Anhalt e.V., 9804/93)

Medizinischer Befund

Keiner.

Sprachliche Analyse/Auffälligkeiten

Die Akten wurden lediglich „eingesehen“, also nicht studiert, analysiert und ausgewertet. Inwiefern die dadurch gewonnenen Erkenntnisse berücksichtigt wurden, wird nicht angegeben. Die Art der Formulierung verschleiert den eigentlichen Inhalt, die Art und Weise der *„Berücksichtigung“* wird nicht deutlich.

Eignungspsychologische Aussage

Keine, obwohl es pflichtgemäße Aufgabe eines jeden Gutachters ist, konkret im Gutachten anzugeben, was ihm für die Beurteilung des Falles an Aktenmaterial zur Verfügung stand, und abzuleiten, welche Vorgeschichtsdaten mit welcher Gewichtung in welcher Weise berücksichtigt wurden.

Wahrscheinliche geheimsprachliche Aussage/Bedeutung

Die MPU-Stelle gibt der Verwaltungsbehörde kund, die von dieser zur Verfügung gestellten Akten eingesehen und deren Inhalte berücksichtigt zu haben. Vorbeugende Selbstschutzbehauptung der MPU-Stelle, pflichtgemäß gehandelt zu haben. Sie signalisiert der Verwaltung zugleich, die Akteninhalte im Gutachten nicht näher auszuwerten.

Äußert bedenklicher Umgang mit Informationen, da die FE-Akten bekanntlich auch bereits getilgte, gelöschte Bußgeld- und/oder strafrechtliche Eintragungen enthalten. Dem Untersuchten, seinem Anwalt und dem beratenden psychologischen Therapeuten werden wichtige Informationen vorenthalten. Beeinträchtigung der Nachprüfbarkeit und Nachvollziehbarkeit des Gutachtens der MPU-Stelle (siehe auch Urteil des BVerwG).

3.3 Gutachtenabschnitt „Medizinische Befundlage/Medizinischer Teil“

Die für den „Medizinischen Teil“ der „TÜVologischen“ MPU-Gutachten konstruierten Textbausteine bei ehemaligen Trunkenheitsfahrern sind von überragender Bedeutung, weil nach unseren Erkenntnissen eine gründliche psychologische Untersuchung und Begutachtung gar nicht mehr stattfinden, wenn der ärztliche Gutachter sich für eine negative medizinische Beurteilung entscheidet und dementsprechende, in sein Konzept passende Textbausteine einsetzt. Die entscheidende Bedeutung der (angeblichen) medizinischen Befunde ist auch darauf zurückzuführen, daß allgemein der Glaube vorherrscht, die Medizin als Naturwissenschaft würde im Gegensatz zur Psychologie objektive, also handfeste Daten liefern, über die man auch nicht mehr diskutieren könne.

So bestätigt u. a. auch RIEH (1992), ein ehemaliger TÜV-Gutachter, daß *„der für den psychologischen Gutachter bequeme Weg“* zur negativen Begutachtung in den medizinischen Befunden, insbesondere erhöhten Leberfunktionswerten, besteht. Er führt aus:

„Wenn zum Zeitpunkt der MPU Ihre Leberwerte erhöht sind und Sie dafür keine unverfängliche, d. h. nicht alkoholbedingte Erklärung Ihres Arztes bringen können, brauchen Sie zur MPU erst gar nicht anzutreten. Sie schmeißen in einem solchen Fall Ihr Geld zum Fenster hinaus.“

Damit bestätigt RIEH, wofür wir auf den nachfolgenden Seiten auch den konkreten Beweis antreten: Bei der „TÜVologischen“ MPU ist in der Praxis eine gründliche, wissenschaftlich abgesicherte medizinische Differentialdiagnose nicht einmal vorgesehen, was einen klaren Verstoß gegen die Vorschriften in den „Eignungsrichtlinien“ darstellt.

Trotzdem wird durch die Konstruktion der Textbausteine dem fachlich nicht geschulten Behördenmitarbeiter, Verwaltungsrichter und Betroffenen die in den „Eignungsrichtlinien“ geforderte Wissenschaftlichkeit suggeriert. Dieses ist hinsichtlich der zwingend geforderten Einzelfallgerechtigkeit um so fataler, da die medizinische Beurteilung letztlich auch die Gesamtbeurteilung trägt.

3.3.1 Themenbereiche „Anamnese und Befunde“

Die nachfolgenden 11 Textbausteine enthalten 3 Typen, die sich zunächst durch ihre Länge unterscheiden. Die ganz kurzen, aus wenigen Zeilen bestehenden, enthalten i. d. R. keine konkreten Aussagen. Der zweite Typ beschreibt medizinische Befunde, deren Bedeutung für die Fahreignung bzw. konkrete Fragestellung entweder gar nicht genannt wird oder zwar genannt, jedoch für den Einzelfall nicht gewichtet wird. Der dritte Typ sind langatmige Ausführungen über theoretisch bedeutsame wissenschaftliche Erkenntnisse allgemeiner Art, deren Zusammenhang mit dem vorliegenden, im Gutachten abgehandelten Fall konkret nicht gegeben ist.

Diese drei Typen von medizinischen Textbausteinen scheinen sich für unterschwellige, zwischen den Zeilen untergebrachte Andeutungen gut bewährt zu haben, die allesamt geeignet sind, negative Meinungen zu erzeugen und vorhandene Vorurteile zu vertiefen.

Textbaustein Nr. 331-1:

Die im vegetativen Bereich gefundenen Auffälligkeiten könnten als Folge eines evtl. erhöhten Alkoholkonsums gewertet werden, allein jedoch dürften sie nicht ausreichen, um eine derartige Schlußfolgerung zu rechtfertigen, da auch bei einem Großteil der nicht vermehrt Alkohol trinkenden Bevölkerung ähnliche Anzeichen aus anderen Gründen zu beobachten sind.

Der vorliegenden vegetativen Übererregbarkeit kann aus verkehrsmedizinischer Sicht somit für sich genommen zwar keine eignungsprognostische Bedeutung zugesprochen werden, möglicherweise aber ist sie mit psychischen Auffälligkeiten gekoppelt, so daß in Verbindung damit vermehrter Alkoholkonsum als Ursache wahrscheinlicher würde. In diesem Zusammenhang wird auf den psychologischen Teil des Gutachtens verwiesen.

(Quelle: TÜH, G 97/87)

Medizinischer Befund

„Vegetative Auffälligkeiten", *„vegetative Übererregbarkeit"*. Die *„Auffälligkeiten"* werden nicht im einzelnen genannt.

Sprachliche Analyse/Auffälligkeiten

Im ersten Absatz wird der Konjunktiv *„könnten"* verwendet, und es wird eine sehr ausführliche Ableitung und Schlußfolgerung für *„Auffälligkeiten"* angeführt, die laut Aussage des Gutachters als Begründung für erhöhten Alkoholkonsum *„nicht ausreichen"* und nicht spezifisch sind. Der Grund für diese ausführliche Darstellung liegt allein in der Vorbereitung des nächsten Absatzes, wo die sachlich richtigen Aussagen und Gewichtungen des ersten Absatzes praktisch wieder zurückgenommen werden. Der Satzbau mit *„zwar . . . , aber"* stellt eine Scheinbeziehung her, die aber selbst für den Gutachter so unrealistisch ist, daß er sie noch weiter durch Verwendung von *„möglicherweise"* einschränkt und den Konjunktiv verwendet. Trotzdem wird aus einem nicht vorhandenen Befund ein solcher konstruiert. Es muß gefragt werden, weshalb dieser Absatz überhaupt geschrieben wurde, wo der Gutachter doch nicht über gesicherte Befunde verfügt.

Eignungspsychologische Aussage

Keine.

Wahrscheinliche geheimsprachliche Aussage/Bedeutung

Die unterschwellige Aussage besteht darin, daß der Eindruck einer Beziehung zwischen Befunden und Eignung hergestellt wird, obwohl diese nicht besteht. Rein spekulative Erwägungen werden somit in den Rang von Tatsachen erhoben. Die Ergebnisse des psychologischen Teils werden bereits „angekündigt“ – die angebliche Ursache wird untermauert.

Textbaustein Nr. 331-2:

Um die uns damit gestellten Fragen beantworten zu können, führten wir im medizinischen Teil eine Erhebung der Anamnese und eine körperliche Untersuchung durch, die dem Untersuchungsanlaß entsprachen, und verwerteten die Ergebnisse unter Einbeziehung der uns schriftlich vorliegenden Informationen.

(Quelle: TÜV Rheinland, K 1730/88)

Medizinischer Befund

Keiner.

Sprachliche Analyse/Auffälligkeiten

Es wird ein sachlicher, beschreibender Stil verwendet. Der Inhalt bleibt insofern unbestimmt, daß keine Angaben darüber gemacht werden, wie die Anamnese durchgeführt wurde (anhand vorhandener medizinischer Unterlagen, Fragebogen usw.), woraus die schriftlichen Informationen bestanden und wie die Ergebnisse „verwertet“ wurden. Die Arbeitsweise des Mediziners bleibt deshalb unbekannt, dadurch sind Nachprüfbarkeit und Nachvollziehbarkeit nicht gewährleistet. Aus der Verwendung des Ausdruckes *„körperliche Untersuchung“* läßt sich folgern, daß keine psychiatrische Untersuchung durchgeführt wurde. Die Formulierungen sind insgesamt vage, dadurch fehlt die Transparenz, und der Text bleibt nicht allgemein verständlich und nachvollziehbar. Es fehlt die in Gutachten übliche konkrete Angabe darüber, worauf sich die medizinische Begutachtung im einzelnen gründet.

Eignungspsychologische Aussage

Keine.

Wahrscheinliche geheimsprachliche Aussage/Bedeutung

Der medizinische Gutachter will unterstreichen, daß er wissenschaftlich gearbeitet hat, und somit allen möglichen späteren Angriffen wegen ungenügender Sorgfalt vorbeugen. Dieser Textbaustein hat lediglich die Funktion, die Erfüllung der auftrags- und vertragsrechtlichen Bedingungen zu postulieren.

Textbaustein Nr. 331-3:

Die medizinische Befunderhebung erbrachte:

Teleangiektasien bei sonnengebräunter Haut, belegte Zunge, mäßige Schweißsekretion.

(Quelle: TÜV Rheinland, K 1730/88)

Medizinischer Befund

„Teleangiektasien, belegte Zunge, Schweißsekretion". Diese Befunde können bei Alkoholmißbrauch auftreten, ihr Vorhandensein weist aber nicht zwingend auf Alkoholmißbrauch hin, denn sie können auch sehr viele andere physiologische oder äußere Ursachen haben: Teleangiektasien (bleibende Erweiterungen kleiner oberflächlicher Hautgefäße) z. B. können angeboren sein und für Lungen- und Herzerkrankungen sowie eine Reihe von anderen Krankheiten typisch sein, sie treten aber auch nach Einnahme bestimmter Medikamente auf.

Sprachliche Analyse/Auffälligkeiten

Es handelt sich lediglich um eine Aufzählung, ohne daß eine Wertung offen vorgenommen wird. Die Tatsache, daß diese Begriffe in einer solchen Aufzählung nebeneinander gestellt werden, führt zu der automatischen Schlußfolgerung, daß zwischen diesen Begriffen eine ursächliche Beziehung besteht oder daß sie eine gemeinsame Ursache haben müssen, obwohl dies nicht der Fall sein muß. Die Verwendung des Adjektivs *„sonnengebräunt"* suggeriert, daß die Teleangiektasien so schwerwiegend sind, daß sie selbst durch die Sonnenbräune noch sichtbar sind.

Eignungspsychologische Aussage

Keine.

Wahrscheinliche geheimsprachliche Aussage/Bedeutung

Da diese Befunde im Gutachten ausdrücklich erwähnt werden, müssen sie etwas mit Alkoholmißbrauch zu tun haben. Die Tatsache, daß andere Ursachen verschwiegen werden, suggeriert dem Leser den zwingenden Zusammenhang zum Alkoholkonsum.

Textbaustein Nr. 331-4:

Der hier **erhöht** *befundene Blutdruck stellt bereits einen Gefährdungsfaktor im heutigen motorisierten Straßenverkehr dar.*

Bei einem Bluthochdruck ist jederzeit die Gefahr gegeben, daß es zu Zuständen mit plötzlichem Leistungsversagen, zu Netzhautblutungen oder Überlastungen des Herzmuskels mit der Möglichkeit des Herzversagens kommen kann. Außerdem besteht das Risiko für den Eintritt einer Hirnblutung.

Erfahrungsgemäß häufen sich schon bei diastolischen Blutdruckwerten von jenseits 100 mm Hg Blutungszwischenfälle, Kreislaufversagen und Netzhautschäden. Jenseits 140 mm Hg sind diese Gefahren als gegeben anzusehen.

(Quelle: Rheinisch-Westfälischer TÜV, 396/23056)

Medizinischer Befund

„Bluthochdruck“. Bluthochdruck wird im Gutachten „Krankheit und Kraftverkehr“ als eignungsausschließende Krankheit bezeichnet. Die Diagnose kann aber erst nach wiederholten Messungen oder Langzeitmessungen wirklich gestellt werden. Die bei einer MPU-Begutachtung natürlicherweise vorhandene Prüfungsangst des Untersuchten und andere Einflußgrößen (Medikamente oder den Blutdruck steigernde Getränke wie z. B. Kaffee) verfälschen das Ergebnis der Messung und machen eine einmalige Messung daher für die sichere Diagnose unbrauchbar.

Sprachliche Analyse/Auffälligkeiten

Diese Absätze sind im Stil einer theoretischen Abhandlung gehalten. Das Wort *„Gefährdungsfaktor“* hat eine doppelte Bedeutung, und es bleibt unklar, ob es sich um einen Faktor handelt, der zu einer Gefährdung beiträgt oder in sich selbst schon eine Gefährdung darstellt.

Im zweiten und dritten Absatz werden rein theoretische Fakten aus der medizinischen Literatur bzw. dem oben genannten Gutachten „Krankheit und Kraftverkehr“ zitiert. Es wird nicht gesagt, ob im vorliegenden Fall solche *„Gefahren“* bereits eingetreten sind. Durch die Aufzählung dieser *„Risiken“* wird aber der Eindruck vermittelt, als ob diese *„Zustände“* bereits vorgekommen sind oder sich unvermittelt und wiederholt ereignen können.

Eignungspsychologische Aussage

Keine.

Wahrscheinliche geheimsprachliche Aussage/Bedeutung

Es wird durch die Aufzählung der *„Gefahren"* und *„Risiken"* der Eindruck erweckt, diese seien bereits Realität. Der Proband wird als *„Gefährdungsfaktor im heutigen motorisierten Straßenverkehr"* dargestellt, und es wird eine scheinbare Begründung für die Nichterteilbarkeit der Fahrerlaubnis geliefert, ohne daß dafür medizinisch gesicherte Erkenntnisse vorlägen. Bei einer Person ohne medizinisches Wissen (z. B. Sachbearbeiter der Führerscheinstelle), die solche Aussagen nicht hinterfragen kann, muß das Gefühl des unmittelbaren Eintritts der genannten Gefahren entstehen.

Für eine spätere negative Gesamtbeurteilung wird ein medizinisches Argument geliefert, das zwar für den vorliegenden Fall nicht stichhaltig ist, dessen theoretische Grundlage aber gesichert ist. Der psychologische Gutachter braucht in einem solchen Fall zu der eigentlichen Fragestellung (Trunkenheitsfahrt oder Punkte) gar nicht mehr definitiv Stellung zu nehmen.

Textbaustein Nr. 331-5:

Die ärztliche Beurteilung stützt sich auf die Aufnahme der Vorgeschichte und auf die medizinische Befunderhebung. Es wurden im Hinblick auf die Fragestellung gezielte anamnestische Erhebungen durchgeführt. Danach erfolgte eine medizinische Grunduntersuchung, die auf körperliche und psychische Besonderheiten im Rahmen der Fragestellung gerichtet war.

(Quelle: TÜV Rheinland, A 0458/91)

Medizinischer Befund

Keiner.

Sprachliche Analyse/Auffälligkeiten

Die Sprache ist sachlich und beschreibend. Die verwendeten Ausdrücke sind vage, und es bleibt unklar, was die *„medizinische Befunderhebung“* beinhaltet. Außerdem ist nicht näher definiert, was die *„gezielten anamnestischen Erhebungen“* konkret waren. Es fällt auf, daß der Arzt sich nicht nur um *„körperliche“*, sondern auch um *„psychische“* Aspekte kümmerte, ohne im Gutachten konkrete Angaben dazu zu machen, und obwohl dies eigentlich nicht sein Fachgebiet ist. Die Verwendung des Ausdrucks *„Besonderheiten“* soll darauf hinweisen, daß hier wirklich eine Einzelfallbegutachtung stattgefunden hat und der Proband nicht nach „Schema F“ abgefertigt wurde.

Eignungspsychologische Aussage

Keine.

Wahrscheinliche geheimsprachliche Aussage/Bedeutung

Dem Leser wird der Eindruck vermittelt, daß der Arzt sorgfältig und gründlich gearbeitet hat und daß man ihm daher uneingeschränkt Glauben schenken kann. Schließlich habe er sich mit *„Besonderheiten“* in *„körperlicher“* und *„psychischer“* Hinsicht befaßt.

Textbaustein Nr. 331-6:

Die medizinische Befunderhebung ergab im Sinne der Fragestellung folgende Auffälligkeiten:

Diskrete Teleangiektasien im Thoraxbereich.

(Quelle: TÜV Rheinland, K 989/93)

Medizinischer Befund

Teleangiektasien im Thoraxbereich.

Laut Pschyrembel, Klinisches Wörterbuch, S. 1651 bei Lungen- und Herzerkrankungen.

Sprachliche Analyse/Auffälligkeiten

Fragestellung: Alkohol am Steuer. Dieser medizinische Befund im zweiten Satz ist eine scheinbar korrekte Aussage, wobei der Aussagesatz in eine kausale Beziehung zur Fragestellung gesetzt wird.

Eignungspsychologische Aussage

Keine.

Wahrscheinliche geheimsprachliche Aussage/Bedeutung

Es wird suggeriert, daß Teleangiektasien (bleibende Erweiterungen kleiner oberflächlicher Hautgefäße) im Brustbereich auch mit Alkoholmißbrauch im Zusammenhang stehen. Bekanntlich können Teleangiektasien nach langjährigem Alkoholkonsum im Gesicht auftreten. Da der Arzt offensichtlich aber keine solchen gefunden hat, gab er diese im Brustbereich an, verschwieg aber, daß deren Ursache nicht übermäßiger Alkoholkonsum, sondern Lungen- und Herzerkrankungen sind.

Textbaustein Nr. 331-7:

Die regelmäßige Einnahme anderer Medikamente wurde verneint. Nach eigenen Angaben bestand zum gegenwärtigen Zeitpunkt Wohlbefinden und volle Leistungsfähigkeit.

(Quelle: Rheinisch-Westfälischer TÜV, 338/49839 M)

Medizinischer Befund

Keiner. *„Eigene Angaben“* des Probanden können keine gründliche medizinische Untersuchung ersetzen, da ein subjektiver Eindruck nicht mit einer objektiven wissenschaftlichen Diagnose gleichgesetzt werden kann und darf.

Sprachliche Analyse/Auffälligkeiten

„Wohlbefinden“ und *„volle Leistungsfähigkeit“* sind medizinisch nicht definierte Begriffe, die offensichtlich nicht mit nachweisbaren medizinischen Fakten belegt worden sind. Daraus muß auf eine allgemein oberflächliche medizinische Untersuchung geschlossen werden. Es fehlt der Hinweis darauf, daß das regelmäßig eingenommene Medikament nicht eignungsausschließend ist.

Eignungspsychologische Aussage

Keine.

Wahrscheinliche geheimsprachliche Aussage/Bedeutung

Es wird durch den Gutachter für den Fall vorgesorgt, daß eventuell schlechte Ergebnisse bei Leistungstests und Exploration erzielt werden. Diese können dann vom Probanden nicht mehr mit „Aufregung“, „Streßsituation“ oder „Indisposition“ und „Unwohlsein“ in Frage gestellt werden, denn er hat *„Wohlbefinden“* und *„volle Leistungsfähigkeit“* zugesichert.

Vorsorglicher Selbstschutz der MPU-Gutachter aus auftrags- und vertragsrechtlicher Sicht.

Textbaustein Nr. 331-8:

Gleichfalls wurden die Ergebnisse einer anlaßspezifischen Laboruntersuchung mitverwertet.

(Quelle: TÜH, 9804/93)

Medizinischer Befund

Keiner.

Sprachliche Analyse/Auffälligkeiten

Es wird nicht gesagt, worin die *„anlaßspezifische Laboruntersuchung“* besteht. Einzelne Laboruntersuchungen werden nicht genannt, ihre Relevanz für den vorliegenden Fall kann daher nicht geprüft werden. Die Aussage ist so theoretisch und abstrakt gehalten, daß man nicht weiß, wie umfangreich oder eingeschränkt der Proband untersucht wurde. Bedeutungsleere wird durch die Verwendung des scheinwissenschaftlichen Ausdrucks *„anlaßspezifisch“* verschleiert.

Es bleibt auch unklar, was unter *„mitverwertet“* zu verstehen ist. Wurden alle Ergebnisse in der gesamten Bandbreite ihrer Aussage voll berücksichtigt und im Zusammenspiel gewichtet oder pauschal als „bedeutungslos“ betrachtet und nicht näher analysiert.

Eignungspsychologische Aussage

Keine.

Wahrscheinliche geheimsprachliche Aussage/Bedeutung

Dem Adressaten des Gutachtens wird ein bei diesem vorhandenes Fachwissen suggeriert, da stillschweigend davon ausgegangen wird, daß dieser in allen Fällen genau weiß und einschätzen kann, was eine *„anlaßspezifische Laboruntersuchung“* beinhaltet. Dieses Fachwissen in seiner ganzen labormedizinischen Komplexität ist aber bei einem Sachbearbeiter wohl kaum und bei einem Untersuchten schon gar nicht vorauszusetzen.

Vorbeugende Bekundung der eigenen Pflichterfüllung aus auftrags- und vertragsrechtlichen Gründen.

Textbaustein Nr. 331-9:

Wesentliche Bedenken gegen die Eignung des Untersuchten zur Teilnahme am Straßenverkehr ergeben sich ärztlicherseits wegen der gehäuften alkoholbedingten Verkehrsauffälligkeiten mit teilweise hohen Blutalkoholkonzentrationen. Die Verträglichkeit so hoher Blutalkoholwerte spricht für eine erhebliche Gewöhnung an Alkohol.

(Quelle: Rheinisch-Westfälischer TÜV, 337/3312 M)

Medizinischer Befund

Keiner.

Sprachliche Analyse/Auffälligkeiten

Die Bedenken *„ärztlicherseits“*, die im vorliegenden Text geäußert werden, bzw. die genannte Begründung für diese Bedenken haben ihren Urprung gar nicht in medizinischen Fragen. *„Alkoholbedingte(n) Verkehrsauffälligkeiten“* ist keine Krankheit, und *„hohe Blutalkoholkonzentrationen“* sind lediglich Befunde. Auch eine *„Gewöhnung an Alkohol“* ist keine objektive Diagnose, die durch medizinische Befunde abgesichert wird. Pathologische Veränderungen oder Schäden werden nicht genannt, obwohl diese das eigentliche Untersuchungsgebiet des Arztes sind und hätten festgestellt oder ausgeschlossen werden müssen.

Die medizinische Aussage enthält keine Diagnose, konkrete Anamnese oder Tatsachen, die medizinisch belegbar wären. Es wird keine sachliche Beschreibung der zu untersuchenden Organe usw. gegeben, sondern pauschal von einer *„Gewöhnung an Alkohol“* gesprochen.

Eignungspsychologische Aussage

Keine.

Wahrscheinliche geheimsprachliche Aussage/Bedeutung

Dem Leser wird suggeriert, daß aus medizinischer Sicht auch heute noch eine Gewöhnung an Alkohol besteht, die gegen die Eignung des Probanden spricht – ohne daß der Arzt dafür Befunde anführen könnte. Es wird die Erkenntnis aus der Verkehrsvorgeschichte in Form dieser allgemeingültigen formelhaften Aussage sprachlich zu einem auch heute noch bestehenden medizinischen Befund umgewandelt.

Textbaustein Nr. 331-10:

Herr X trägt getönte Gläser. Es sei darauf hingewiesen: Allen Kraftfahrern ist dringend davon abzuraten, beim Führen eines Kraftfahrzeuges in der Nacht Sonnenschutzgläser aller Art (weniger als 80 % Transmission) zu benutzen, weil dadurch das Dämmerungssehen in gefährlicher Weise verschlechtert werden kann. Die Verwendung von Filtergläsern mit einer Transmission von 85 % und mehr ist in der Regel als unbedenklich anzusehen, jedoch nicht bei Kraftfahrern, deren Dämmerungssehvermögen an der Eignungsgrenze liegt. Die sogenannten Richtwerte für den Transmissionsgrad gelten sinngemäß auch für phototrope Brillengläser.

(Quelle: Rheinisch-Westfälischer TÜV, 339/49091 M)

Medizinischer Befund

Keiner. Getönte Gläser sind für Autofahrer nicht verboten.

Sprachliche Analyse/Auffälligkeiten

Es handelt sich um allgemeine Ausführungen zu einem Thema, von dem der Adressat überhaupt nicht weiß, ob es ein Thema bei der vorliegenden Untersuchung ist – das *„Führen eines Kraftfahrzeuges in der Nacht“*. Die Fragestellungen für die Untersuchung sind von der Behörde genau vorgegeben – das hier angesprochene Thema gehört nicht dazu. Durch die ausführliche Darstellung wird aber dieser Eindruck erweckt, und der Leser muß zudem annehmen, daß der Untersuchte über ein nicht ausreichendes *„Dämmerungssehvermögen“* verfügt, denn auch dieses Thema wird ohne Bezug zum Untersuchungsanlaß aufgegriffen. Durch den sachlichen Sprachstil, wie er bei Normen und Verordnungen verwendet wird, erhöht sich noch der Eindruck der „amtlichen Verlautbarung“.

Eignungspsychologische Aussage

Keine.

Wahrscheinliche geheimsprachliche Aussage/Bedeutung

Es wird eine Relevanz für die im Textbaustein abgegebene medizinische Stellungnahme konstruiert, die eigentlich nicht besteht. Es bleibt offen, ob Befunde von Bedeutung vorliegen oder ob der Gutachter lediglich „irgend etwas finden“ wollte.

Textbaustein Nr. 331-11:

Zur differentialdiagnostischen Bedeutsamkeit vorgefundener BAKn verweisen wir auf KUNKEL in Blutalkohol, 1985, 22, S. 341–356. Demnach kann man soziales Trinken nur bei einer BAK bis höchstens 1,3 ‰ noch annehmen.

(Quelle: Rheinisch-Westfälischer TÜV, 339/16899)

Hinweis der Autoren: „*BAKn*“ = Blutalkoholkonzentrationen

Medizinischer Befund

Keiner.

Sprachliche Analyse/Auffälligkeiten

Keine Auffälligkeiten.

Eignungspsychologische Aussage

Keine individuelle. Der Textbaustein dient jedoch zur Untermauerung eines aufgrund der Verkehrsvorgeschichte gebildeten oder zu bildenden Vorurteils. Insofern liegt keine eignungspsychologische, sehr wohl jedoch eine „TÜVologische“ Aussage vor.

Wahrscheinliche geheimsprachliche Aussage/Bedeutung

Es wird dem Leser suggeriert, daß eine Blutalkoholkonzentration von mehr als 1,3 ‰ sozial nicht mehr üblich und geduldet, also normabweichend sei.

Es wird dabei aber verschwiegen, daß KUNKEL (Obergutachter in Rheinland-Pfalz) selbst die Ansicht vertritt, daß nicht einmal eine bei einer Trunkenheitsfahrt festgestellte Blutalkoholkonzentration von 1,6 bis 1,99 ‰ ein Grund dafür sein kann, von dem Betroffenen eine Alkoholabstinenz als Voraussetzung der positiven Begutachtung zu verlangen. Seine Begründung ist, daß „in der Gruppe der alkoholauffälligen Fahrer von 1,5–1,9 ‰ lediglich in 20–53 % der Fälle Abhängigkeit vorliegt“ (Zeitschrift für Verkehrssicherheit, Heft 11/November 1993).

3.3.2 Themenbereich „Leberfunktionswerte“

Die in unsere repräsentative Auswahl aufgenommenen 7 Textbausteine, die aus Gutachten entnommen wurden, die die MPU-Stellen in den Jahren zwischen 1986 und 1993 erstellt haben, finden auch heute noch Verwendung.

Das Prinzip der „TÜVologischen“ Fahreignungsbegutachtung durch die MPU-Stellen scheint darin zu bestehen, daß „an der oberen Normgrenze“ liegende bzw. über den Normwert hinaus erhöhte Leberfunktionswerte in jedem Fall als alkoholbedingt angesehen werden. Es sei denn, der Untersuchte legt fachärztliche Atteste vor, aus denen zweifelsfrei andere, nicht alkoholbedingte Ursachen hervorgehen.

Es fällt auf, daß die MPU-Stellen sich dabei fast ausschließlich auf den Gamma-GT-Wert konzentrieren, obwohl sie auch die Parameter GOT und GPT und auch andere bestimmen lassen und ihnen bekannt ist, daß die Aussagegenauigkeit dieser Leberfunktionswerte sehr gering ist. Die Textbausteine belegen, daß die „TÜVologen“ offensichtlich die seit Jahren geäußerten Warnungen der Labormediziner nicht beachten wollen, nach denen eine Erhöhung des GGT außer Alkohol noch auf eine Vielzahl von Ursachen zurückgeführt werden kann.

Die gesicherten Erkenntnisse der Laboratoriumsmedizin widersprechen zwar der „TÜVologischen“ Schmalspurinterpretation der Leberfunktionswerte, die MPU-Stellen halten aber trotzdem an ihren vor vielen Jahren erarbeiteten Konstruktionen fest.

Textbaustein Nr. 332-1:

Es fand sich eine isolierte Erhöhung der Gamma-GT auf 29 U/l.

Einer geringfügigen Erhöhung der Leberfunktionswerte kommt im Rahmen der Gesamtbefunde keine Bedeutung zu.

(Quelle: TÜV Rheinland, K 1143/86)

Medizinischer Befund

Ja, in der ersten Zeile.

Sprachliche Analyse/Auffälligkeiten

Sachliche Aussagesätze in Form von Tatsachenfeststellung und Interpretation der Tatsache.

Eignungspsychologische Aussage

Keine.

Wahrscheinliche geheimsprachliche Aussage/Bedeutung

Keine.

Als Textbaustein gilt nur der zweite Satz. Dieser wird jedoch nicht gleichzeitig in demselben MPU-Gutachten mit Textbausteinen verwendet, in denen bereits die geringfügige Erhöhung des GGT-Wertes als Beweis für Alkoholmißbrauch gewertet wird. Dieser Textbaustein wird auch nicht gleichzeitig mit dem Poser-Zitat verwendet (Nr. 332-3).

Textbaustein Nr. 332-2:

Die Laborwerte liegen im Normbereich.

Zu bemerken ist, daß die Gamma-GT mit 27,0 (Norm: bis 28) an der oberen Normgrenze liegt.

(Quelle: TÜV Rheinland, A 0458/91)

Medizinischer Befund

Ja. Alle Laborwerte sind normal.

Sprachliche Analyse/Auffälligkeiten

Zwei sachliche Aussagesätze. Im ersten Satz wird eine Tatsache festgestellt, im zweiten wird dieselbe interpretiert.

Eignungspsychologische Aussage

Keine.

Wahrscheinliche geheimsprachliche Aussage/Bedeutung

Im zweiten Satz wird vordergründig eine sachliche Aussage gemacht, ohne die Bedeutung derselben konkret zu bestimmen. Es wird gezielt der Eindruck erweckt, daß der *„an der oberen Normgrenze“* liegende GGT-Wert schon nicht mehr normal und daß diese Tatsache für die Diagnose bzw. Begutachtung von entscheidender Bedeutung sei. Der Mediziner sät aus sachlich nicht gegebenen Gründen Mißtrauen und signalisiert dem psychologischen Gutachter und der Verwaltungsbehörde, daß er trotz normaler Leberfunktionswerte Bedenken hegt.

Diese(r) Aussage/Textbaustein wird vorwiegend nur in negativen MPU-Gutachten verwendet/angetroffen. Diese Aussage taucht in Gutachten, in denen das POSER-Zitat (Nr. 332–3) und/oder Textbausteine verwendet werden, nach denen sogar ein geringfügiger Anstieg des GGT-Wertes über Norm keine eignungsausschließende Bedeutung hat (Nr. 332–1), nicht auf.

Textbaustein Nr. 332-3:

Nach wissenschaftlichen Untersuchungen (POSER u. a. in „Nervenarzt“, 49, 1978) kann die Gamma-GT-Aktivität im Serum zur Diagnose und Abstinenzkontrolle bei Alkoholmißbrauch herangezogen werden. Es handelt sich dabei um einen Leberfunktionswert, der bei übermäßigem Alkoholkonsum in der Mehrzahl der Fälle verhältnismäßig rasch ansteigt. Andererseits findet nach Beginn der Abstinenz auch relativ schnell (nach etwa 5 bis 54 Tagen) eine Normalisierung statt, wenn keine anderen Organschäden vorliegen. Die obere Grenze des Normbereiches wird vom Hersteller des Prüfverfahrens mit 28 U/l für Männer und 18 U/l für Frauen angegeben. Im Bereich der Kraftfahreignungsdiagnostik kann man davon ausgehen, daß unter Berücksichtigung bestimmter unabhängiger Einflußgrößen sowie unter Einbeziehung der alkoholbezogenen Vorgeschichtsdaten Werte ab 50 U/l mit hinreichender Sicherheit auf überdurchschnittlichen Alkoholkonsum zurückzuführen sind (vgl. GEISELBRECHT, W., u. a. in „Blutalkohol“, 15, 1978).

Die subjektiven Angaben der Betroffenen könnten dazu in erheblichem Widerspruch stehen.

(Quelle: Rheinisch-Westfälischer TÜV, 339/16899)*

Medizinischer Befund

Keiner. Es wird jedoch verschwiegen, daß diese Studie nur Symptome aufzeigt, die für die Erhärtung eines Anfangsverdachts genügen, und daß für die endgültige Abklärung der Ursachen für den GGT-Anstieg auf mehr als 50 U/l eine Differentialdiagnose (ggf. Leberpunktion) erforderlich ist.

Sprachliche Analyse/Auffälligkeiten

Bis auf den letzten Satz handelt es sich um eine sachliche Beschreibung wissenschaftlicher Erkenntnisse.

Der letzte Satz enthält eine suggestive Einschränkung und subjektive Wertung, zumal ohne konkreten Bezug auf den Begutachteten, über den das Gutachten erstellt wurde, eine Aussage gemacht wird, die in dieser Form allgemeine Gültigkeit erhält. Somit erhält dieser letzte Satz wiederum rein suggestiv den Stellenwert wissenschaftlicher Erkenntnisse und wird unterschwellig auf den Begutachteten bezogen.

Eignungspsychologische Aussage

Keine.

Wahrscheinliche geheimsprachliche Aussage/Bedeutung

Durch die vordergründig wissenschaftliche, sachliche Beschreibung wird suggeriert, daß für die negative Beurteilung wegen des Verdachts auf Alkoholmißbrauch keine weiteren medizinischen Untersuchungen erforderlich sind, wenn der GGT-Wert höher als 50 U/l liegt.

Dieser Textbaustein wird nicht zusammen mit den Textbausteinen verwendet, in denen dem GGT-Wert generell eine hohe diagnostische Genauigkeit beigemessen und sogar bei einem geringstfügigen Anstieg von Alkoholmißbrauch ausgegangen wird.

Textbaustein Nr. 332-4

Sollte die Gamma-GT-Aktivität den Normwert (bis 28 U/l) wiederum überschreiten, wäre von einem Alkoholmißbrauch auszugehen. Dabei muß allerdings sichergestellt sein, daß keine Medikamente eingenommen werden, die auf irgendeine Weise dieses Enzym stimulieren können, oder Erkrankungen vorliegen, die eine Erhöhung des Enzyms bewirken können.

(Quelle: Rheinisch-Westfälischer TÜV, 339/49091 M)

Medizinischer Befund

Keiner.

Sprachliche Analyse/Auffälligkeiten

Durch die Konjunktive *„sollte“* und *„wäre“* wird nur für einen gründlichen Leser deutlich, daß es sich um eine reine Spekulation handelt. Beim flüchtigen Hinsehen wird der Satz als Tatsache verstanden. Die spekulative Ausführung wird mit dem *„allerdings“* im zweiten Satz noch weiter eingeschränkt. Eigentlich wird hier eine nicht vorhandene Aussage sehr breit ausgeführt

Eignungspsychologische Aussage

Keine.

Wahrscheinliche geheimsprachliche Aussage/Bedeutung

Der zweite Satz ist medizinisch korrekt, denn Erkrankungen und Arzneien können den GGT-Wert ansteigen lassen.

Der Mediziner suggeriert aber im ersten Satz auf sachlich unzutreffende Weise, daß ein Anstieg des GGT-Wertes über Norm (28 U/l bei Männern) bei Fehlen von Erkrankungen oder Medikamenteneinflüssen bereits Alkoholmißbrauch bedeutet. Damit verleitet er die Führerscheinstelle dazu, die Fahrerlaubnis ggf. unter der Auflage zu erteilen, daß in kurzen Abständen (i. d. R. 6 Wochen) die Leberfunktionswerte vorgelegt werden müssen. Liegt dann der GGT-Wert auch nur um wenige Punkte über 28 U/l, schlußfolgert die Behörde auf Alkoholmißbrauch.

Dieser Textbaustein wird nicht gleichzeitig mit dem Textbaustein verwendet, in dem unter Bezugnahme auf die Studie von Poser beschrieben wird, daß eine Erhöhung des GGT-Wertes erst ab 50 U/l hinreichende Sicherheit für überdurchschnittlichen Alkoholkonsum bietet.

Textbaustein Nr. 332-5:

Bei der alkoholischen Fettleber findet man eine schon frühzeitig erhöhte Gamma-GT-Aktivität.

Bei Abstinenz fällt die zuvor erhöhte Gamma-GT exponentiell rasch zur Norm ab, wenn nicht bereits eine erhebliche Leberschädigung vorliegt.

Die nunmehr befundenen Laborparameter, einschließlich der Gamma-GT-Aktivität, liegen im Bereich der Norm, so daß gegenwärtig laborchemisch ein Alkoholmißbrauch nicht nachweisbar war.

Allerdings reicht eine nur kurze alkoholabstinente Lebensweise (5 bis 54 Tage), um normale Gamma-GT-Werte zu erreichen.

(Quelle: Rheinisch-Westfälischer TÜV, 339/49091 M)

Medizinischer Befund

Nur im dritten Absatz, sonst allgemeine theoretische Ausführungen.

Sprachliche Analyse/Auffälligkeiten

Sachlicher, beschreibender Stil in den ersten beiden Absätzen. Die Kombination von *„nunmehr“* und *„gegenwärtig“* und der Einleitung mit *„allerdings“* im vierten Absatz zeigen einen Widerspruch auf. Die klaren Aussagen über die Bedeutung des Gamma-GT-Wertes im ersten und zweiten Absatz bzw. der Befund im dritten Absatz wird sehr stark eingeschränkt.

Eignungspsychologische Aussage: Keine

Wahrscheinliche geheimsprachliche Aussage/Bedeutung

Der Mediziner bekundet, daß er dem im Normbereich liegenden Befund nur sehr geringe Bedeutung beimißt. Er erweckt den Eindruck, daß der Proband ihn sogar hintergangen haben könnte, falls dieser wußte, in welchem Zeitraum sich der Gamma-GT-Wert normalisiert. Der Arzt verschweigt aber, daß umfangreiche Trinkversuche mit Laborwertbestimmungen erforderlich wären, um den individuellen Zeitraum für die Normalisierung des Gamma-GT-Wertes zu ermitteln, was sich wohl niemand leisten kann. Insofern wird aufgrund einer sachlich nicht begründeten Vermutung zwischen den Zeilen Mißtrauen gegenüber einem Probanden gesät, der normale Leberwerte hat.

Dieser Textbaustein wird nicht zusammen mit dem Textbaustein verwendet, in dem der Gamma-GT-Wert als „zuverlässiger und empfindlicher Labortest mit differenzierter diagnostischer Aussagekraft“ beschrieben wird, weil die beiden Textbausteine sich widersprechen.

Textbaustein Nr. 332-6:

Die Gamma-GT-Bestimmung hat sich als zuverlässiger und empfindlicher Labortest mit differenzierter diagnostischer Aussagekraft in der klinischen Routinediagnostik und als Suchmethode erwiesen. Sie ist für die Erkennung von Leberschäden bedeutungsvoll, und sie ist eines der empfindlichsten Indikatoren zur Erkennung toxisch bedingter, insbesondere alkoholtoxischer Hepatosen.

Die diagnostische Wertigkeit einer Gamma-GT-Aktivitätssteigerung ergibt sich aus deren Höhe.

Bei erhöhter Aktivität ist zunächst an eine alkoholtoxische Fettleber oder alkoholtoxische Hepatitis zu denken.

Normale Werte schließen Alkoholmißbrauch nicht aus, denn nur bei 70–80 % der Alkoholiker werden Leberschäden gefunden.

(Quelle: TÜV Norddeutschland, 5519123081)

Medizinischer Befund

Keiner.

Sprachliche Analyse/Auffälligkeiten

Sachlich gehaltene, wissenschaftstheoretische Darstellung. Differenzierte Beschreibung im letzten Satz. Die Argumente werden jedoch einseitig gewichtet und auch unspezifische Aussagen gemacht.

Eignungspsychologische Aussage

Keine.

Wahrscheinliche geheimsprachliche Aussage/Bedeutung

Diese nicht auf den Untersuchten bezogene, sondern allgemeingehaltene theoretische Beschreibung wissenschaftlicher Ansichten ist überholt und einseitig. Sie verschweigt die neuesten wissenschaftlichen Erkenntnisse, nach denen die Alkoholspezifität des GGT-Wertes „auch in Kombination mit den übrigen Laborbefunden nur 50–80 % beträgt“ (Quelle: Aktuelle Diagnostik & Therapie – Deutsche Medizinische Wochenzeitschrift 119 [1994], 1041–1044).

Diese theoretische Darstellung dient offensichtlich dazu, auch normale Gamma-GT-Werte zur Begründung von eignungsausschließenden Befunden heranzuziehen. Der Textbaustein ist nicht in jedem Gutachten zu finden, er scheint auch reiner Seitenfüller zu sein.

Textbaustein Nr. 332-7:

Bei der jetzigen körperlichen und laborchemischen Untersuchung zeigten sich keine sicheren alkoholtypischen Veränderungen. Damit sind jedoch Zweifel an der Fahreignung wegen problematischen Umgangs mit Alkohol nicht auszuräumen, zumal der Proband angibt, in der Vergangenheit vor allem phasenweise vermehrt dem Alkohol zugesprochen zu haben.

(Quelle: TÜH, 9804/93)

Medizinischer Befund

Normale, gesunde Leberfunktionen und keine körperlichen Anzeichen für Alkoholmißbrauch. Der Befund gilt nur für den ersten Satz.

Sprachliche Analyse/Auffälligkeiten

Der erste Satz enthält den medizinischen Befund und ist eine objektive Aussage. Im zweiten Satz wird der Befund jedoch in sein Gegenteil verkehrt, indem der Arzt die für die Vergangenheit gemachte selbstkritische Aussage des Probanden über seine früheren Trinkgewohnheiten automatisch auf die Gegenwart überträgt und trotz fehlender medizinischer Befunde für nach wie vor eignungsausschließend erklärt.

Eignungspsychologische Aussage

Es liegen dem Arzt keine eignungsausschließenden Befunde vor. Trotzdem greift er in die Disziplin des Psychologen ein und konstruiert aufgrund eines logischen Trugschlusses eine die Fahreignung ausschließende Alkoholproblematik. Der Trugschluß liegt darin, daß er die selbstkritische Bekundung des Untersuchten über seine früheren Trinkgewohnheiten auch als für die Gegenwart und Zukunft bestehend erklärt. Ob Zweifel an der Fahreignung bestehen, ist einzig und allein eine Frage für die Verwaltungsbehörde – der Arzt hat lediglich medizinische Befunde zu erheben.

Wahrscheinliche geheimsprachliche Aussage/Bedeutung

Der zweite Satz dieses Textbausteins wird nicht in jedem Gutachten verwendet. Wenn er bei einem unauffälligen Befund der Leberwerte verwendet wird, suggeriert der Arzt, daß seiner (subjektiven) Meinung nach auch jetzt noch ein erhöhter Alkoholkonsum vorliegt.

Textbausteine, in denen der psychologische Gutachter seine negative Beurteilung unter Verweis auf die angeblichen medizinischen Befunde begründet.

3.3.3 Themenbereich „Medizinische Schlußbeurteilung“

Die in die Auswahl aufgenommenen 11 Textbausteine stellen einen Querschnitt der Jahre 1986 bis 1994 dar und werden im Prinzip auch heute verwendet. Wir kritisieren nicht Textbausteine, die zweifelsfreie positive oder negative Diagnosen enthalten, sondern solche, die das Fehlen eindeutiger Befunde offensichtlich verschleiern.

Eine typische Konstruktion ist u. a., daß der ärztliche Gutachter erklärt, keine eignungsausschließende Diagnose stellen zu können, er verweise jedoch auf den psychologischen Teil. Eigenartigerweise findet sich dieser Textbaustein in negativen Gutachten, deren Gesamtbeurteilung sich nicht auch auf objektive medizinische Ergebnisse stützen läßt. Es steht zu vermuten, daß der medizinische Gutachter nur seinen subjektiven Eindrücken folgt und für eine negative Endbeurteilung ist, die er jedoch medizinisch nicht begründen kann. Ein offensichtlich beliebter Trick scheint darin zu bestehen, daß Textbausteinelemente mit allgemeingültigen theoretischen Erkenntnissen sozusagen nebenbei in das Gutachten einfließen oder bewußt mit einzelfallbezogenen medizinischen Ergebnissen vermengt werden.

Der Vollständigkeit halber weisen wir darauf hin, daß Textbausteine mit eindeutigen medizinischen Schlußbeurteilungen ebenfalls existieren, von denen wir auch einige Beispiele bringen.

Textbaustein Nr. 333-1:

Diese Befunde sind zwar nicht massiv ausgeprägt. In Verbindung mit der Vorgeschichte und den in der Anamnese gemachten Angaben zu den Trinkgewohnheiten aber können die Bedenken der Behörde aus ärztlicher Sicht nicht widerlegt werden.

(Quelle: TÜV Rheinland, C 583/86)

Medizinischer Befund

In diesem Textbaustein nicht näher genannt. Der Mediziner führt keine Exploration zu den Trinkgewohnheiten durch, denn diese ist Aufgabe des psychologischen Gutachters. Dem Mediziner stehen daher keine fundierten Erkenntnisse über die Trinkgewohnheiten zur Verfügung. Die Angaben in der Anamnese reichen nicht aus, deshalb sind sie Gegenstand der psychologischen Exploration.

Sprachliche Analyse/Auffälligkeiten

Die Wendung *„massiv ausgeprägte Befunde“* ist eher umgangssprachlich als wissenschaftlich. Der zweite Satz ist nominal formuliert und deshalb unbestimmt. In dieser Form läßt sich die Formulierung praktisch auf viele Fälle anwenden, da kein konkreter Einzelfallbezug hergestellt wird. Durch die konstruierte Verbindung zwischen *„nicht massiv ausgeprägten Befunden“* einerseits und der *„Vorgeschichte und Trinkgewohnheiten“* andererseits wird eine Kausalität suggeriert.

Eignungspsychologische Aussage

Keine.

Wahrscheinliche geheimsprachliche Aussage/Bedeutung

Der Mediziner nimmt in diesem Textbaustein durch die Formulierung *„die Bedenken der Behörde können aus ärztlicher Sicht nicht widerlegt werden“* die ureigenste Aufgabe der Verwaltungsbehörde vorweg. Die von der Behörde in der Aufgabe- und Fragestellung an den Gutachter geäußerten Bedenken kann nur sie selbst fallenlassen oder aufrechterhalten. Der medizinische Gutachter hat dazu als Gehilfe der Behörde lediglich Material (= Befunde und wissenschaftlich begründete Interpretationen derselben) zu liefern. Bekanntlich übernehmen die meisten Behördensachbearbeiter derartige gutachtliche Stellungnahmen ungeprüft und scheinen dafür sogar dankbar zu sein, daß nicht sie selbst darüber befinden müssen, ob sie ihre Eignungsbedenken im Rahmen ihrer vom Bundesverwaltungsgericht vorgeschriebenen Würdigung der Gesamtpersönlichkeit fallenlassen oder aufrechterhalten müssen.

Textbaustein Nr. 333-2:

Die medizinische Befunderhebung erbrachte:

Erweiterte und vermehrte Gefäße im Bereich des Gesichtes, Gynäkomastie, Spider naevi an der Brust.

Darüber hinaus ergab die medizinische Untersuchung im Bereich der inneren Organe, des Nervensystems und im sinnesphysiologischen Bereich keine Normabweichungen. Es zeigten sich keine psychischen Auffälligkeiten.

Aufgrund dieser Befundlage können aus medizinischer Sicht Zweifel an der Fahreignung zurückgewiesen werden.

(Quelle: TÜV Rheinland, K 1143/86)

Medizinischer Befund

Die im zweiten Satz erhobenen medizinischen Befunde kommen nicht allein bei Alkoholmißbrauch, sondern auch bei anderen Erkrankungen der Leber und anderer Organe oder ohne krankhafte Ursache vor.

Sprachliche Analyse/Auffälligkeiten

Sachlicher, beschreibender Stil mit Aussagesätzen bei Verwendung medizinischer/lateinischer Fachausdrücke. Um diese sofort zu verstehen, ist sehr viel medizinisches Wissen erforderlich.

Es bleibt unklar, was mit *„psychischen Auffälligkeiten“* gemeint ist. Es könnte sich um neurologische oder aber psychiatrische Befunde handeln. Der letzte Satz ist sehr formelhaft und enthält keine konkreten Informationen – damit ist er ein typischer Textbaustein, der sich in sehr vielen Fällen einsetzen läßt und der nicht für den Einzelfall angepaßt werden muß.

Eignungspsychologische Aussage: Keine.

Wahrscheinliche geheimsprachliche Aussage/Bedeutung

Es wird durch die Angabe von vermehrten Oberflächengefäßen der Haut und der vergrößerten Brustwarze des Mannes der Eindruck erweckt, als ob diese Befunde allein auf Alkoholmißbrauch (in der Vergangenheit) zurückzuführen wären. Es wird verschwiegen, daß eine kausale Beziehung zu Lebererkrankungen zwar bestehen kann, daß diese Erkrankung aber nicht alkoholbedingt sein muß.

Bei den Sachbearbeitern der Führerscheinstellen, die derartige alkoholbedingte Ursachen suggerierende Diagnosen massenhaft lesen, entsteht durch den Lernprozeß der Eindruck, als ob diese Gefäßerweiterungen in Gesicht und Brustbereich immer alkoholbedingt sein müssen.

Textbaustein Nr. 333-3:

Es fanden sich keine Zeichen, die auf Alkoholabusus hindeuten.

Aufgrund dieser Befundlage können aus medizinischer Sicht Zweifel an der Fahreignung zurückgewiesen werden.

(Quelle: TÜV Rheinland, D 0161/89)

Medizinischer Befund

Keiner, denn es wird lediglich festgestellt, daß keine medizinischen Anzeichen für Alkoholmißbrauch vorliegen.

Sprachliche Analyse/Auffälligkeiten

Sachliche Tatsachenfeststellung im ersten Satz. Der zweite Satz ist floskelhaft und abstrakt. Mehrere Wendungen haben entweder keinen konkreten Inhalt oder sind überflüssig.

Eignungspsychologische Aussage

Keine.

Wahrscheinliche geheimsprachliche Aussage/Bedeutung

Vorwegnahme der behördlichen Entscheidung über die künftige Kraftfahreignung. Denn ob die Behörde ihre *„Zweifel an der Fahreignung“* aufrechterhält oder verwirft, müßte eigentlich einzig und allein ihre Sache sein. Die Erfahrung zeigt, daß viele Behördenmitarbeiter keinen Anstoß daran nehmen, wenn die MPU-Gutachter ihnen die Entscheidung über die rechtsnormative Frage der Kraftfahreignung praktisch abnehmen.

Da die medizinische Beurteilung Vorrang gegenüber der psychologischen hat, gibt der medizinische Gutachter durch die Verwendung obiger Textbausteine kund, daß er keine Einwände gegen eine etwaige positive Endbeurteilung hat.

Textbaustein Nr. 333-4:

Diese Befunde sind zwar nicht massiv ausgeprägt. In Verbindung mit der Vorgeschichte (zweimal Trunkenheit am Steuer mit Blutalkoholkonzentration über 2 Promille) und den in der Anamnese gemachten Angaben (schlecht gefühlt und zur Linderung Weinbrand getrunken) können die Bedenken der Behörde aus ärztlicher Sicht nicht widerlegt werden.

(Quelle: TÜV Rheinland, G 0384/90)

Medizinischer Befund

Die erhobenen Befunde sind nicht eignungsausschließend.

Sprachliche Analyse/Auffälligkeiten

„Massiv ausgeprägte Befunde“ sind eher umgangssprachlich als wissenschaftlich. Komplizierter Satzbau durch den nominalen Stil und die Einschübe in Klammern. Der zweite Einschub in Klammern enthält keine Zeit- und Mengenangabe und wird dadurch zumindest zweideutig. Der Untersuchte könnte sowohl 0,02 l als auch 1 Flasche Weinbrand getrunken haben, und das vor wenigen Tagen/Stunden, aber genausogut auch vor einem Jahr. Ohne den durch die Klammern hergestellten Einzelfallbezug ist der Textbaustein überall anwendbar. Zwischen der Vorgeschichte und der Anamnese einerseits und der Tatsache, daß aus ärztlicher Sicht keine eignungsausschließenden Befunde erhoben werden konnten, wird andererseits eine Kausalität zu den Bedenken der Behörde konstruiert.

Eignungspsychologische Aussage

Keine.

Wahrscheinliche geheimsprachliche Aussage/Bedeutung

Vorwegnahme sowohl der behördlichen Entscheidung als auch der psychologischen Endbeurteilung durch den medizinischen Gutachter, indem dieser die Ergebnisse der psychologischen Exploration zu den Trinkgewohnheiten erst gar nicht abwartet und eine negative Endbeurteilung fällt. In der MPU-Praxis schreibt der psychologische Gutachter in der Regel kein positives Gutachten, wenn der medizinische Gutachter sich bereits gegen den Untersuchten entschieden hat.

Dieser Textbaustein ist weitgehend identisch mit Nr. 333-1. Er ist jedoch durch die in Klammern gesetzten Einschübe ergänzt.

Negative psychologische Endbeurteilung unter Hinweis auf den medizinischen Teil.

Textbaustein Nr. 333-5:

Die Leberwerte liegen im Normbereich gesunder Erwachsener.

Der MCV-Wert (mittleres Zellvolumen der roten Blutkörperchen) liegt im Normbereich.

Den normalen Laborwerten ist in diesem Falle keine ausschlaggebende Bedeutung für die Beurteilung beizumessen, da selbst durch jahrelangen Alkoholmißbrauch nicht immer ein Leberzellschaden und/oder Blutveränderungen hervorgerufen werden.

Die festgestellten Befunde stehen im Widerspruch zu den angegebenen Trinkmengen.

Hierbei handelt es sich um eine Befundkonstellation, die häufig nach längerwährendem, überhöhtem Alkoholkonsum angetroffen wird.

Aufgrund der Befundlage kann aus medizinischer Sicht festgestellt werden:

Diese Befunde sind in Verbindung mit alkoholbezogenen Vorgeschichtsdaten nicht geeignet, die Bedenken der Verkehrsbehörde auszuräumen.

(Quelle: TÜV Rheinland, W 325/92)

Medizinischer Befund

Es liegen keine medizinischen Auffälligkeiten vor.

Sprachliche Analyse/Auffälligkeiten

Die ersten beiden Absätze enthalten eine sachliche Beschreibung der Laborwerte. Die Aussagekraft dieser Befunde wird im dritten Absatz ohne Begründung sehr stark eingeschränkt, und es wird ein Gegensatz konstruiert, der in den folgenden beiden Absätzen noch ausgebaut wird. Es werden im vierten Absatz *„festgestellte Befunde“* behauptet, obwohl in Absatz 1 und 2 erklärt wurde, daß keine eignungsausschließenden Befunde vorhanden sind. Der Inhalt dieses Satzes ist sprachlogisch völlig falsch und in sich widersprüchlich. Von dieser falschen Annahme ausgehend, wird logisch weitergedacht, und es werden eignungsausschließende medizinische Bedenken abgeleitet.

Eignungspsychologische Aussage: Keine.

Wahrscheinliche geheimsprachliche Aussage/Bedeutung

Durch Anwendung von sprachlogischen Winkelzügen wird Verwirrung erzeugt, und es bleibt nur der letzte Absatz mit der Vorwegnahme der behördlichen Entscheidung vom Standpunkt des Mediziners. Dem können sich der psychologische Gutachter und die Behörde nur anschließen.

Textbaustein Nr. 333-6:

Allerdings muß darauf hingewiesen werden, daß in Einzelfällen auch unter Alkoholmißbrauch normale Leberenzymwerte gefunden werden. Sollte zuvor eine Erhöhung der Gamma-GT-Aktivität bestanden haben, so normalisiert sich der Wert bei Alkoholkarenz sehr schnell.

Ob in Zukunft mit einem verkehrsgerechten Verhalten Herrn Xs zu rechnen sein wird, muß in erster Linie die psychologische Untersuchung zeigen.

(Quelle: Rheinisch-Westfälischer TÜV, 339/49969 M)

Medizinischer Befund

Kein Einzelfallbefund. Der Arzt erklärt durch Verwendung dieses Textbausteines jedoch indirekt, daß die GGT-Bestimmung wegen der *„sehr schnellen“* Normalisierung der Gamma-GT-Aktivität nur sehr geringen diagnostischen Wert hat.

Sprachliche Analyse/Auffälligkeiten

Durch die Verwendung von *„allerdings“* am Anfang des ersten Satzes – also an herausgehobener Stelle – wird der einschränkenden Aussage besonderes Gewicht verliehen. Der Eindruck des Zweifelns wird noch dadurch verstärkt, daß der zweite Satz mit dem Konjunktiv *„sollte“* beginnt.

Eignungspsychologische Aussage

Keine.

Wahrscheinliche geheimsprachliche Aussage/Bedeutung

Es wird die Assoziation erzeugt, daß die in sonstigen *„Einzelfällen“* trotz Alkoholmißbrauch gefundenen normalen Leberenzymwerte in dem im MPU-Gutachten abgehandelten Fall ebenfalls die Annahme des Alkoholmißbrauchs rechtfertigen. Da der Mediziner, der Zweifel an der Eignung des Untersuchten hegt, diese jedoch nicht belegen kann, schiebt er die endgültige Entscheidung dem psychologischen Gutachter zu, der die Begründung für die negative Endbeurteilung liefern muß.

Textbaustein Nr. 333-7:

Die befundenen Laborparameter, einschließlich der Gamma-GT-Aktivität, liegen im Bereich der Norm, so daß laborchemisch ein Alkoholmißbrauch nicht nachweisbar war. Aus medizinischen Gründen ist somit Eignung zum Führen von Kraftfahrzeugen der Führerscheinklassen 1 und 3 gegeben.

(Quelle: Rheinisch-Westfälischer TÜV, 339/49969 M)

Medizinischer Befund

Im Bereich der Norm liegende Laborbefunde.

Sprachliche Analyse/Auffälligkeiten

Sachliche Beschreibung. Durch die Einfügung *„somit“* wird eine Schlußfolgerung eingeleitet, die sich ausschließlich auf das Subjekt des vorausgegangenen Satzes *(„Laborparameter“)* stützt. Es fällt auf, daß der letzte Satz positiv formuliert ist und die Kraftfahreignung kategorisch bejaht.

Eignungspsychologische Aussage

Keine.

Wahrscheinliche geheimsprachliche Aussage/Bedeutung

Die Eignung wird aus medizinischen Gründen ausschließlich von den im Normbereich liegenden *„Laborparametern“* abhängig gemacht. Die Aussage des medizinischen Gutachters ist verklausuliert, denn er beschränkt das Kriterium der Eignung allein auf den *„laborchemisch“* nicht nachweisbaren *„Alkoholmißbrauch“*, obwohl die Nichteignung auch dann gegeben sein kann, wenn kein Alkoholmißbrauch vorgelegen hat. Der Nachweis für den nicht gegebenen Alkoholmißbrauch sind für ihn die im Normbereich liegenden *„Laborparameter“*.

Dieser Textbaustein kommt vorwiegend in positiven MPU-Gutachten vor.

Textbaustein Nr. 333-8:

Die medizinische Untersuchung ergab an den inneren Organen klinisch keinen krankhaften Befund. Auch ließen sich zur Zeit keine Anzeichen einer alkoholbedingten Körperschädigung nachweisen.

In Einzelfällen können allerdings alkoholbedingte Körperschäden auch nach längerem Alkoholmißbrauch nicht nachgewiesen werden.

Unter medizinischem Aspekt sind entscheidende Bedenken an der Eignung zum Führen von Kraftfahrzeugen der Führerscheinklassen 1 und 3 nicht vorzubringen.

Da jedoch der körperliche Befund nicht allein ausschlaggebend für die Beurteilung ist, die Begutachtung vielmehr das psychische Leistungs- und Persönlichkeitsbild mit einschließt, wird auf die Ausführungen im psychologischen Teil verwiesen.

(Quelle: Rheinisch-Westfälischer TÜV, 339/650 M)

Medizinischer Befund

Ja. (Siehe Absatz 1.)

Sprachliche Analyse/Auffälligkeiten

Sachliche Beschreibung im Absatz 1 mit der Einschränkung, daß die Aussage nur *„zur Zeit“* gilt. Für sich allein genommen ist auch der Absatz 2 eine sachliche Darstellung. In der Kombination der Einschränkung durch den Vermerk *„zur Zeit“*, der Erwähnung von *„Einzelfällen“* in Absatz 2 und der Schlußfolgerung in Absatz 4 überwiegt die Relativierung der Einschränkungen für den im Gutachten abgehandelten Fall.

Eignungspsychologische Aussage

Keine.

Wahrscheinliche geheimsprachliche Aussage/Bedeutung

Der medizinische Gutachter vermittelt durch die Anwendung der Kombination obiger Textbausteine den Eindruck, daß er trotz nicht eignungsausschließender medizinischer Befunde die Nichteignung befürwortet, und er liefert dafür dem psychologischen Gutachter konstruierte und für den Einzelfall nicht durch Differentialdiagnose abgesicherte Argumente.

Diese Textbausteinkombination kommt nur in negativen MPU-Gutachten vor.

Textbaustein Nr. 333-9:

Medizinisch:

Verkehrsmedizinisch wurde eine interne und grob neurologische Untersuchung durchgeführt.

Es waren keine überdauernden alkoholbedingten Körperschäden nachweisbar. Die Leberparameter lagen alle im Bereich der Norm (GOT: 7 U/l, GPT: 8 U/l, Gamma-GT: 18 U/l; MCV 94 fl).

Dieser Befund schließt Alkoholüberkonsum jedoch nicht aus, da alkoholbedingte Körperschäden vielfach auch nach jahrzehntelangem Alkoholmißbrauch nicht nachzuweisen sind. Das gilt insbesondere auch für Leberschäden.

Da keine gravierenden eignungsmindernden Befunde festgestellt wurden, steht in diesem Falle nicht so sehr die körperliche Tauglichkeit im Vordergrund wie die Frage nach der Rückfallgefahr. Diese Frage müßte die psychologische Untersuchung klären.

(Quelle: Rheinisch-Westfälischer TÜV, 339/3340)*

Medizinischer Befund

Die Leberfunktionswerte und das mittlere corpusculäre Zellvolumen (MCV) liegen alle im Normbereich. Es sind keine überdauernden alkoholbedingten Schäden vorhanden. Die Befundinterpretation ist jedoch unvollständig, weil die Transaminasensumme (GOT + GPT + GGT) 33 U/l beträgt, was für eine alkoholabstinente Lebensweise spricht. Diese Annahme gilt bis 35 U/l. Bei nicht ausgeheilten Leberschäden werden im übrigen keine am unteren Rand des Normbereiches liegenden GOT- und GPT-Werte gemessen.

Sprachliche Analyse/Auffälligkeiten

Der Stil ist sachlich und besteht aus Aussagesätzen. Im ersten Satz des zweiten Absatzes wird davon gesprochen, daß keine Schäden *„nachweisbar“* seien. Der Gutachter schränkt damit seinen sachlichen Befund ein und vermutet, daß nur mit seinen Methoden kein Nachweis geführt werden kann. Es werden also Zweifel gesät, die dann durch den Inhalt des dritten und vierten Absatzes noch verstärkt werden. Allein durch den Umfang der einschränkenden Ausführungen werden die Tatsachenfeststellungen in Absatz 2 stark in Zweifel gezogen.

Eignungspsychologische Aussage

Keine.

Wahrscheinliche geheimsprachliche Aussage/Bedeutung

Der Mediziner hat trotz Leberfunktionswerten, die für Abstinenz sprechen, Zweifel an der Kraftfahreignung, die er jedoch nicht begründen kann. Die Begründung eines negativen Gutachtens obliegt allein dem psychologischen Gutachter.

Dieser Textbaustein, der hier aus vier Absätzen besteht, wird nur in negativen Gutachten verwendet. Ist das Gutachten positiv, fehlen der dritte und vierte Absatz.

Textbaustein Nr. 333-10:

„Bei der jetzigen körperlichen Untersuchung wurden einige Befunde erhoben, die in ihrer Gesamtkonstellation für einen vermehrten Alkoholkonsum sprechen bzw. bei denen an toxische Auswirkungen eines Langzeitkonsums zu denken ist.

Die Laborwerte lagen im Normbereich, so daß ein Alkoholmißbrauch nicht nachweisbar ist.

Nach zweimaliger Verkehrsauffälligkeit durch Trunkenheit am Steuer kann jedoch ärztlicherseits kein Zweifel an einer zumindest in der Vergangenheit vorhandenen Neigung zu vermehrtem Alkoholgenuß bestehen. Ob in Zukunft mit einem verkehrsgerechten Verhalten des Untersuchten zu rechnen ist, muß in erster Linie die psychologische Untersuchung erweisen.“

(Quelle: TÜH, G 1437/93)

Medizinischer Befund

Die *„Befunde“* werden nicht konkret benannt. Die *„Gesamtkonstellation“* wird nicht definiert, deren einzelne Elemente werden verschwiegen. Die *„Laborwerte“* werden nicht näher interpretiert, obwohl die Aussagekraft von im Normbereich liegenden Laborwerten ebenso hoch ist wie von pathologischen (über der Norm liegenden) Werten. (Sie können sogar die Abstinenz des Probanden belegen.)

Sprachliche Analyse/Auffälligkeiten

Der erste Absatz steht im Widerspruch zum zweiten, da im ersten ein negativer Befund beschrieben, im zweiten aber klar gesagt wird, daß der Nachweis dafür nicht erbracht werden kann. Der dritte Absatz steht dazu wiederum im Gegensatz, da trotz fehlender Nachweise oder konkreter Befunde ein vermehrter Alkoholgenuß auch in der Gegenwart suggeriert wird. In dieser Aussage wird die spätere negative Schlußfolgerung im psychologischen Teil bereits „angekündigt“.

Eignungspsychologische Aussage

Keine.

Wahrscheinliche geheimsprachliche Aussage/Bedeutung

Der Mediziner liefert trotz fehlender konkreter Befunde zwischen den Zeilen eine Basis für ein negatives Gesamturteil.

Negative Schlußbeurteilung im psychologischen Teil – es wird eine künstliche Übereinstimmung zwischen den Aussagen des Mediziners und des Psychologen hergestellt.

Psychologische Begutachtungen fallen niemals positiv aus, wenn die medizinische Beurteilung nicht eindeutig positiv ist.

Textbaustein Nr. 333-11:

Medizinischer Teil

Im Rahmen der medizinischen Untersuchung wurden interne, orientierend-neurologische und sinnesphysiologische Untersuchungen durchgeführt.

In keinem der genannten Bereiche haben sich Befunde von Krankheitswert ergeben. Auch bezogen auf den Untersuchungsanlaß (mehrfache Verkehrsauffälligkeiten) konnten keine körperlichen Auffälligkeiten festgestellt werden.

Aus verkehrsmedizinischer Sicht können daher keine eignungsmindernden Bedenken geäußert werden.

(Quelle: Rheinisch-Westfälischer TÜV, 339/61 584)

Medizinischer Befund

Alle Befunde sind normal. Einzelbefunde werden nicht genannt und nicht gewichtet.

Sprachliche Analyse/Auffälligkeiten

Sachlicher Stil mit kurzen Aussagesätzen. Durch die sachliche Beschreibung des Gesamtbefundes nimmt der Mediziner eine betont neutrale Haltung ein. Es wird nichts suggeriert oder zwischen den Zeilen vermittelt.

Eignungspsychologische Aussage

Keine.

Wahrscheinliche geheimsprachliche Aussage/Bedeutung

Keine.

Dieser Textbaustein ist – etwa im Gegensatz zu Textbaustein Nr. 333-9 – eine sachliche Stellungnahme.

3.4 Gutachtenabschnitt „Psychologische Befundlage/ Psychologischer Teil“

3.4.1 Themenbereich „Diagnostisches Gespräch (Exploration)“

Von den Testbausteinen, die für den Themenbereich des in der Regel einzigen psychologischen Untersuchungsverfahrens, nämlich für die subjektive Exploration, konstruierten wurden, haben wir 12 in die Auswahl aufgenommen. Sie stammen aus Gutachten, die in den Jahren zwischen 1988 und 1994 geschrieben wurden und auch heute eingesetzt werden.

In diesem Bereich der Begutachtung, den die „TÜVologischen“ MPU-Stellen der Nachprüfbarkeit und Nachvollziehbarkeit durch die bruchstückhafte Wiedergabe der Exploration im Gutachten völlig unzugänglich halten, scheint die Willkür der „TÜVologen“ am hemmungslosesten zu sein. Es gibt sogar Textelemente, in denen erklärt wird, daß der psychologische Gutachter die vom Untersuchten gemachten Angaben für *„nicht kontrollierbar“* erklärt (siehe RWTÜV, 339/49091 M).

Darin liegt nicht nur eine krasse Nichterfüllung des Untersuchungsauftrages, denn der Gutachter handelt damit sogar vorsätzlich gegen die für Fahreignungsgutachter geltenden Regeln, die KROJ (1995, S. 34) wie folgt formuliert:

„. . . die Ausführungen des Klienten – sowohl in seinem eigenen Interesse wie im Interesse der Verkehrssicherheit – hinsichtlich ihrer Glaubwürdigkeit zu prüfen sind. Hierbei kommt es nicht darauf an, ob der Betroffene „glaubhaft wirkt“, sondern ob die einzelnen Angaben, gemessen an psychologischen Kriterien, als glaubhaft zu bewerten sind. Die Psychologie hat entsprechende Glaubhaftigkeitskriterien entwickelt, so daß eine fachkundige Prüfung auf einer objektiven Ebene möglich ist.“

Darüber hinaus ist grundsätzlich festzustellen, daß die Verwendung von Textbausteinen im Themenbereich „Diagnostisches Gespräch“ schon deshalb völlig unangemessen ist, weil eigentlich jede Exploration individuell sein müßte – kein Mensch gleicht dem anderen, kein Fall kann dem anderen gleichen. Die Tatsache, daß die MPU-Stellen für diesen Aufgabenbereich eine große Anzahl vorgefertigter Textbausteine benutzen, belegt, daß die „TÜVologen“ hochgradig schematisierte Untersuchungen durchführen.

Textbaustein Nr. 341-1:

Das psychologische Untersuchungsgespräch dauerte 43 Minuten.

(Quelle: TÜV Rheinland, K 1730/88)

Anmerkung der Autoren: In den einzelnen Gutachten sind variierende, häufig auf ungerade Zahl, nicht auf 0 endende Zeitangaben angetroffen worden.

Medizinischer Befund

Keiner.

Sprachliche Analyse/Auffälligkeiten

Es handelt sich um einen einfachen Hauptsatz ohne Auffälligkeiten.

Eignungspsychologische Aussage

Keine.

Wahrscheinliche geheimsprachliche Aussage/Bedeutung

Mit der übertrieben genauen Zeitangabe wird der Anschein einer äußerst peniblen Untersuchung und der wissenschaftlichen Exaktheit erweckt. Dabei handelt es sich jedoch nur um eine Scheingenauigkeit, weil es nicht auf eine Minute mehr oder weniger ankommt, sondern auf die Gründlichkeit und Qualität des Untersuchungsgespräches. Daran sind aber bei vielen MPU-Untersuchungen Zweifel angebracht, die auch durch eine scheinbar genaue Protokollierung der Explorationsdauer nicht ausgeräumt werden.

In seriösen psychologischen Untersuchungen werden die Gespräche nicht mit der Stoppuhr gemessen.

Textbaustein Nr. 341-2:

Schließlich befaßten wir uns im Gespräch mit privaten und beruflichen Umständen, soweit sie das Trinkverhalten beeinflussen können. Über den Einfluß derartiger sozialer Bedingungen auf das Verhalten haben z. B. COOPER et al. (J. Stud. Alc. 40, 7, 1979) berichtet.

(Quelle: TÜV Rheinland, K 1730/88)

Medizinischer Befund: Keiner.

Sprachliche Analyse/Auffälligkeiten

Unbestimmte Angabe im ersten Satz, weil die *„Umstände“* nicht konkret beschrieben werden. Der zweite Satz verstärkt die Unbestimmheit der Aussage, weil im Verweis auf die Literatur auch kein Bezug zum Einzelfall hergestellt wird. Auch hier bleibt die Wortwahl bei *„derartige soziale Bedingungen“* abstrakt und vage. *„Derartig“* verweist eigentlich auf einen konkreten Sachverhalt, der bereits dargestellt wurde; ein solcher Bezug ist aber nicht vorhanden.

Eignungspsychologische Aussage

Keine. Zwischen den Zeilen wird jedoch suggeriert, daß nach Auffassung der Gutachter näher nicht bezeichnete *„soziale Bedingungen“* eine Rolle gespielt haben. Über die fehlende wissenschaftliche Qualität der angedeuteten Untersuchung gibt der Ausdruck Aufschluß *„befaßten wir uns im Gespräch“,* denn dieser Plauderton schließt eine laut „Eignungsrichtlinien“ wissenschaftlichen Anforderungen genügende Befunderhebung aus.

Wahrscheinliche geheimsprachliche Aussage/Bedeutung

Die Seriosität der Begutachtung soll durch den Verweis auf eine wissenschaftliche Studie untermauert werden. Dabei wird aber nicht gesagt, was in dieser Studie konkret untersucht wurde, ob sie sich beispielsweise auf auffällige Kraftfahrer bezieht oder nicht. Der Autor des Gutachtens kann auch nicht voraussetzen, daß diese Studie einem Sachbearbeiter der Führerscheinstelle bekannt ist. Somit wird die wissenschaftlich-fachliche Überlegenheit des Gutachters unterstrichen, und alle Laien in diesem Fachgebiet werden dazu veranlaßt, sich der Beurteilung im Gutachten anzuschließen. Der dürftige Verweis auf die Fachliteratur belegt zudem, daß die MPU-Stelle, die diesen Textbaustein verwendet, nur über eine sehr stark beschränkte Bibliothek verfügt.

Textbaustein Nr. 341-3:

Die Einlassungen des Herrn X lassen erkennen, daß bisher keine hinreichend kritische Auseinandersetzung mit der eigenen Alkoholvorgeschichte stattgefunden hat. Die Angaben zum Alkoholkonsum waren geprägt von Verharmlosungen und Widersprüchen. Sie blieben außerdem so unbestimmt, daß wir sie nicht als Argument gegen Eignungsbedenken verwenden können.

(Quelle: TÜV Rheinland, D 0161/89, TÜV Rheinland D 1437/88)

Medizinischer Befund: Keiner.

Sprachliche Analyse/Auffälligkeiten

Nur der erste Satz enthält einen persönlichen Bezug zum Untersuchten. Dieser Satz ist jedoch in einer der angegebenen Fundstellen nicht enthalten, so daß es sich eigentlich um einen Textbaustein ohne Bezug auf den Einzelfall handelt. Die Wahl des Kompositums *„Alkoholvorgeschichte“* illustriert die Neigung zur Verwendung von Oberbegriffen, deren abstrakte und vage Aussage für den Leser die Interpretation/Spekulation über die eigentliche Bedeutung offenläßt. Auffällig ist das Substantiv *„Einlassungen“*, das man normalerweise in Polizeiprotokollen findet. Man muß sich fragen, ob die Befragung im Stil einer polizeilichen Vernehmung erfolgt ist, wenn bei der Wortwahl ein solcher „Ausrutscher“ passiert.

Eignungspsychologische Aussage

Argumente für die beim Untersuchten angeblich vorgefundenen nicht selbstkritischen Angaben im Zusammenhang mit seinem Alkoholkonsum. Es ist nicht erkennbar, ob es sich dabei um die früheren oder/und jetzigen Trinkgewohnheiten handelte. Auffallend ist, daß im Textbaustein die angebliche „Unbestimmtheit“ der Angaben des Untersuchten beklagt wird, aber übersehen wird, daß der obige „TÜVologische“ Textbaustein ebenfalls völlig unbestimmt ist.

Wahrscheinliche geheimsprachliche Aussage/Bedeutung

Es liegen zwar keine konkreten Anhaltspunkte vor, aber es findet eine pauschale Verurteilung statt. Dem Untersuchten wird vorgeworfen, daß seine Aussagen zu unbestimmt seien, aber die Aussagen des Gutachters sind ebenso vage und bedienen sich Schlagwörtern, um eine Stimmung gegen den Untersuchten zu erzeugen. Der Textbaustein suggeriert eine Meinung, und er erzeugt dadurch eine negativlastige Meinung beim eigentlichen Adressaten, nämlich bei der Verwaltungsbehörde.

Textbaustein Nr. 341-4:

Die Angabe der Alkoholabstinenz seit dem Führerscheinentzug ist wegen dieser Befunde als positives Argument entwertet. Selbst wenn man die Richtigkeit dieser Angabe unterstellt, kann die genannte Änderung aufgrund der völlig unkritischen Einstellung zum Alkoholkonsum nicht als zuverlässig genug eingeschätzt werden.

(Quelle: TÜV Rheinland, D 0161/89)

Medizinischer Befund

Keiner.

Sprachliche Analyse/Auffälligkeiten

Die Wortwahl und die Formulierungen sind geprägt von nicht alltäglichen Wendungen wie *„sind . . . entwertet“*. Durch diese verklausulierte Formulierung kann eine negative Aussage ohne Verneinung ausgedrückt werden.

Die gleiche indirekte „diplomatische“ Aussageform findet sich im zweiten Satz, in dem nur etwas *„eingeschätzt“* wird. Die Wertung wird also eingeschränkt und in ihrem Wert herabgesetzt.

Eignungspsychologische Aussage

Keine nach wissenschaftlichen Kriterien nachvollziehbare und nachprüfbare. Die MPU-Stelle entledigt sich ihrer eigentlichen Aufgabe, in dem sie die vom Untersuchten dargestellte Alkoholabstinenz nicht auf die Glaubhaftigkeit, Stimmigkeit prüft. Wenn sie dem Untersuchten die Richtigkeit seiner Angabe lediglich *„unterstellt“*, hat sie ihren staatlichen Auftrag nicht erfüllt.

Wahrscheinliche geheimsprachliche Aussage/Bedeutung

Durch die indirekten Aussagen ergibt sich das Bild einer Defensivposition, in der sich der Gutachter gegen mögliche Angriffe vorbeugend verteidigen will. Zwar werden Aussagen gemacht, diese sind aber so stark abgeschwächt, daß sie auf den ersten Blick harmlos wirken. Aufgrund der zwischen Straßenverkehrsbehörden und MPU-Stellen bestehenden Sprachregelung ist aber selbst eine so stark abgeschwächte Aussage für eine Ablehnung der Fahrerlaubnis ausreichend.

Textbaustein Nr. 341-5:

Die Angaben zum Alkoholkonsum und zu den Umständen, die zum Trinken geführt haben, lassen erkennen, daß sich gegenüber der Zeit der Verkehrsauffälligkeit im wesentlichen nichts geändert hat.

Die Angaben zum Alkoholkonsum waren geprägt von Verharmlosungen und Widersprüchen. Sie blieben außerdem so unbestimmt, daß wir sie nicht als Argument gegen die Eignungsbedenken verwenden können.

In der von uns durchgeführten Exploration ergaben sich über die einfache Behauptung der Trennung von Trinken und Fahren hinaus keine Belege dafür, daß die Trunkenheit am Steuer hier als eine der äußerst seltenen Ausnahmesituationen anzusehen ist.

(Quelle: TÜV Rheinland, K 1008/89)

Medizinischer Befund: Keiner.

Sprachliche Analyse/Auffälligkeiten

Relativ einfacher Satzbau mit wenigen Nebensätzen und nominalen Ergänzungen. Es fällt auf, daß der Name des Untersuchten nicht genannt, d. h. der konkrete Bezug zum eigentlichen Handlungsobjekt nicht hergestellt wird. Der einzige Bezug besteht in der Verwendung von „*hier*“ im dritten Absatz, das auf diese konkrete Untersuchung verweist. Die Verwendung von „*hier*“ ist zugleich ein Erkennungsmerkmal von MPU-Textbausteinen. Auch die Wortwahl ist durch Abstrakta bzw. die Verwendung von unbestimmten Oberbegriffen wie „*Angaben*“ oder „*Umstände*“ gekennzeichnet. Daneben werden typische Wortprägungen und Komposita der eignungspsychologischen Fachsprache wie „*Eignungsbedenken*“ oder „*Verkehrsauffälligkeit*“ verwendet, wobei „*Verkehrsauffälligkeit*“ durch die Verkürzung und den damit einhergehenden Verlust der logischen Beziehung mehrdeutig ist. Es kann „Auffälligkeit (eines Kraftfahrers) im Verkehr“ oder „Auffälligkeiten des (Straßen-)Verkehrs“ bedeuten.

Eignungspsychologische Aussage

Keine individuelle, nach wissenschaftlichen Kriterien nachvollziehbare und nachprüfbare.

Wahrscheinliche geheimsprachliche Aussage/Bedeutung

Es wird ein Bezug zum Untersuchten vorgetäuscht, der aber in Wirklichkeit nicht zum Ausdruck kommt.

Dieser Textbaustein kann ohne weitere Veränderung immer wieder verwendet werden, d. h., die MPU-Stelle spart sich viel Arbeit, weil der Textbaustein nach dem Aufruf aus dem Computer nicht einmal daraufhin überprüft werden muß, ob die Bezüge (Personalpronomen usw.) auch passen.

Textbaustein Nr. 341-6:

Zur Beantwortung der Frage nach der Wahrscheinlichkeit eines Rückfalles zum Führen von Kraftfahrzeugen unter Alkoholeinfluß müssen die – von uns nicht kontrollierbaren – eigenen Angaben über die Trinkgewohnheiten abgewogen werden gegen die Daten der Vorgeschichte und die wissenschaftlich gesicherten Erfahrungstatsachen.

(Quelle: Rheinisch-Westfälischer TÜV, 339/49091 M)

Medizinischer Befund

Keiner.

Sprachliche Analyse/Auffälligkeiten

Keine. Bei der Formulierung *„eines Rückfalles zum Führen von Kraftfahrzeugen unter Alkoholeinfluß“* handelt es sich wohl um einen Schreibfehler.

Eignungspsychologische Aussage

Keine.

Wahrscheinliche geheimsprachliche Aussage/Bedeutung

Der obige Textbaustein enthält einen klaren Beweis für den Verstoß gegen den in den Eignungsrichtlinien vorgeschriebenen Untersuchungsumfang und der -qualität (Ziffer 8). Es wäre nämlich zwingende Aufgabe der MPU-Stelle, mit wissenschaftlichen Mitteln die Glaubhaftigkeit der Aussagen des Untersuchten zu überprüfen, d. h. festzustellen, ob seine Angaben zu den Trinkgewohnheiten der Wahrheit entsprechen oder nicht. Die MPU-Stelle entledigt sich jedoch dieser Pflicht, indem sie erklärt, die Angaben des Untersuchten seien nicht *„kontrollierbar“*. Wenn die MPU-Stellen sich ihrer eigentlichen Aufgabe auf diese Weise entledigen, würde es genügen, daß die Betroffenen etwa auf einer Postkarte Angaben zu ihren Trinkgewohnheiten machen, und man könnte auf die Durchführung der Untersuchung komplett verzichten.

Bis auf den Einschub zwischen den Gedankenstrichen allgemeine Phrasen über die methodische Vorgehensweise bei der Auswertung der Daten aus der Vorgeschichte, den Angaben zu den Trinkgewohnheiten und den wissenschaftlichen Erkenntnissen. Unbestimmte, nicht einzelfallbezogene Angabe über den Untersuchungsumfang.

Textbaustein Nr. 341-7:

In der psychologischen Exploration, dem Untersuchungsgespräch zur Vorgeschichte und zu den jetzt vorherrschenden Einstellungen und Verhaltensbereitschaften, wurden dem Untersuchungsanlaß entsprechend vor allem die Fragen der Selbstbeobachtung und Selbstkontrolle bei Trinkanlässen, die Ausprägung und Verfestigung der Trinkgewohnheiten, der Kenntnisstand zum Problem der Alkoholwirkung beim Führen von Kraftfahrzeugen sowie die eigenen Vorstellungen über die Vermeidung weiterer Trunkenheitsfahrten angesprochen.

(Quelle: Rheinisch-Westfälischer TÜV, 336/21758)

Medizinischer Befund

Keiner.

Sprachliche Analyse/Auffälligkeiten

Dieser Textbaustein besteht aus einem einzigen Satz, was allein schon für eine schwerverständliche Formulierung spricht. Zudem ist der Stil überwiegend nominal, das einzige Verb *„angesprochen“* hat wenig Aussagekraft, so daß die Aussage in den Nominalausdrücken wie *„Fragen der . . .“* und Partizipialkonstruktionen wie *„dem Untersuchungsanlaß entsprechend“* liegt. Unter den Substantiven fallen die Komposita auf, die in verkürzter Form einen Inhalt wiedergeben und dadurch häufig mehrdeutig sind. Wenn es sich dann noch um ungewöhnliche Neuprägungen oder Kunstwörter wie *„Verhaltensbereitschaften“* handelt, sind Mißverständnisse vorprogrammiert, weil jeder Leser seine eigene Interpretation entwickeln kann. Hier könnte dieses Kompositum die Bereitschaft, ein bestimmtes Verhalten zu zeigen, oder die Bereitschaft aufgrund eines Verhaltens bedeuten.

Eignungspsychologische Aussage

Keine. Es fällt jedoch auf, daß die MPU-Stelle großen Wert auf die Klarstellung legt, daß in methodischer Hinsicht keine gründliche, wissenschaftlichen Kriterien genügende Exploration durchgeführt wurde, denn die aufgeführten Themenbereiche sind lediglich *„angesprochen“* worden. Insofern kann das MPU-Gutachten bereits wegen dieser Aussage dem Kriterium der **„Wissenschaftlichkeit“** laut Ziffer 8 der **„Eignungsrichtlinien“** nicht entsprechen. Ein wissenschaftlichen Anforderungen genügendes MPU-Gutachten kann nicht entstehen, wenn die oben genannten wichtigen Themen lediglich berührt, somit keine Befunde erhoben wurden und keine Diagnose gestellt werden konnte.

Wahrscheinliche geheimsprachliche Aussage/Bedeutung

Da die Exploration i. d. R. 20 bis 30 Minuten dauert und die MPU-Stelle für das gesamte Gutachten nur eine verhältnismäßig geringe Gebühr kassieren darf, könnte in der Verwendung des Verbs *„angesprochen“* auch eine gewisse Ehrlichkeit vermutet werden. Tatsache ist, daß in 20 bis 30 Minuten keine gründliche, anständige, sorgfältige Exploration durchgeführt werden kann. Die in den Obergutachterstellen übliche Zeit der Exploration beläuft sich auf etwa 2 Stunden, und die Obergutachter untersuchen auch nichts anderes als die MPU-Stellen.

Textbaustein, der ebenfalls allgemeine, für den im Gutachten abgehandelten Fall nichtssagende Erklärungen bezüglich der Methodik der durchgeführten Untersuchung enthält.

Textbaustein Nr. 341-8:

Diese Angabe einer abstinenten Lebensführung erscheint aus unserer Sicht wenig überzeugend, da Herr X einerseits den Beginn der angeblichen Abstinenz sehr pauschal und ohne angemessene Selbsterfahrung darstellte, zum anderen müssen vor allem an der Dauerhaftigkeit einer solchen Verhaltensänderung Zweifel angemeldet werden, da der Untersuchte sich nur in völlig unzureichender Weise mit seinem früheren Alkoholkonsum und den damit im Zusammenhang stehenden Trunkenheitsfahrten auseinandergesetzt hat. Die Dauer abstinenten Verhaltens ist aber vor allem abhängig vom Grad der diesem Verhalten zugrundeliegenden Einsicht. Hierzu gehört in erster Linie, daß die eigenen normabweichend starken Trinkgewohnheiten als solche erkannt worden sind. Das ist – wie das Ergebnis der Exploration zeigt – bei Herrn X nicht der Fall.

(Quelle: TÜV Norddeutschland e.V., 5519123081)

Medizinischer Befund

Keiner.

Sprachliche Analyse/Auffälligkeiten

Langer erster Satz mit verschachteltem Satzbau. Zwar weist der erste Satz durch die Nennung des Namens einen direkten Bezug zum Untersuchten auf, der zweite und dritte Satz sind jedoch bereits wieder unpersönlich.

Eignungspsychologische Aussage

Keine nach wissenschaftlichen Kriterien nachvollziehbare. Dieser leicht individualisierte Textbaustein ist auch in sich widersprüchlich, denn wenn die behauptete Abstinenz ohnehin nicht geglaubt wird, braucht sich die MPU-Stelle mit deren angeblich zweifelhafter Dauerhaftigkeit nicht mehr zu befassen. Derartige Mißgriffe der MPU-Stelle entstehen aller Wahrscheinlichkeit nach durch die teilweise Umgestaltung der zentral vorgegebenen Textbausteine.

Wahrscheinliche geheimsprachliche Aussage/Bedeutung

Die Vermischung von personenbezogener Aussage und allgemeinen, theoretischen Feststellungen erweckt den Eindruck, daß sich der gesamte Absatz ausschließlich auf die Person bezieht. Theoretische Aussagen werden automatisch mit auf die Person bezogen. Die hochgestochene, jedoch inhaltslose Theoretisierung am Einzelfall soll das wissenschaftliche Niveau des Gutachtens untermauern.

Textbaustein Nr. 341-9:

Exploration/Verhalten:

Die Stellungnahmen der Untersuchten waren besonders durch folgende Merkmale gekennzeichnet:

- *Auffälliges Ausblenden von unangenehmen oder belastenden Sachverhalten mit Hinweisen auf Verdrängungsmechanismen.*
- *Stellt das Alkoholtrinkverhalten beim Trunkenheitsdelikt als Ausnahme dar.*
- *Bagatellisiert und kaschiert das eigene Alkoholtrinkverhalten erheblich.*
- *Macht widersprüchliche Angaben zum Alkoholtrinkverhalten, insbesondere beim aktenkundigen Trunkenheitsdelikt.*
- *Gibt an, seit der aktenkundigen Trunkenheitsfahrt alkoholabstinent zu sein.*
- *Keine konkrete detaillierte Schilderung der psychischen und körperlichen Situation bei Beginn der behaupteten Abstinenz.*

(Quelle: TÜV Hannover/Sachsen-Anhalt e.V., 3/6936/93)

Medizinischer Befund

Keiner.

Sprachliche Analyse/Auffälligkeiten

In den Sätzen nach den Spiegelstrichen fehlt jeweils das Subjekt. Dadurch wird die Textpassage unpersönlich und ohne Änderung für männliche und weibliche Untersuchte verwendbar. Die Wortwahl ist durch die Verwendung von Oberbegriffen wie *„Sachverhalten"* oder *„Verdrängungsmechanismen"*, *„Trunkenheitsdelikt"* bestimmt, denen ebenfalls der konkrete Bezug zum Einzelfall fehlt. Durch die Verwendung von Adjektiven wie *„aktenkundig"* oder *„behaupteten"* erreicht man einen sonst in amtlichen Schriftstücken gebräuchlichen Stil. Durch die Tatsache, daß der Ausdruck *„aktenkundiges Trunkenheitsdelikt"* immer in dieser Kombination verwendet wird, wird dem Leser zwischen den Zeilen mitgeteilt, daß es außer diesem *„aktenkundigen"* Delikt sicher noch viele andere gegeben haben muß. Die Kombination *„behauptete Abstinenz"* enthält die Andeutung, daß diese Behauptung wohl nicht der Wahrheit entspricht.

Eignungspsychologische Aussage
Keine wissenschaftlichen Anforderungen genügende. Die Art und Weise wie auch die Wortwahl dieses Textbausteins ist typisch für zahlreiche Studenten der Psychologie in den ersten 3 bis 6 Semestern bzw. für die Übungen „Beschreibung der Verhaltens- und Ausdrucksbeobachtung“.
Wahrscheinliche geheimsprachliche Aussage/Bedeutung
Durch die Verwendung des in der Behördensprache üblichen Vokabulars betont der Gutachter die Gemeinsamkeiten mit dem Sachbearbeitern des Straßenverkehrsamts. Der Sachbearbeiter wird durch die so geschaffene Vertrauensbasis dazu veranlaßt, den Schlußfolgerungen des Gutachters unkritisch zu folgen. Durch die oben beschriebene Wortwahl unterstreicht der Gutachter seine negative Einstellung und macht sogar zwischen den Zeilen deutlich, daß er in seiner Beurteilung eher zurückhaltend ist.

Textbaustein Nr. 341-10:

Aus den Gesprächen mit den Gutachtern geben wir diejenigen Passagen sinngemäß oder wörtlich wieder, die für die Beantwortung der Eignungsfrage von wesentlicher Bedeutung sind.

(Quelle: TÜV Rheinland, K 3407/92; TÜV Rheinland, K 3638/94)

Medizinischer Befund: Keiner.

Sprachliche Analyse/Auffälligkeiten

Keine Auffälligkeiten in Satzbau. Die Adjektivkombination *„sinngemäß oder wörtlich“* fällt auf, denn eine genaue Protokollierung eines Gespräches kann nur eine wörtliche Wiedergabe sein. Nur auf diese Art und Weise wird sichergestellt, daß der Gutachter nicht durch die seiner Meinung nach sinngemäße Wiedergabe die Worte des Untersuchten bereits interpretiert. Eine solche Interpretation kann durch das Weglassen von Passagen oder sogar einzelnen Wörtern, die als unwichtig angesehen werden, oder die Darstellung in einer anderen Sprachform erfolgen. Wenn der Untersuchte häufig in unvollständigen Sätzen spricht und diese dann in der Wiedergabe vervollständigt werden oder wenn die ursprünglich verwendeten Kraftausdrücke und informellen Formulierungen „bereinigt“ werden, erfolgt automatisch eine unzulässige Interpretation.

Eignungspsychologische Aussage: Keine.

Wahrscheinliche geheimsprachliche Aussage/Bedeutung

Es wird eine falsche Gründlichkeit vorgetäuscht. Der angeblich große Umfang der Wiedergabe soll dargestellt werden, obwohl eigentlich nur Auszüge protokolliert werden. Eine weitere Einschränkung ergibt sich daraus, daß nur Antworten von *„wesentlicher Bedeutung“* wiedergegeben werden – was wesentlich ist, legt natürlich der Gutachter fest.

Die MPU-Stelle benutzt diese bewußt vage gehaltene Formulierung, um sich vorbeugend vor eventuellen Angriffe gegen die Gründlichkeit der eigenen Arbeit oder Vollständigkeit der Wiedergabe der Exploration zu schützen. Die MPU-Gutachter haben sich stark darauf spezialisiert, die angeblichen Zitate aus der Exploration so geschickt zusammenzustellen, daß beim Sachbearbeiter der Führerscheinstelle auch ein solcher beabsichtigter Eindruck entsteht, den die Gutachter natürlich niemals zu Papier bringen würden. Eine außerordentlich fragwürdige Methodik der Meinungsmacherei, die mit den Mitteln der Informationsweitergabe „zwischen den Zeilen“ arbeitet.

Textbaustein Nr. 341-11:

Die psychologische Untersuchung wurde vom Inhalt und Umfang durch die behördliche Fragestellung bestimmt.

Sie umfaßte die eingehende Erörterung der Umstände und Hintergründe des aus den Führerscheinakten erkennbaren Problemverhaltens. Einstellungen und Verhaltensbereitschaften wurden analysiert und auf dem Hintergrund wissenschaftlich gesicherter Erkenntnisse auf Plausibilität und Nachvollziehbarkeit überprüft.

Das Explorationsgespräch hatte folgende Schwerpunkte:

Darstellung und Erklärung des bisherigen Problemverhaltens (einschließlich der sozialen Verhältnisse),

zwischenzeitliche Verhaltensänderungen,

Strategien zur Vermeidung gleichartiger Auffälligkeiten,

Überprüfung der Angaben auf Realitätsnähe und Glaubwürdigkeit.

Zur Vermeidung von Mißverständnissen wurden jeweilige Teilergebnisse der psychologischen Exploration zusammengefaßt und mit Herrn X besprochen. Sofern sich Widersprüche zwischen den objektiven Vorgeschichtsdaten und den subjektiven Angaben des Herrn X hierzu ergaben, wurden diese verdeutlicht und aufzulösen versucht.

(Quelle: Rheinisch-Westfälischer TÜV, 337/3312 M)

Medizinischer Befund

Keiner.

Sprachliche Analyse/Auffälligkeiten

Die Wortwahl ist durch die Verwendung von Oberbegriffen wie *„Problemverhalten"* oder *„Verhaltensbereitschaften"* geprägt, deren Aussage unbestimmt und teilweise mehrdeutig ist. *„Problemverhalten"* kann sowohl „problematisches Verhalten" als auch „Verhalten bei Problemen" bedeuten. *„Verhaltensbereitschaften"* ist eine künstliche Prägung, wobei das zweite Element des Kompositums inhaltlich nichts beiträgt und nur eine pseudowissenschaftliche Ausdrucksweise ist. Die Wissenschaftlichkeit der Aussage wird auch durch den dritten Absatz mit den Einschüben unterstrichen, denn dieser syntaktische Stil wird in technisch-wissenschaftlichen Abhandlungen häufig verwendet, in denen man klar strukturierte Gliederungen erwartet. Die fast ausschließliche Verwendung des Passivs stellt ein weiteres Merkmal für diesen unpersönlichen Stil dar.

Eignungspsychologische Aussage

Keine.

Wahrscheinliche geheimsprachliche Aussage/Bedeutung

Durch die oben beschriebenen sprachlichen Charakteristika soll die Wissenschaftlichkeit der Aussage unterstrichen werden. Dadurch wird das Gutachten weniger transparent und schwerer zu analysieren, denn es wurde ja *„vor dem Hintergrund wissenschaftlich gesicherter Erkenntnisse“* erstellt und soll somit keine Angriffsflächen bieten. Die Formulierungen sind so gewählt, daß sie möglichst allen Situationen gerecht werden, ohne überhaupt auf Einzelheiten einzugehen. Der Textbaustein dient offensichtlich auch dazu, zwecks vorbeugender Abwehr von Angriffen die Gründlichkeit und Sorgfältigkeit der Arbeit der MPU-Stelle darzustellen.

Textbaustein Nr. 341-12:

Auf der Grundlage einer wissenschaftlich fundierten Aktenanalyse wurde ein psychologisch geführtes Gespräch durchgeführt, das im wesentlichen folgende Bereiche berührte:

Darstellung und Erklärung des bisherigen Fehlverhaltens (einschließlich des sozialen Umfeldes)

Inzwischen erfolgte Verhaltensänderung (mit Begründung)

Für die Zukunft geplantes Verhalten (realistische Vermeidungsstrategien)

(Quelle: Rheinisch-Westfälischer TÜV, 338/27381)

Medizinischer Befund: Keiner.

Sprachliche Analyse/Auffälligkeiten

Dieser Textbaustein besteht aus einem einzigen Satz mit einer angehängten Aufzählung. Die starke syntaktische Strukturierung ist für exakte, wissenschaftliche Abhandlungen charakteristisch, und somit soll der sprachliche Eindruck von Gründlichkeit auch auf den Inhalt des Gutachtens projiziert werden. Dabei ist ein persönlicher Bezug zum Untersuchten vollkommen verlorengegangen. Dies wird auch in der Wortwahl unterstrichen, die durch Oberbegriffe und unbestimmte Substantive gekennzeichnet ist. Dabei fällt insbesondere das Verb *„berührte“* auf. Man muß sich fragen, ob es sich hier lediglich um eine unverbindliche „Plauderei“ handelte, in der ohne tiefergehende Erörterung die verschiedensten Themen lediglich angesprochen wurden. Das steht in völligem Widerspruch zu der im übrigen Text vermittelten Vorstellung von wissenschaftlicher Genauigkeit und Gründlichkeit.

Eignungspsychologische Aussage

Keine. Die obige Aufzählung gehört jedoch zum Inhalt der für die MPU-Gutachter zentral erstellten Arbeitsvorgaben.

Wahrscheinliche geheimsprachliche Aussage/Bedeutung

Es werden wissenschaftliche Genauigkeit und der deutliche Bezug zu den grundlegenden Prinzipien der medizinisch-psychologischen Untersuchung suggeriert, die aber in Wirklichkeit nicht vorhanden sind. Die Sachbearbeiter der Führerscheinstellen mögen von der obigen Aufzählung und dem damit verbundenen großen Arbeitsumfang beeindruckt sein. Die Untersuchten und kritische Verkehrspsychologen wie Juristen fragen sich aber, wie all diese wichtigen Themen innerhalb von 20 bis 40 Minuten – so lange dauert im allgemeinen die Exploration – tatsächlich so gründlich erforscht werden können, wie dies die MPU-Stellen durch ihre Textbausteine vorgeben.

3.4.2 Themenbereich „Leistungstests“

Leistungstests werden bei der „TÜVologischen“ Untersuchung selten durchgeführt. Die als typisch ausgewählten 6 Textbausteine zeigen zum einen, daß die „TÜVologen“ damit lediglich die Gründlichkeit und Wissenschaftlichkeit ihrer Arbeit untermauern wollen, zum anderen wird jedoch auch deutlich, welche regelrechte Vernebelung sie selbst mit der Wiedergabe objektiver, standardisierter Testergebnisse mitunter betreiben.

Die „TÜVologischen“ Testbausteine lassen erkennen, daß auch im Bereich der Prüfung der funktional-psychischen Leistungsfähigkeit, in dem ja nur mit standardisierten, objektiven Tests gearbeitet wird, die Befunderhebung unvollständig ist und daß den Ergebnissen Bedeutungen zugemessen werden, die sie in dieser Form nicht haben. Wir denken insbesondere daran, daß bereits aufgrund schlechter Ergebnisse am Reaktionstestgerät auf generelle Ungeeignetheit geschlossen wird, obwohl eine solche Aussage erst nach Durchführung einer praktischen Testfahrt möglich wäre.

Auch bei diesen Testbausteinen findet sich wieder der zwischen den Zeilen mehr oder weniger verborgene Verweis auf die rein subjektive Beurteilungsgrundlage, nämlich auf die Exploration.

Es drängt sich der Eindruck auf, daß die objektiven, standardisierten Leistungstests nur durchgeführt werden, um den Anschein einer gründlichen, objektiven und wissenschaftlichen Untersuchung und Beurteilung zu erwecken.

Textbaustein Nr. 342-1:

Nach den Ergebnissen in den Leistungsverfahren verfügt Herr X in hinreichendem Maße über die notwendigen Leistungsvoraussetzungen zum Führen von Kraftfahrzeugen. Allerdings ist dieser Befund für sich allein gewertet nicht von eignungsentscheidender Bedeutung, da für den Bereich der Verkehrssicherheit die Leistungsdispositionen nur auf dem Hintergrund der persönlichkeitsspezifischen Einstellungen und Haltungen verhaltenswirksam werden.

(Quelle: TÜH, G 97/87)

Medizinischer Befund: Keiner.

Sprachliche Analyse/Auffälligkeiten

Die Komposita *„Leistungsverfahren"* und *„Leistungsdispositionen"* sind künstliche Prägungen, deren Bedeutung nicht eindeutig ist. Zu *„Leistungsverfahren"* siehe Textbaustein Nr. 342-5; *„Leistungsdisposition"* kann bedeuten, daß eine „Veranlagung zur Erbringung einer Leistung" vorhanden ist, oder es ist als Synonym für „Leistungsfähigkeit" verwendet worden. Die zweite Bedeutung ist wohl gemeint, denn eine Veranlagung ist angeboren, während Fertigkeiten oder Fähigkeiten erworben sind.

Der Stil dieses Absatzes ist durch ungenaue Adjektive wie *„hinreichendem"* oder zusammengesetzte Adjektive wie *„eignungsentscheidend"*, *„persönlichkeitsspezifisch"* oder *„verhaltenswirksam"* geprägt, die den Satzbau schwerfällig und den Inhalt schwer verständlich machen. Bei *„verhaltenswirksam"* handelt es sich um ein Kunstwort, das ebenfalls durch die Verkürzung in ein Kompositum mehrdeutig ist – es kann „auf das Verhalten wirkend" oder „durch das Verhalten wirkend" bedeuten.

Eignungspsychologische Aussage

Die Bedeutung des obigen Textbausteins könnte nur sein Verfasser verraten, aber nur dann, wenn er selbst weiß, was die Aussage bedeutet, wonach *„für den Bereich der Verkehrssicherheit die Leistungsdispositionen nur auf dem Hintergrund der persönlichkeitsspezifischen Einstellungen und Haltungen verhaltenswirksam werden."*

Wahrscheinliche geheimsprachliche Aussage/Bedeutung

Es gibt sicherlich etliche Sachbearbeiter in den Führerscheinstellen und Betroffene, die von unglaublich hochgestochenen, aus leeren Worthülsen bestehenden Ausführungen beeindruckt werden und sogar glauben, es handele sich dabei um etwas besonders Wichtiges und Wissenschaftliches. In Wirklichkeit wird nur versucht, den fehlenden Inhalt zu verschleiern.

Textbaustein Nr. 342-2:
Psychologische Leistungstests

Weil wir davon ausgingen, daß die für das Führen eines Kraftfahrzeuges erforderlichen Leistungsvoraussetzungen erheblich beeinträchtigt sein könnten, führten wir Leistungstests durch.

Herr X erzielte, wie die Ergebnisse der Leistungstests zeigten, im wesentlichen ausreichende Ergebnisse. Das für ein ausreichend sicheres Führen von Kraftfahrzeugen erforderliche Leistungsniveau dürfte vorhanden sein. Damit sind diese Zweifel nicht aufrechtzuerhalten.

(Quelle: TÜV Rheinland, D 0161/89)

Medizinischer Befund: Keiner.

Sprachliche Analyse/Auffälligkeiten

Im ersten Satz fehlt der Bezug zum Einzelfall, und es wird nicht definiert, von welchen *„Leistungsvoraussetzungen“* die Rede ist. Bei dem Ausdruck handelt es sich um ein Abstraktum, das sich auf alle Probanden anwenden läßt. Gleiches gilt für den Ausdruck *„erheblich beeinträchtigt“*, da nicht definiert ist, was *„erheblich“* bedeutet.

Im zweiten Satz fällt auf, daß die Aussage *„das Leistungsniveau dürfte vorhanden sein“* im Konjunktiv, d. h. der Möglichkeitsform, ausgedrückt wurde. Das bedeutet aber, daß der Gutachter keine klare Aussage macht, obwohl er dazu nach den Leistungstests in der Lage wäre. Da die Testergebnisse wissenschaftlich gesichert sind, kann diese Aussage nur als sprachliche Vorwegnahme der fehlenden Beachtung der Testergebnisse in der Gesamtbeurteilung verstanden werden.

Eignungspsychologische Aussage

Möglicherweise handelt es sich um die Beurteilung der funktional-psychischen Leistungsfähigkeit (insbesondere Reaktionssicherheit, -genauigkeit und -schnelligkeit).

Wahrscheinliche geheimsprachliche Aussage/Bedeutung

Da die MPU-Stelle den Grund für die Annahme der erheblichen Beeinträchtigung der funktional-psychischen Leistungsfähigkeit verschweigt, liegt mit diesem Textbaustein ein schönes Beispiel für die Augenwischerei vor, die die MPU-Stellen systematisch betreiben. Sie erweitern nämlich den Untersuchungsumfang über die behördliche Fragestellung bzw. Anlaßbezogenheit hinaus auf einen Bereich, der der Behörde keinen Anlaß für Zweifel an der Eignung gab, und bescheinigen dann, daß das, was ohnehin kein Eignungsmangel war, auch nicht vorhanden ist. Damit täuschen sie Sorgfältigkeit und Unbefangenheit vor, jedoch nur in einem Bereich, den sie ursprünglich gar nicht zu untersuchen hatten.

Textbaustein Nr. 342-3:

Die Verfahren sind Bestandteil der Prüfungsgrundlagen des TÜV-Informationssystems. Ihre Bewertungsmaßstäbe sind in einer Sammlung von Testnormen für die Untersuchung und Begutachtung von Fahrerlaubnisbewerbern und -inhabern enthalten, die auf Beschluß des Fachausschusses Medizinisch-Psychologische Arbeitsgebiete vom 11./12. 3. 1976 erstellt und vom Arbeitskreis „Beurteilungsmaßstäbe“ diskutiert und gebilligt worden ist. Sie soll vor allem der Abstimmung zwischen den Medizinisch-Psychologischen Instituten der TÜV dienen und die Gleichbehandlung der Untersuchten gewährleisten.

(Quelle: TÜV Rheinland, B 466/90)

Medizinischer Befund: Keiner.

Sprachliche Analyse/Auffälligkeiten

Die Formulierung *„diskutiert und gebilligt“* ist eine leere Floskel, denn daß einer Billigung eine Debatte vorausgeht, ist wohl selbstverständlich. Der durch den langen Titel und die Datumsangabe, die eigentlich für den Einzelfall unerheblich sind, ohnehin komplexe Satz wird noch schwerer verständlich.

Die Verwendung des modalen Hilfsverbs *„soll“* im dritten Satz besagt, daß keine verbindliche Vorschrift besteht, die die Gleichbehandlung sicherstellt, sondern daß es sich nur um eine unverbindliche Zielvorgabe handelt.

Eignungspsychologische Aussage: Keine.

Wahrscheinliche geheimsprachliche Aussage/Bedeutung

Die MPU-Stelle weist vorsorglich, in möglicher Erwartung von Kritik bzw. aufgrund vergangener Kritik, aus juristischen Gründen darauf hin, daß die voneinander angeblich unabhängigen TÜV-Bezirke gemeinsame Bewertungsmaßstäbe erarbeitet haben, die dazu geeignet sein können, die Gleichbehandlung der Untersuchten zu gewährleisten. Der Textbaustein enthält nicht die verbindliche Erklärung, daß die *„Beurteilungsmaßstäbe“* zwingend anzuwenden und daß die MPU-Stellen verpflichtet sind, durch Anwendung derselben die Gleichbehandlung der Untersuchten zu gewährleisten.

Textbaustein als Seitenfüller. Die obige Darstellung, die aus einer Klageerwiderung der TÜV-Juristen oder aus einer Pressemitteilung stammen könnte, hat keinen verbindlichen Bezug zum im Gutachten abgehandelten Fall.

Textbaustein Nr. 342-4:

(Ein Prozentrang [PR] gibt die Stellung des einzelnen in der Gruppe an. Der Normalbereich erstreckt sich von PR = 15 bis PR = 85. Ein Prozentrang von 50 [PR = 50] bezeichnet genau den Durchschnitt. Ein PR = 70 bedeutet z. B., daß nur 30 % einer vergleichbaren Stichprobe bessere Leistungen erzielen.)

(Quelle: Rheinisch-Westfälischer TÜV, 396/23056)

Bei den angewandten Testverfahren umfaßt der jeweils genannte kritische Bereich die Prozentränge (PR) 0 bis 15. Liegt der Proband bzw. die Probandin mit der Leistung in diesem Bereich, dann sind erhebliche Zweifel am Vorhandensein ausreichender Leistungsvoraussetzungen für das Führen eines Kraftfahrzeuges angebracht.

(Quelle: TÜV Rheinland, B 466/90)

Medizinischer Befund

Keiner.

Sprachliche Analyse/Auffälligkeiten

Der Ausdruck *„erhebliche Zweifel am Vorhandensein ausreichender Leistungsvoraussetzungen“* ist durch die ungenauen Adjektive, die Verwendung von substantivischen Verben wie *„Vorhandensein“* und das Kompositum *„Leistungsvoraussetzungen“* geprägt, das ebenfalls unbestimmt und zudem mehrdeutig ist. Es kann „Voraussetzungen für die Erbringung einer Leistung“ oder „Leistung als Voraussetzung“ bedeuten. Die Abstrakta bzw. Oberbegriffe im zweiten Absatz machen den Text schwer verständlich. Der Bezug zum Einzelfall ist nicht ersichtlich.

Eignungspsychologische Aussage

Keine individuelle, da die Verfasser der obigen Textbausteine sich nur darum bemühen, die Bedeutung der statistischen Meßgröße **Prozentrang** unbedingt anders zu formulieren, als Fachleute dies vor ihnen bereits gemacht haben.

Wahrscheinliche geheimsprachliche Aussage/Bedeutung

Selbst die an sich völlig überflüssige „TÜVologische“ Umformulierung der Bedeutung eines allgemein anerkannten statistischen Begriffes wird dazu benutzt, beim fachlich ungeschulten Leser den Eindruck besonderer Wissenschaftlichkeit zu erwecken. In Wirklichkeit wird nur Unsicherheit beim fachlich nicht kundigen Leser erzeugt.

Textbaustein Nr. 342-5:

Die Reaktionsleistung war unzureichend. Eine durchgehende erhebliche Verzögerung ist als schwerwiegende Beeinträchtigung der Voraussetzungen zum Führen eines Kraftfahrzeuges anzusehen.

In der Mehrzahl der hier eingesetzten Leistungsverfahren zur Überprüfung verkehrsbedeutsamer Leistungsbereiche vermochte Frau X den Mindestanforderungen nicht gerecht zu werden. Zumindest kann derzeit ein ausreichend angepaßtes Verhalten im Straßenverkehr nicht erwartet werden.

(Quelle: TÜV Rheinland, B 466/90)

Medizinischer Befund: Keiner.

Sprachliche Analyse/Auffälligkeiten

Die Adjektive *„erhebliche“* und *„schwerwiegende“* sind nicht näher definiert und können daher nicht wie objektive Prozentzahlen überprüft werden. Mit dem künstlich geprägten Kompositum *„Leistungsverfahren“* sind wohl „Tests zur Prüfung der Leistung“ gemeint, das Substantiv könnte aber auch „Verfahren zur Erbringung einer Leistung“ bedeuten, ist also mehrdeutig. Die hier gemeinte Bedeutung wird aber so konkret nicht genannt, wodurch der Satz abstrakter und schwerer verständlich wird.

Eignungspsychologische Aussage

Eignungsausschließende Beurteilung der funktional-psychischen Leistungsfähigkeit aufgrund von unter künstlichen *(Labor-)*Bedingungen durchgeführten Tests. Es fällt auf, daß die im Test erzielten Daten und auch die Daten, zu denen die Einzelergebnisse in Bezug gesetzt werden müssen, nicht konkret genannt sind.

Wahrscheinliche geheimsprachliche Aussage/Bedeutung

Eine in dieser Form unseriöse, wissenschaftliche Erkenntnisse nicht beachtende Bewertung von Testergebnissen. Die MPU-Stellen sprechen ihren eigenen, unter Laborbedingungen stattfindenden Testverfahren zur Prüfung der funktional-psychischen Leistungsfähigkeit eine in der Realität nicht vorhandene Güte zu. Sie suggerieren damit den SVA-Mitarbeitern und dem Untersuchten Kenntnisse und Fähigkeiten, die sie nicht besitzen. Dazu, ob die im psychologischen Labor festgestellte eventuelle Leistungsminderung sich auch auf die Fahrtätigkeit auswirkt, ist immer die Durchführung einer Testfahrt oder ein Fahrverhaltenstest im öffentlichen, motorisierten Straßenverkehr erforderlich, was die MPU-Stellen in ihren Gutachten verschweigen.

Textbaustein Nr. 342-6:

Die Ergebnisse der Leistungsprüfverfahren zeigen, daß der Untersuchte von seiner psychisch-funktionalen Leistungsfähigkeit her durchaus in der Lage wäre, sicher ein Kraftfahrzeug zu führen, wenn Alkoholeinwirkung als Gefahrenquelle ausscheidet. Der Schwerpunkt der Beurteilung der Kraftfahreignung liegt aber bei der Frage des kritischen Umgangs mit Alkohol und der persönlichen Eignungsvoraussetzungen hinsichtlich der Vermeidung von Trunkenheitsfahrten.

(Quelle: Rheinisch-Westfälischer TÜV, 339/49091 M)

Medizinischer Befund

Keiner.

Sprachliche Analyse/Auffälligkeiten

Die Verwendung des Konjunktivs *„wäre“* taucht nur in negativen Gutachten auf. Damit wird eine vorbeugende Begründung für eine spätere negative Beurteilung geliefert. In positiven Gutachten heißt es demgegenüber immer „ist“. Das Adverb *„hinsichtlich“* im letzten Satz erfordert eine syntaktisch komplizierte Struktur mit einem Genitiv und ist grammatikalisch falsch verwendet, denn *„Eignungsvoraussetzungen“* müßte mit der Präposition „für“ oder mit einer Infinitivkonstruktion verwendet werden.

Eignungspsychologische Aussage

Ausreichende funktionalpsychische Leistungsfähigkeit im Bereich des Reaktionsvermögens (Reaktionssicherheit, -schnelligkeit und -genauigkeit) und der optischen und akustischen Wahrnehmung.

Wahrscheinliche geheimsprachliche Aussage/Bedeutung

Keine besondere, da der zweite Satz des obigen Textbausteins eine phrasenhafte Wiedergabe der behördlichen Fragestellung und somit völlig überflüssig ist. Wenn die Begutachtung wegen Trunkenheit am Steuer erfolgt, ist es doch logisch, daß die ohnehin ausreichende funktional-psychische Leistungsfähigkeit nicht die eigentliche Fragestellung sein kann.

Der Textbaustein ist ein bloßer Seitenfüller.

3.4.3 Themenbereich „Rückfallwahrscheinlichkeit/-gefährdung"

Diese für die Beurteilung der Rückfallwahrscheinlichkeit ehemaliger Trunkenheitsfahrer konstruierten Textbausteine, die einen Querschnitt der Jahre 1991 bis 1995 repräsentieren, werden insbesondere dann zur Untermauerung der Begründung der negativen Endbeurteilung herangezogen, wenn weder medizinisch noch psychologische Befunde erhoben wurden.

In einem solchen Fall ziehen sich die „TÜVologen" auf ausgewählte Ergebnisse der wissenschaftlichen Literatur zurück, um die dort genannten Erkenntnisse über bestimmte Gruppen von Kraftfahrern auf den gerade begutachteten Einzelfall zu beziehen. Dadurch wird natürlich automatisch und gezielt der Eindruck erweckt, daß diese Ergebnisse uneingeschränkt auch für den Untersuchten gelten.

Im Prinzip ist es richtig, bei der Beurteilung des Einzelfalles als Bewertungsmaßstab die Gruppe von Kraftfahrern heranzuziehen, der der Untersuchte aufgrund seiner Verkehrsvorgeschichte angehört. Erst dadurch wird eine wissenschaftlich gesicherte Beurteilung der künftig wahrscheinlichen Eignung zum Führen von Kraftfahrzeugen möglich. Wenn jedoch derartige Textbausteine in den Gutachten verwendet werden, ohne daß die positiven und negativen Befunde des Einzelfalles gegenüber der Vergleichsgruppe abgewogen werden, kann nur von Meinungsmacherei, nicht jedoch von einer wissenschaftlichen Begutachtung die Rede sein.

Eine auffallend typische Eigenart dieser Textbausteine besteht u. a. darin, daß die von den zitierten Verfassern wissenschaftlicher Studien ermittelten absoluten Zahlenwerte der Rückfallwahrscheinlichkeit bzw. -gefährdung nicht konkret wiedergegeben werden. Damit wird offensichtlich die Grundlage für die Endbeurteilung konstruiert, in der es heißt, der Untersuchte *„wird auch zukünftig ein Kraftfahrzeug unter Alkoholeinfluß führen"*.

Textbaustein Nr. 343-1:

Alkoholersttäter weisen nach einer repräsentativen Studie von STEPHAN (1984) für die Bundesrepublik Deutschland eine mehr als sechsmal so hohe Rückfallquote auf wie bisher unauffällige Kraftfahrer in einem relativ kurzen Bewährungszeitraum von 60 Monaten.

Bei alkoholauffälligen Kraftfahrern ist die Rückfallgefahr um so größer, je höher die Blutalkoholkonzentration bei ihrem Trunkenheitsdelikt war. Dies bedeutet, daß man bei hoher Blutalkoholkonzentration mit einer hohen Rückfallgefahr rechnen muß.

Diese Tatsachen spiegeln sich auch in einer Untersuchung von STEPHAN (1986) zu den Rückfallquoten von alkoholauffälligen Personen wider, die an einem Nachschulungskurs teilgenommen haben.

Besonders jene Alkoholtäter sind danach erhöht gefährdet, die Blutalkoholkonzentrationen von 2,0‰ und mehr bei ihren Trunkenheitsdelikten aufgewiesen haben.

(Quelle: TÜH, 9804/93)

Medizinischer Befund: Keiner.

Sprachliche Analyse/Auffälligkeiten

Kurze beschreibende Sätze ohne besondere sprachliche Merkmale. Die Beschreibung wird mit einer Wertung im zweiten Satz des zweiten Absatzes vermischt.

Eignungspsychologische Aussage

Keine individuelle. In dieser unvollständigen, oberflächlichen Beschreibung von Ergebnissen einer einzigen wissenschaftlichen Studie vermischt die MPU-Stelle infolge eines logischen Trugschlusses und möglicherweise wegen fachlicher Inkompetenz zwei wesentliche Tatsachen: Noch niemand, so auch nicht STEPHAN, der für die MPU-Stellen eine Art „TÜVologischer Papst“ zu sein scheint, hat festgestellt, daß *„bisher unauffällige Kraftfahrer“* überhaupt eine *„Rückfallquote“* haben. Eine derartige Feststellung ist auch nicht möglich, da ein noch nicht aufgefallener Kraftfahrer logischerweise auch nicht rückfällig werden kann. Allerdings gibt es Schätzungen, wonach bei *„bisher unauffälligen Kraftfahrern“* eine „Auffallenswahrscheinlichkeit“ besteht, die nach MÜLLER etwa 6 % beträgt.

Wahrscheinliche geheimsprachliche Aussage/Bedeutung

Die Seriosität und Wissenschaftlichkeit der Untersuchung wird durch die Verweise auf die Literatur unterstrichen. Gleichzeitig wird der Eindruck erweckt, als ob die hier gemachten Aussagen uneingeschränkt auch für den Begutachteten gelten, obwohl kein direkter Bezug zum Einzelfall vorhanden ist. Dadurch wird beim Leser ein negativer Eindruck erweckt, voreingenommene Stimmung gemacht.

Textbaustein Nr. 343-2:

Es konnte nämlich nachgewiesen werden, daß das Rückfallrisiko bei wiederholten Trunkenheitsdelikten mit steigender Zeitdauer nicht abnimmt, sondern im wesentlichen abhängig ist vom Schweregrad der aus der Vorgeschichte abzuleitenden Prognosefaktoren sowie von den derzeitigen Persönlichkeitsbefunden. Dies ist unter anderem durch die Tatsache begründbar, daß durch den Entzug der Fahrerlaubnis die Möglichkeit zu weiteren Verkehrsdelikten wesentlich eingeschränkt ist (vgl. KUNKEL, 1972).

(Quelle: Rheinisch-Westfälischer TÜV, 339/49091 M)

Medizinischer Befund

Keiner.

Sprachliche Analyse/Auffälligkeiten

Allgemeine Aussage, die durch recht komplizierte Sätze und die Verwendung von abstrakten Substantiven oder Komposita schwer verständlich wird. Komposita wie *„Zeitdauer“* oder *„Schweregrad“* beinhalten ein Wortelement, das zum Inhalt des Substantivs nichts beiträgt, sondern lediglich den Satz länger und schwerfälliger macht. Man könnte ebensogut „Zeit“ oder „Schwere“ sagen. *„Prognosefaktoren“* ist ein ähnlicher Fall, denn die Verwendung von „Prognose“ allein hat in diesem Satz die gleiche Aussage.

Eignungspsychologische Aussage

Keine individuelle. Da jedoch im allgemeingehaltenen Text auf *„derzeitige Persönlichkeitsbefunde“* verwiesen wird, ist zumindest ein indirekter Bezug zu dem im Gutachten abgehandelten Fall angedeutet.

Wahrscheinliche geheimsprachliche Aussage/Bedeutung

Es wird über die Tatsache hinweggetäuscht, daß eigentlich über den vorliegenden Fall keine Aussage gemacht wird. Der Umfang des Gutachtens wird erhöht, ohne daß umfangreichere Aussagen über den Betroffenen gemacht werden, wobei gleichzeitig die Seriosität und die Wissenschaftlichkeit der Untersuchung unterstrichen werden sollen. Durch die Formulierung *„derzeitige Persönlichkeitsbefunde“* wird zumindest Stimmung für ein bestimmtes Ziel, nämlich die negative Begutachtung, gemacht.

Textbaustein Nr. 342-3:

Das Delikt „Trunkenheit am Steuer“ ist durch eine besonders hohe Rückfallwahrscheinlichkeit gekennzeichnet. Bereits nach dem ersten Delikt beträgt die Rückfallquote 35 %. Je häufiger ein Kraftfahrer wegen Trunkenheit am Steuer aufgefallen ist, desto häufiger ist seine Rückfallgefährdung. Bei höherer Deliktvorbelastung beträgt sie 60 % (bei zwei vorausgegangenen Trunkenheitsdelikten) bzw. 72–80 % (bei drei und mehr vorausgegangenen Trunkenheitsdelikten).

Neben der Anzahl der Trunkenheitsdelikte hängt das Ausmaß der Rückfallgefährdung von weiteren Daten ab, z. B. der Höhe der bei den Trunkenheitsfahrten ermittelten Blutalkoholkonzentrationen und der Länge und Intensität der individuellen Alkoholvorgeschichte. Die eindeutige Abhängigkeit der Rückfallgefährdung von diesen und weiteren individuellen Daten des auffällig gewordenen Kraftfahrers ist in mehreren empirischen Untersuchungen nachgewiesen worden (vgl. dazu KUNKEL: „Biographische Daten und Rückfallprognose bei Trunkenheitstätern im Straßenverkehr“, Köln, 1977).

(Quelle: Rheinisch-Westfälischer TÜV, 339/49091 M)

Medizinischer Befund

Keiner.

Sprachliche Analyse/Auffälligkeiten

Sachliche, beschreibende Aussage mit kurzen Sätzen ohne komplizierten Satzbau. Die eingeschobenen Klammern machen die Sätze weniger überschaubar, da sie aber keine neuen Gedanken, sondern nur statistische Angaben enthalten, wird der Gedankengang des Lesers nicht unterbrochen. Der Stil ist stark nominal geprägt und weist vorwiegend abstrakte Substantive, Komposita und modale Ausdrücke auf.

Eignungspsychologische Aussage

Keine.

Wahrscheinliche geheimsprachliche Aussage/Bedeutung

Die Wissenschaftlichkeit und Seriosität der Untersuchung soll unterstrichen werden, indem der Gutachter betont, daß er sich in der einschlägigen Literatur auskennt. Dieses Bemühen erscheint jedoch insofern negativlastig zielgerichtet und vordergründig, als lediglich eine einzige Literaturquelle genannt wird. Der Textbaustein scheint letztendlich nur dem Zweck zu dienen, die negative Entscheidung stimmungsmäßig zu untermauern.

3.4.4 Themenbereich „Trinkverhalten“

Da die Art und Weise des „Trinkverhaltens“ und somit auch die des Konsums alkoholischer Getränke bei jedem Menschen unterschiedlich ist, kann sie eigentlich nicht mit vorgefertigten Textbausteinen erfaßt oder gar bewertet werden. Dies scheinen sich auch „TÜVologen“ zu eigen gemacht haben, denn der Charakter der Textbausteine, die in diesem Zusammenhang zum Einsatz kommen, ist durchweg allgemeiner Natur.

Die 5 in unsere repräsentative Auswahl aufgenommenen Textbausteine befassen sich demzufolge auch nicht mit dem begutachteten Einzelfall. Ihr Inhalt besteht teils aus einer in der Regel einseitigen, kurz zusammengefaßten, eigentlich nur für den Laien und nicht für den „Empfängerhorizont“ (AG München und KROJ, 1995) verständiger Dritter, also der Behördenmitarbeiter, bestimmten Auswahl von Ergebnissen einschlägiger wissenschaftlicher Studien, und teils aus allgemeinen Eignungsvoraussetzungen.

Demzufolge liegt es nahe, daß Sinn und Zweck derartiger Textbausteine, die vorwiegend in negativen MPU-Gutachten eingesetzt werden, darin besteht, die Endbeurteilung zumindest stimmungsmäßig zu untermauern und die Wissenschaftlichkeit der Begutachtung zu betonen.

Diese Praxis könnte etwa mit dem Motto versehen werden: „Ich kenne einen Wissenschaftler, der hat eine Studie gemacht, also bin ich auch wissenschaftlich tätig, wenn ich mich auf diesen berufe.“

Textbaustein Nr. 344-1:

Wenn auch ein zu einem bestimmten Zeitpunkt ermittelter Blutalkoholwert nichts Zwingendes über das gewohnheitsmäßige Trinkverhalten aussagen kann, so kommt ihm aber doch ein gewisser Hinweischarakter zu. Wer mit einem hohen Promillewert angetroffen wird, dürfte mit größerer Wahrscheinlichkeit ein starker Trinker sein als ein nüchterner oder fast nüchterner Fahrer. Trinkversuche belegen, daß die Überschreitung der 0,8-Promille-Grenze Trinkgewohnheiten voraussetzt, die man in der Durchschnittsbevölkerung nicht ohne weiteres erwarten darf. Ausführungen dazu finden sich u. a. in dem Buch von A. MÜLLER, „Der Trunkenheitstäter im Straßenverkehr der Bundesrepublik Deutschland“, 1976, Seite 103–108, in den Beiträgen zur empirischen Kriminologie.

(Quelle: TÜV Rheinland, K 1143/86)

Medizinischer Befund: Keiner.

Sprachliche Analyse/Auffälligkeiten

Theoretische Beschreibung. Der Konjunktiv *„dürfte“* im zweiten Satz weist auf den rein spekulativen Wert der Aussage für den vorliegenden Fall hin. Das modale Hilfsverb und die Einschränkung in der Wendung *„nicht ohne weiteres erwarten darf“* im dritten Satz verstärken diesen Effekt. Dies wird auch durch die Verwendung von *„doch“* im ersten Satz belegt. Die Ausführungen haben sprachlogisch für das Gutachten, das ja auf den Einzelfall bezogen sein soll, also keine Bedeutung. Dies wird noch durch die Verwendung unbestimmter Adjektive in Ausdrükken wie *„hoher Promillewert“* oder *„größerer Wahrscheinlichkeit“* hervorgehoben, weil nicht näher definiert wird, was unter *„hoch“* oder *„größer“* zu verstehen ist.

Eignungspsychologische Aussage: Keine.

Wahrscheinliche geheimsprachliche Aussage/Bedeutung

Nur dem sprach(wissenschaftlich) erfahrenen Leser fallen die Einschränkungen in der Aussage durch das modale Hilfsverb/den Konjunktiv auf. Es wird vorgetäuscht, daß diese spekulative Aussage auch für den konkreten Fall Gültigkeit hat, obwohl dies nicht der Fall ist. Dieser Eindruck wird durch die Berufung auf „die Wissenschaft“ noch erhärtet. Dem Leser wird so eine Kritik oder ein Widerspruch erschwert, weil die Aussage ja angeblich wissenschaftlich belegt ist.

Der Textbaustein verrät, daß die MPU-Stellen lediglich über eine stark beschränkte Fachliteratur verfügen, da sie sich nur auf eine Quelle berufen.

Textbaustein Nr. 344-2:

Trunkenheitserststäter sind damit auch im Hinblick auf ihr gewohnheitsmäßiges Trinkverhalten keine Zufallsstichprobe aus der Gesamtpopulation der Kraftfahrer, sondern sie weisen eine deutliche Verlagerung zum Pol der exzessiv Trinkenden auf (MÜLLER, 1976).

(. . .)

MÜLLER (1976) vertritt die Auffassung, daß man, um seinen gesellschaftlichen Verpflichtungen zu genügen, in der Regel mit Trinkmengen auskommt, die unter denjenigen Trinkmengen liegen, die zum Erreichen von 0,8‰ nötig sind. Er führt auch aus, daß das Überschreiten der 0,8-Promillegrenze Trinkmengen voraussetzt, die man in der Durchschnittsbevölkerung nicht ohne weiteres erwarten darf.

(Quelle: TÜH, 9804/93)

Medizinischer Befund

Keiner.

Sprachliche Analyse/Auffälligkeiten

Beschreibung der Literatur, die durch eine Wortwahl gekennzeichnet ist, die man häufig in wissenschaftlichen Aufsätzen findet. Dabei werden überwiegend zusammengesetzte Substantive (Komposita) verwendet, die auch stark mit Fremdwörtern durchsetzt sind. Die Aussage des ersten Satzes ist beispielsweise allein in den Substantiven enthalten, die Verben *„sein“* und *„aufweisen“* haben keine eigene Aussage. Der Satzbau ist durch nominale Ausdrücke wie *„im Hinblick auf“* geprägt, die für einen nominalen Stil typisch sind. Demgegenüber fällt der Ausdruck *„Pol der exzessiv Trinkenden“* aus dem Rahmen. Eine derartig bildhafte Sprache ist in wissenschaftlichen Aufsätzen (oder auch in Gutachten) selten, zumal sie auf eine emotionale Haltung des Verfassers hinweist.

Der zweite Absatz enthält lediglich die Meinung eines Wissenschaftlers. Dabei fällt auf, daß zwar deutlich gesagt wird, daß es sich hier um eine *„Auffassung“* und nicht um Tatsachen handelt, der letzte Teilsatz enthält durch den Ausdruck *„nicht ohne weiteres erwarten darf“* aber auch eine deutliche Wertung. Laut Duden hat das modale Hilfsverb „dürfen“ sowohl die Bedeutung „Veranlassung haben zu“ als auch die gleiche Aussage wie „können“ oder „müssen“. Diese an sich schon ungenaue und wertende Aussage wird noch durch *„nicht ohne weiteres“* eingeschränkt.

Eignungspsychologische Aussage

Keine. Man muß allerdings an der Aussagekraft der Ergebnisse der Untersuchung zweifeln, wenn Auffassungen eines einzelnen Wissenschaftlers als Bezugsgröße und Grundlage der Untersuchung herangezogen werden. Nach anderen Autoren (u. a. UNDEUTSCH) geht die Grenze des „sozialen Trinkens“ bis 1,25‰.

Wahrscheinliche geheimsprachliche Aussage/Bedeutung

Es wird der Eindruck der Wissenschaftlichkeit erweckt, aber die Grundlage der Schlußfolgerungen bleibt unbekannt. Obwohl nicht klar ist, welche Ergebnisse oder Studien über das Trinkverhalten der Gesamtbevölkerung der Aussage zugrunde liegen, soll der Eindruck der Unangreifbarkeit erweckt werden. Zugleich Stimmungsmache für einen Wissenschaftler bzw. der von ihm vertretenen Auffassung über die 0,8‰-Grenze.

Textbaustein Nr. 344-3:

Für den Zeitraum des Delikts ist somit eine Reihe prognostisch ungünstiger Faktoren zu nennen:

1. ausgedehnte Alkoholgewöhnung
(Art und Umfang der anzunehmenden bisherigen Alkoholerfahrung, Höhe der Alkoholisierung),

2. ausgeprägte subjektive Alkoholverträglichkeit
(Angaben zur subjektiven Befindlichkeit bei der aktenkundigen Alkoholdelinquenz),

3. problematische Trinkgewohnheiten
(auffälliges Trinkverhalten in der deliktrelevanten Vorgeschichte ohne alkoholspezifisch besonderen Anlaß, ungeplant, in Eigendynamik sich entwickelnd).

In der psychologischen Untersuchung mußte es deswegen darum gehen abzuschätzen, inwieweit die Trinkangaben für die Vergangenheit mit den objektiven Deliktdaten in Einklang zu bringen sind und ob gegenwärtig Einstellungs- und Verhaltensänderungen so weit objektivierbar sind, daß von einer tragfähigen Stabilität im Sinne erhöhter Norm- und Prinzipientreue in Zukunft ausgegangen werden kann.

(Quelle: TÜH, 9804/93)

Medizinischer Befund

Keiner.

Sprachliche Analyse/Auffälligkeiten

Der erste Satz mit der Aufzählung ist durch einen stark nominalen Stil gekennzeichnet, was durch die Aufzählung bedingt ist. Dort stehen nicht einmal vollständige Sätze in den Klammern, sondern lediglich Sammlungen von Oberbegriffen, die vollkommen abstrakt bleiben und keinen Bezug zum vorliegenden Fall haben. Außerdem werden zusammengesetzte Ausdrücke unter Verwendung von Fremdwörtern wie *„aktenkundige Alkoholdelinquenz“*, *„deliktrelevante Vorgeschichte“* oder *„alkoholspezifisch besonderer Anlaß“* gebildet, deren Bedeutung unklar bleibt. Bei der sprachlichen Analyse des ersten Ausdruckes wird wohl die Straffälligkeit unter Alkoholeinfluß, die in den Akten enthalten ist, gemeint sein, diese Bedeutung ist aber erst nach einer sorgfältigen Analyse der Elemente des Kompositums und entsprechenden Vorkenntnissen zu erschließen. Beim Ausdruck *„deliktrelevant“* kann die Bedeutung entweder „von Bedeutung für die Begehung des Delikts“ oder „bedeutendes Merkmal des Delikts“ sein. Der letztgenannte Ausdruck *„alkoholspezifisch besonderer Anlaß“* ist völlig unklar. Es bleibt offen, ob es sich um einen „besonderen Anlaß“ handelt, der zu einer „bestimmten (spezifischen) Art von Alkohol“ eine Beziehung hat, oder ob der Anlaß insbesondere ein bestimmtes Kennzeichen von Alkohol beinhaltet.

Auch im zweiten Absatz setzen sich die ungenauen und unklaren Formulierungen fort. Der Pleonasmus *„tragfähige Stabilität“* ist unsinnig, denn die Bedeutung von „stabil“ ist laut Duden „dauerhaft, beständig, nicht anfällig“ – also tragfähig. Gleiches gilt für *„objektive Deliktdaten“* im ersten Satz des zweiten Absatzes, denn „Daten“ sind für sich allein schon objektiv.

Durch die unklaren, mehrdeutigen und logisch nicht nachzuvollziehenden Ausdrücke wird der Sachverhalt kompliziert dargestellt und der Leser verwirrt. Es wird damit zum Beispiel davon abgelenkt, ob die Prüfung der theoretisch vorhandenen ungünstigen Faktoren im Einzelfall erfolgt ist.

Eignungspsychologische Aussage

Keine. Es handelt sich um vorbereitende Begründung einer späteren eignungsdiagnostischen Aussage.

Eignungspsychologische Fachbegriffe wie *„Norm- und Prinzipientreue“* bzw. *„Einstellungs- und Verhaltensänderungen“* werden verwendet, aber es wird nicht gesagt, daß gesicherte Diagnosen erhoben wurden. Andererseits wird erklärt, daß die künftig wahrscheinliche Eignung lediglich ein Ergebnis von *„abschätzen“* ist.

Wahrscheinliche geheimsprachliche Aussage/Bedeutung

Die Pseudowissenschaftlichkeit der Sprache verschleiert, ob in der Untersuchung die genannten Faktoren für die Prognose der künftig wahrscheinlichen Eignung zum Führen von Kraftfahrzeugen wirklich alle diagnostiziert wurden. Außerdem wird der Umfang des Gutachtens erhöht, ohne daß fundiertere Aussagen gemacht würden.

Textbaustein Nr. 344-4:

Bei gelegentlichen Trinkanlässen wurde bis vor einigen Monaten noch eine Blutalkoholkonzentration von etwa 0,8 Promille erreicht oder überschritten.

Dazu muß so viel Alkohol getrunken werden, daß nicht mehr von geringen oder überschaubaren Mengen gesprochen werden kann.

Eine ausreichende Änderung des Trinkverhaltens und ein Abbau der Alkoholgewöhnung können bei Herrn X somit nicht festgestellt werden. Das bedeutet, daß er in solchen Situationen Fahrwünschen nicht mehr kritisch begegnen kann.

Auch eigene negative Erfahrungen bieten dann keinen ausreichenden Schutz vor einer unbedachten Handlung. Die hohen Rückfallquoten bei alkoholauffälligen Fahrern werden zum großen Teil aus solchen Situationen heraus verständlich.

(Quelle: TÜV Rheinland, K 989/93)

Medizinischer Befund

Keiner.

Sprachliche Analyse/Auffälligkeiten

Die Vermischung von Aussagen, die sich direkt auf den Begutachteten beziehen wie im ersten und dritten Absatz, und allgemeinen Aussagen, die für eine bestimmte Gruppe von Autofahrern typisch sind wie im zweiten und vierten Absatz, kennzeichnen den Sprachstil dieses Textbausteins.

Außerdem wird im zweiten Absatz in der allgemeinen Aussage eine Wertung versteckt – *„nicht mehr (. . .) gesprochen werden kann“* –, ohne daß sie als solche kenntlich gemacht wird.

Die beschreibenden Adjektive wie *„gelegentlich“*, *„gering“*, *„überschaubar“* sind ungenau und lassen keine Überprüfung anhand von Statistiken usw. zu. Ihre Inhalte und das „Mengenmaß“, das mit ihnen beschrieben werden soll, werden allein durch die subjektive Auffassung/Phantasie des Lesers bestimmt.

Eignungspsychologische Aussage

Typische Beschreibung der weiterhin bestehenden Neigung zu angeblich nicht genügend kontrolliertem Alkoholkonsum. Sachlich ist die Aussage jedoch nicht begründet, da das gesellschaftlich übliche „soziale Trinken“ bei einer Blutalkoholkonzentration von 1,25‰

angesiedelt wird (u. a. Undeutsch). In sich widersprüchlich ist die Behauptung, die *„Alkoholgewöhnung“* sei nicht abgebaut, weil gelegentlich Werte *„von etwa 0,8 Promille erreicht oder überschritten“* wurden. Diese Werte sind nicht gemessen, sondern lediglich geschätzt worden. Auch Widerspruch zu Fußnote 7 „Eignungsrichtlinien“, wonach erst 1,6‰ oder mehr Grund für die Annahme einer normabweichenden *„Alkoholgewöhnung“* ist.

Wahrscheinliche geheimsprachliche Aussage/Bedeutung

Die Vermischung von einzelfallbezogenen Aussagen mit allgemeinen Grundsätzen und Wertungen ist nur nach sorgfältiger Analyse zu erkennen. Dadurch entsteht beim Leser der Eindruck, daß alle hier getroffenen Feststellungen auf den Untersuchten zutreffen. Es wird eine negative Stimmung gegen den Begutachteten erzeugt.

Textbaustein Nr. 344-5:
Eine Überprüfung des Kenntnisstandes zu den Themenbereichen zulässige Alkoholtrinkmenge, Alkoholabbau und Alkoholwirkung machte erhebliche Informationsdefizite deutlich.
(Quelle: Rheinisch-Westfälischer TÜV, 338/49839 M)

Medizinischer Befund: Keiner.

Sprachliche Analyse/Auffälligkeiten

Aussage ohne konkreten Inhalt oder Bezug auf den Einzelfall. Der Stil ist stark nominal, d. h., es werden zusammengesetzte Substantive (Komposita) wie *„Alkoholtrinkmenge"*, *„Alkoholabbau"* und *„Alkoholwirkung"* verwendet. Die beiden letztgenannten Komposita sind lediglich verkürzte Genitivkonstruktionen, deren Bedeutung keiner weiteren Klärung bedarf. Die im ersten Teil verwendeten Komposita *„Kenntnisstand"* und *„Themenbereiche"* sind dadurch gekennzeichnet, daß das zweite Element des zusammengesetzten Substantivs zum Inhalt praktisch nichts beiträgt, sondern den Satz lediglich aufbläht. Man hätte anstelle dieser Komposita ebensogut die einfachen Substantive „Kenntnisse" oder „Themen" verwenden können. Durch die kompliziertere Wortwahl und die Verwendung von Fremdwörtern wie in *„Informationsdefizite"* versucht man, den „amtlichen" Charakter bzw. die Seriosität zu unterstreichen.

Eignungspsychologische Aussage

Keine wissenschaftliche. Bei der Beurteilung der künftig wahrscheinlichen Eignung kommt allerdings dem Wissensstand über die Wirkung alkoholischer Getränke auf den menschlichen Organismus naturgemäß eine entscheidende Bedeutung zu. Dabei handelt es sich um einfache, von jedermann erlernbare Tatsachen und Zusammenhänge. Wichtig wäre bei einer solchen Feststellung, die Informationslücken konkret zu beschreiben, denn erst dann kann die Bedeutung derselben gewertet werden.

Wahrscheinliche geheimsprachliche Aussage/Bedeutung

Die Aussage soll den offiziellen Charakter des Gutachtens unterstreichen. Es wird nicht beschrieben, worin die Wissenslücken des Begutachteten genau bestanden. Das Gewicht der Aussage kann somit nicht überprüft werden. Die Formulierung soll den Leser dazu bringen, keine weiteren Fragen zu stellen. Darauf deuten die Adjektive *„zulässige"* und *„erhebliche"* hin. Durch die konkrete Inhalte verschleiernde Formulierung entzieht sich der Gutachter zugleich der Nachvollziehbarkeit seiner Schlußfolgerungen, was eine klare Zuwiderhandlung gegen die „Eignungsrichtlinien" (Ziffer 8) ist.

3.5 Gutachtenabschnitt „Zusammenfassung/Schlußbeurteilung – negativ/positiv“

Die 17 nachfolgend wiedergegebenen und analysierten Textbausteine stammen aus den Jahren 1986 bis 1995. Sie repräsentieren vielleicht am eindringlichsten die Willkürlichkeit der „TÜVologen“, die sich darin äußert, daß sie die Eignung des Begutachteten bejahen oder verneinen, obwohl ihnen bekannt ist, daß die Kraftfahreignung ein rein rechtsnormativer Begriff ist und somit ausschließlich in die Kompetenz der Verwaltungsbehörde gehört. Daran ändert auch nichts, daß in manchen Formulierungen erklärt wird, die Bejahung oder Verneinung der Kraftfahreignung sei in medizinischer und/oder psychologischer und nicht in verwaltungsrechtlicher Hinsicht erfolgt. Es wird sich kaum ein Verwaltungsmitarbeiter finden, der in Ermangelung spezieller Kenntnisse jemandem die Fahrerlaubnis erteilt, wenn die Gutachter sich dagegen ausgesprochen haben.

Der Textbausteincharakter wird in der starken Formelhaftigkeit der Schlußbeurteilungen besonders deutlich. Es ist geradezu hanebüchen und hat mit der wissenschaftlichen Psychologie nicht das geringste zu tun, wenn die Prognose der künftigen Fahreignung lautet: Der Untersuchte *„wird auch künftig ein Kraftfahrzeug unter Alkoholeinfluß führen“* bzw. *„nicht führen“*. Derart absolutistische Aussagen sind nach wissenschaftlichen Erkenntnissen überhaupt nicht möglich, und kein verantwortungsbewußter Gutachter wird sich dazu jemals verleiten lassen. Eine derartige Behauptung basiert nur auf einer statischen und deshalb unrealistischen Sicht der Persönlichkeit. Diese „TÜVologische“ Sichtweise der Persönlichkeit eines jeden auffällig gewordenen Kraftfahrers beinhaltet auch, daß z. B. ein ehemaliger Trunkenheitsfahrer, der negativ begutachtet wurde, nur dann rückfällig werden könnte, wenn er die Fahrerlaubnis wiederbekäme. Da diese Person nur aufgrund ihrer von den Gutachtern bescheinigten unzureichenden Verhaltenssteuerung die Fahrerlaubnis nicht wiedererhält, wird die Gefahr eines Rückfalls in ein Trunkenheitsdelikt ohne Fahrerlaubnis in Kauf genommen.

Wenn man die theoretische Konstruktion der „TÜVologischen“ Kraftfahreignungsbegutachtung konsequent zu Ende denkt, landet man zwangsläufig bei folgendem an das Absurde grenzenden Gedankengang: Ein von den „TÜVologen“ wegen seines nicht genügend kontrollierten Trinkverhaltens negativ Begutachteter wird also, wenn die Prognose zutreffend ist, weiterhin unkontrolliert Alkoholisches konsumieren und sein Verhalten im alkoholisierten Zustand – naturgemäß – noch weniger kontrollieren können. Ein derart Begutachteter wird nicht einmal für die Nachschulung zugelassen. Da die Gefahr eines Rückfalls in ein Delikt der Trunkenheit am Steuer den Besitz einer Fahrerlaubnis überhaupt nicht voraussetzt, wird er kurz oder lang in betrunkenem Zustand auch mit einem Kraftfahrzeug fahren. Das Fahren ohne Fahrerlaubnis gilt ohnehin nur als ein Kavaliersdelikt, so daß die Hemmschwelle sogar für Nüchterne niedrig ist.

Die potentielle Gefährdung der Allgemeinheit und der Verkehrssicherheit – die durch die Begutachtung eigentlich ausgeschlossen werden sollte – bleibt also bestehen, denn um einen derart negativ Begutachteten kümmern sich weder die Verwaltungsbehörde noch andere Stellen. Daran ändern auch die von den „TÜVologen“ und anderen geschäftstüchtig betriebenen Nachschulungskurse wenig, denn diese sind nur für ausgewählte und zahlungskräftige Betroffene gedacht.

Von solchen pauschalierten Textbaustein-Beurteilungen von Persönlichkeiten kann die Verkehrssicherheit und der Hilfe suchende Bürger nicht profitieren – einen Profit haben nur die „TÜVologen“, denn ein derart Begutachteter wird einen zweiten und auch dritten Anlauf machen, bis er letztendlich die im Prinzip doch einfache Machart der „TÜVologischen“ Begutachtung durchschaut und womöglich ein falsch positives Gutachten erhält.

Textbaustein Nr. 35-1:

Trotz ungünstiger Ergebnisse halten wir das Erkennen der Zusammenhänge von Trinken und Fahren in diesem Falle für erlernbar. Auch läßt sich die Selbstkontrolle weiter entwickeln. Einsicht und Kontrolle über das eigene Verhalten lassen sich aber nur durch Hilfe von außen erreichen.

(Quelle: TÜV Rheinland, K 1143/86)

Medizinischer Befund

Keiner.

Sprachliche Analyse/Auffälligkeiten

Es werden keine genauen Angaben zur *„Hilfe von außen“* gemacht. Der Gutachter macht keine auf den Einzelfall bezogenen Vorschläge, sondern weicht auf eine allgemeine Formulierung aus. Der Untersuchte kann damit nichts anfangen.

Die Problembeschreibung ist verschleiernd und ungenau formuliert. Die grammatikalische Beziehung „durch Hilfe von außen erreichen“ ist in sich widersprüchlich, denn die Verwendung von *„durch“* beschreibt das Instrument, während die Hilfe hier sicher nicht als Einsatz eines Instrumentes, d. h. eines fertigen Rezeptes, sondern als Hilfe zur Selbsthilfe, d. h. Unterstützung, verstanden werden soll.

Eignungspsychologische Aussage

Zumindest eine bedingt positive Beurteilung der künftig wahrscheinlichen Eignung zum Führen von Kraftfahrzeugen.

Es wäre Aufgabe des Gutachters, konkrete Therapievorschläge zu machen, was jedoch i. d. R. unterlassen wird.

Wahrscheinliche geheimsprachliche Aussage/Bedeutung

Der psychologische Gutachter bekundet seine Bereitschaft, trotz näher nicht genannter Bedenken, dem Begutachteten die Chance einzuräumen, an einem Nachschulungskurs teilzunehmen. Da die MPU-Stellen selbst derartige Kurse gegen Bezahlung durchführen, werden keine konkreten Ratschläge oder Hinweise gegeben, um sich nicht dem Vorwurf auszuliefern, in die eigene Tasche zu wirtschaften. Bei einem derartigen Textbaustein weist dann die Verwaltungsbehörde den Untersuchten darauf hin, daß er bei den MPU-Stellen oder deren Subfirmen eine *„Hilfe von außen“* in Anspruch nehmen könne.

Textbaustein Nr. 35-2:

Nach der hier durchgeführten Untersuchung müssen wir feststellen, daß die Bedenken der Behörde an der Fahreignung von Herrn X nicht zerstreut werden können.

(Quelle: TÜV Rheinland, D 1289/86)

Medizinischer Befund

Keiner.

Sprachliche Analyse/Auffälligkeiten

Keine Besonderheiten in Wortwahl oder Syntax. Es wird durch die Einfügung des Namens ein künstlicher Bezug zum Einzelfall hergestellt, um die formelhafte Aussage, die sich in vielen Gutachten findet, etwas zu variieren.

Eignungspsychologische Aussage

Keine, da die Aufgabe der MPU-Stellen nicht darin besteht, die *„Bedenken der Behörde zu zerstreuen“*, sondern eine wissenschaftlich begründete Hilfe für die verwaltungsrechtliche Entscheidung der Behörde über die Kraftfahreignung des Begutachteten zu liefern.

Wahrscheinliche geheimsprachliche Aussage/Bedeutung

Negative Endbeurteilung. Der Begutachtete ist nach Ansicht der MPU-Stelle zum Führen von Kraftfahrzeugen nicht geeignet. Sie drückt sich jedoch durch die obige künstliche Formulierung so aus, als hätte die MPU-Stelle nichts anderes erreichen wollen, als für den Untersuchten das Beste zu erreichen und die *„Bedenken der Behörde . . . zu zerstreuen.“* In diesem Textbaustein versucht die MPU-Stelle dem Betroffenen zu suggerieren, auf seiner Seite zu stehen. Dazu dient auch die verharmlosende, bagatellisierende Wortwahl *„Bedenken“* und *„zerstreuen“*.

Die Formulierung wäre nur dann neutral, wenn sie lautete: die *„Bedenken der Behörde zu zerstreuen“* oder ggf. zu bekräftigen.

Textbaustein Nr. 35-3:

Wir müssen weiterhin davon ausgehen, daß eine über dem Grenzwert der Eignung liegende Rückfallwahrscheinlichkeit gegeben ist.

(Quelle: TÜV Rheinland, D 1289/86)

Medizinischer Befund

Keiner.

Sprachliche Analyse/Auffälligkeiten

Keine Besonderheiten im Satzbau. Es wird keine persönliche Aussage über den Untersuchten gemacht, sondern eine unpersönlich formelhafte Formulierung mit einem bedeutungsarmen Verb gewählt.

Eignungspsychologische Aussage

Wissenschaftlich nicht begründete negative Beurteilung der künftig wahrscheinlichen Eignung zum Führen von Kraftfahrzeugen.

Einen *„Grenzwert der Eignung“* gibt es weder in Gesetzen, Verwaltungsvorschriften noch in der wissenschaftlichen Verkehrspsychologie.

Wahrscheinliche geheimsprachliche Aussage/Bedeutung

Insbesondere die Verwendung der Phantasiebezeichnung *„Grenzwert der Eignung“*, die nichts anderes als eine leere Worthülse ist, erweckt die MPU-Stelle zumindest dem Untersuchten, aber auch Berufsanfängern in den Führerscheinstellen gegenüber den Eindruck, besonders sorgfältig beurteilt und sich dabei sogar auch an den *„Grenzwert der Eignung“* herangewagt zu haben.

Die Autoren haben die MPU-Stellen des TÜV Rheinland und des RWTÜV in zahlreichen Fällen aufgefordert, konkrete Angaben zum *„Grenzwert der Eignung“* zu machen – vergeblich.

Textbaustein Nr. 35-4:

Bei Abwägung aller Befunde lassen sich die Bedenken der Straßenverkehrsbehörde an der Kraftfahreignung des Herrn X nicht ausräumen, von einer Neuerteilung der Fahrerlaubnis muß abgeraten werden. Angesichts der beschriebenen Befundkonstellation ist auch die Teilnahme an einem Nachschulungskurs für alkoholauffällige Kraftfahrer bei dem Untersuchten gegenwärtig nicht indiziert.

Vor einer gegebenenfalls erneuten Eignungsbegutachtung sollte eine unauffällige Zwischenzeit von einem Jahr abgewartet werden.

(Quelle: TÜH, G 97/87)

Medizinischer Befund

Keiner.

Sprachliche Analyse/Auffälligkeiten

Die in MPU-Gutachten gängige Wendung *„Abwägung aller Befunde“* ist sehr vage und läßt den MPU-Gutachtern großen Spielraum. Weder die Befunde noch die Art und Weise der Abwägung werden definiert. Das Kompositum *„Befundkonstellation“* ist durch die Verwendung des Fremdwortes und die Tatsache schwer verständlich, da dieses Wortelement keinen neuen Beitrag zum Inhalt des Kompositums liefert. Die Verwendung von Fremdwörtern setzt sich auch in der Wahl des Verbs *„indiziert“* fort. Der Autor dieses Textbausteins versucht sich „wissenschaftlich auszudrücken“, um so seinen Aussagen größeres Gewicht zu verleihen. Der Ausdruck *„unauffällige Zwischenzeit“* ist sprachlich interessant, denn grammatikalisch bezieht sich *„unauffällige“* auf „Zeit“ – das zweite Element des Kompositums. Eine unauffällige Zeit ist aber nicht gemeint, sondern eine Zeit ohne Auffälligkeiten. Das Wortelement „Zwischen-“ führt durch die Eingliederung in das Kompositum *„Zwischenzeit“* zu Ungenauigkeiten in diesem Kompositum, weil die Bezugspunkte, zwischen denen der Zeitraum liegt, nicht deutlich definiert werden.

Eignungspsychologische Aussage

Keine wissenschaftliche und keine nachvollziehbare. Die Erklärung, der Untersuchte sei nicht einmal nachschulungsfähig, bezieht sich nur auf die direkt und/oder indirekt von den TÜV-Organisationen veranstalteten Kurse. Zu der Frage, ob der Untersuchte nach einem von anderen Trägern durchgeführten Nachschulungskurs seine Eignung wiedererlangen könnte, nimmt die MPU-Stelle im Gutachten natürlich keine Stellung, da eine derartige Stellungnahme geschäftsschädigend wäre.

Wahrscheinliche geheimsprachliche Aussage/Bedeutung

Da die MPU-Gutachter den Weg, den sie bei der *„Abwägung aller Befunde“* gegangen sind, in ihrem Gutachten nicht verraten, kann diese Wendung nur den Sinn haben, der Behörde und dem Untersuchten gegenüber zu erklären, sorgfältig gearbeitet zu haben. Die Behörde nimmt diese Erklärung zur Kenntnis, sie hinterfragt derartige Floskeln nie. Die Tatsache, daß dem Begutachteten nicht einmal die Fähigkeit zuerkannt wird, an einem Nachschulungskurs teilzunehmen, wirkt als letzter Dolchstoß der absoluten Ungeeignetheit.

Textbaustein Nr. 35-5:

Mit diesen Untersuchungsergebnissen kann die Annahme

- *der Gewöhnung an sehr hohe Trinkmengen*
- *des unkontrollierten Trinkens*
- *einer unkontrollierten Koppelung von bestimmten Trinkanlässen mit dem Fehlverhalten „Trinken und Fahren“*

nicht widerlegt werden. Damit bleiben die Zweifel der Behörde an der Fahreignung bestehen.

Frau X ist aus unserer Sicht für die gewünschte Fahrtätigkeit n i c h t g e e i g n e t.

(Quelle: TÜV Rheinland, D 1437/88; teilweise identisch mit B 466/90)

Medizinischer Befund

Keiner.

Sprachliche Analyse/Auffälligkeiten

Der Stil betont die sachliche Aussage, indem eine syntaktische Form gewählt wird, die man üblicherweise in wissenschaftlichen Abhandlungen findet. Durch diese Aufzählung der „Befunde“ sollen die Wissenschaftlichkeit der Ergebnisse und die daher unwiderlegbare Schlußfolgerung betont werden. Die Wortwahl ist durch unbestimmte Substantive wie *„Trinkanlässe“* und *„Fehlverhalten“* gekennzeichnet, wobei auffällt, daß, abgesehen vom letzten Satz, die Formulierungen unpersönlich und im Passiv ausgedrückt sind. Damit ist dieser Absatz des Textbausteins ohne Veränderung wiederverwendbar.

Eignungspsychologische Aussage

Die Untersuchte ist aus psychologischer Sicht nicht geeignet.

Wahrscheinliche geheimsprachliche Aussage/Bedeutung

Die Entscheidung der Behörde wird im letzten Satz eigentlich schon vorweggenommen, auch wenn dies mit der Einschränkung *„aus unserer Sicht“* verbunden wird. Dies gilt um so mehr, da im vorletzten Satz das Urteil ohne diesen einschränkenden Zusatz bereits gefällt wird. Eine solche Wiederholung wirkt automatisch als Verstärkung. In Kombination mit den angeblich so wissenschaftlichen Befunden und Ergebnissen wird es selbst einem vorgebildeten Laien wie dem Sachbearbeiter des SVA sehr schwer gemacht, sich diesem Urteil zu widersetzen.

Textbaustein Nr. 35-6:

Nach Beendigung eines Alkoholmißbrauchs und unter den Bedingungen der dauernden Abstinenz kann Fahrtauglichkeit nach einem Sicherheitsintervall von einem Jahr erreicht werden.

(Quelle: Rheinisch-Westfälischer TÜV, 339/49091 M)

Medizinischer Befund

Keiner.

Sprachliche Analyse/Auffälligkeiten

Bei der Wortwahl fallen die Komposita *„Sicherheitsintervall“* und *„Fahrtauglichkeit“* auf. Das Kompositum *„Sicherheitsintervall“* scheint in Anlehnung an „Sicherheitsabstand“ gebildet worden zu sein und soll die gleiche exakte Aussage und die genaue Definition der Kriterien suggerieren. Bei *„Fahrtauglichkeit“* ist der Vergleich zum Grundbegriff der Verkehrspsychologie – „Fahreignung“ – aufschlußreich. Die etymologischen Ursprünge des Wortes „Eignung“ sind identisch mit denen von „eigen“, was etwas beschreibt, das mit einer Person untrennbar verbunden ist. „Tauglich“ bedeutet demgegenüber etwas, was zu einem bestimmten Zweck bestimmt ist, und sagt nichts über Eigenschaften oder Persönlichkeitsmerkmale aus. Der Zweck einer MPU ist aber die Unterschung der Eignung, d. h. von Persönlichkeiten. Die Verwendung des Wortes *„Fahrtauglichkeit“* ist in diesem Zusammenhang also deplaziert.

Eignungspsychologische Aussage

Keine individuelle, denn aus der unverbindlichen Formulierung kann nicht abgeleitet werden, ob der Gutachter überhaupt eine Aussage bezüglich des im Gutachten abgehandelten Falles gemacht hat. Außerdem ist unklar, ob nur zu der Frage der *„Fahrtauglichkeit“* oder generell zu der Frage der Eignung zum Führen von Kraftfahrzeugen Stellung genommen wird. Die *„Fahrtauglichkeit“* könnte in eignungspsychologischer Sicht nämlich eine Teilfrage der Beurteilung der Eignung sein.

Wahrscheinliche geheimsprachliche Aussage/Bedeutung

Es wird nicht direkt, sondern lediglich zwischen den Zeilen suggeriert, daß die MPU-Stelle den Untersuchten zu den Kraftfahrern rechnet, die Alkoholmißbrauch betrieben haben, aber auch, daß sie ihn denen zuordnet, die in der Lage sein können, ein Jahr alkoholabstinent zu leben und so die Voraussetzungen der positiven Beurteilung zu erfüllen. Das Kriterium der einjährigen Abstinenz gilt allerdings gemäß Eignungskatalog „Krankheit und Kraftverkehr“ nur für Fälle, bei denen die medizinische Diagnose von Sucht/Abhängigkeit gestellt wurde. Darauf wird in diesem Textbaustein kein Bezug genommen, was die manipulatorische Absicht verrät.

Durch die ungenaue Wortwahl wird außerdem erreicht, daß bei einer späteren evtl. Auseinandersetzung wegen des Gutachtens die MPU-Gutachter eine große Auswahl an Ausreden heranziehen können.

Textbaustein Nr. 35-7:

Nach Vorlage einer Bescheinigung über die erforderliche Teilnahme bestehen aus medizinisch-psychologischer Sicht keine Bedenken, der Untersuchten eine Fahrerlaubnis der beantragten Führerscheinklasse zu erteilen, sofern nicht zwischenzeitlich neue Eignungsmängel offenkundig geworden sind.

(Quelle: Rheinisch-Westfälischer TÜV, 336/22070)

Medizinischer Befund: Keiner.

Sprachliche Analyse/Auffälligkeiten

Unkomplizierter Satzbau, der allerdings erst durch die Vielzahl von nominalen Ausdrücken möglich gemacht wird, die gleichzeitg den Inhalt des Satzes schwerer verständlich machen oder sogar die eigentliche Aussage verschleiern.

Eignungspsychologische Aussage

Keine wissenschaftliche, weil die im ersten Teil positiv beurteilte Fahreignung im zweiten Satzteil sofort dahin gehend eingeschränkt wird, daß die Zuerkennung der Fahreignung dann nicht gilt, wenn die positiv Begutachtete doch durch Eignungsmängel auffällig wird. Derartige „Alles oder/und nichts“-Aussagen kennt die wissenschaftliche Verkehrspsychologie natürlich nicht.

Wahrscheinliche geheimsprachliche Aussage/Bedeutung

Die MPU-Stelle signalisiert der Führerscheinstelle, daß sie kein eindeutig negatives Gutachten erstellen kann und sie die Betroffene für nachschulungsfähig hält. Sie hält es zugleich aber für nicht unmöglich, daß die Begutachtete noch vor Neuerteilung der Fahrerlaubnis Handlungen begehen könnte, die ihre Ungeeignetheit offenkundig werden lassen bzw. daß sie seit Beginn des Verwaltungsverfahrens derartige Handlungen begangen haben könnte, die allerdings noch nicht bekannt geworden sind, weil sie nicht rechts- oder bestandskräftig wurden (Bußgeld oder Geldstrafe oder Freiheitsstrafe). Eine Vorgehensweise, die man als „unter Druck halten“ oder „Holzfällerpsychologie“ bezeichnen könnte. Die Führerscheinstelle erhält zugleich das Signal, der Betroffenen die Möglichkeit zur Teilnahme an einem der üblichen MPU-Nachschulungskurse zu eröffnen. Daß es sich dabei nur um vom TÜV oder dessen Unterorganisationen veranstaltete Kurse handelt, erfährt die Betroffene erst von der Führerscheinstelle, da diese andere Bescheinigungen nicht anerkennt.

Textbaustein Nr. 35-8:

Allerdings besteht bei der Art der Eignungsmängel die begründete Aussicht, diese Mängel durch Teilnahme an einem Kurs für alkoholauffällige Kraftfahrer zu beheben. Wir schlagen daher vor, die Fahrerlaubnisbewerberin auf diese Möglichkeit der Korrektur ihrer Fehlhaltungen hinzuweisen.

(Quelle: Rheinisch-Westfälischer TÜV, 336/22070)

Medizinischer Befund

Keiner.

Sprachliche Analyse/Auffälligkeiten

Allgemeine Formulierung unter Verwendung von unbestimmten Oberbegriffen wie *„Eignungsmängel“* oder *„Fehlhaltungen“*. Die Syntax weist keine besonderen Merkmale auf.

Eignungspsychologische Aussage

Es bestehen näher nicht beschriebene, jedoch korrigierbare *„Eignungsmängel“*. In Gutachten, in denen dieser Textbaustein verwendet wird, findet man i. d. R. niemals eine nachvollziehbare Begründung dafür, mit welchen methodischen Instrumenten die MPU-Stelle die Nachschulungsfähigkeit des Betroffenen festgestellt hat.

Wahrscheinliche geheimsprachliche Aussage/Bedeutung

Die MPU-Stelle signalisiert der Führerscheinstelle, daß sie der untersuchten Person die Möglichkeit eröffnen soll, bei derselben MPU-Stelle einen Nachschulungskurs zu absolvieren. Da dieser ohne Abschlußprüfung stattfindent, wird lediglich die Teilnahme bescheinigt. Durch diese Konstruktion versucht die TÜV-Organisation sich davor zu schützen, zu recht beschuldigt zu werden, in die eigene Tasche zu „gutachten und zu wirtschaften“. Tatsache ist nämlich, daß die Führerscheinstellen die Betroffenen ausschließlich zum TÜV-Nachschulungskurs schicken. Falls diese eine gleichrangige Nachschulung, etwa bei einem sogar namhaften niedergelassenen Diplom-Psychologen, absolvieren wollen, lehnt die Verwaltungsbehörde diese ab.

Textbaustein Nr. 35-9:

Aufgrund der festgestellten Eignungsmängel ist Frau X zur Zeit aus medizinisch-psychologischer Sicht als ungeeignet zum Führen von Kraftfahrzeugen zu bezeichnen.

(Quelle: Rheinisch-Westfälischer TÜV, 336/22070)

Medizinischer Befund

Aus medizinischer Sicht ungeeignet zum Führen von Kraftfahrzeugen.

Sprachliche Analyse/Auffälligkeiten

Absolutistische, kategorische Aussage. Die gewählte Form des Verbs – *„ist . . . zu bezeichnen“* – hat einen starken Aufforderungs- oder Befehlscharakter. Damit bleibt kein Raum mehr für Zweifel oder eigene Überlegungen – die Entschiedenheit der Aufforderung ist hier noch stärker als bei einer möglichen Verwendung der Formulierung „muß man . . . bezeichnen“. Diese Verbform findet man besonders häufig in Normen oder ähnlichen Regelwerken.

Eignungspsychologische Aussage

Aus psychologischer Sicht ungeeignet zum Führen von Kraftfahrzeugen.

Wahrscheinliche geheimsprachliche Aussage/Bedeutung

Im Endeffekt Vorwegnahme der behördlichen Entscheidung. Erleichterung der Arbeit der Staatsverwaltung. Da laut Ziffer 8 „Eignungsrichtlinien“ die Gutachter lediglich eine Entscheidungshilfe für die durch die Verwaltungsbehörde zu treffende Entscheidung über die rein juristische Frage der Kraftfahreignung zu liefern haben, liegt in diesem Textbaustein ein klarer Beweis für die symbiotische Zusammenarbeit zwischen MPU-Stellen der TÜV-Organisationen und den Behörden vor, und zwar außerhalb des durch die „Eignungsrichtlinien“ festgelegten Rahmens. Was kann die Behörde gemäß Ziffer 8 „Eignungsrichtlinien“ noch selbständig tun, wenn im Gutachten bereits erklärt wird, daß der Untersuchte *„ungeeignet“* ist, zumal dies in einer Sprachform geschieht, deren normativer Charakter sehr stark ausgeprägt ist!

Textbaustein Nr. 35-10:

Nach den Befunden unserer Kraftfahreignungsuntersuchung ist mit überdurchschnittlicher Wahrscheinlichkeit zu erwarten, daß Herr X auch zukünftig erheblich gegen verkehrsrechtliche Bestimmungen verstoßen wird.

(Quelle: Rheinisch-Westfälischer TÜV, 337/34344 H)

Medizinischer Befund

Keiner.

Sprachliche Analyse/Auffälligkeiten

Keine Besonderheiten in der Wortwahl oder Syntax. Trotz der Erwähnung des Namens des Begutachteten besteht kein Bezug zum Einzelfall, weil dieser Textbaustein in vielen Gutachten auftaucht. Die MPU-Stelle muß lediglich den Namen einsetzen, um eine Scheinindividualität herzustellen.

Eignungspsychologische Aussage

Annahme der erneuten überwiegenden Wahrscheinlichkeit für Verkehrsverstöße. Insbesondere von der Obergutachterstelle zur Beurteilung der Eignung zum Führen von Kraftfahrzeugen für das Land NRW (Köln) verwendete Formulierung. Diese Stelle gibt jedoch auch an, ob die geschätzte Wahrscheinlichkeit im Vergleich zu einer anderen Gruppe von Kraftfahrern oder im Verhältnis zu 100 % gemeint ist. Einen derartigen unerläßlichen Bezug unterläßt die den obigen Textbaustein benutzende MPU-Stelle. In der Aussage fehlt die differenzierte gutachtliche Stellungnahme dazu, ob der Untersuchte etwa gegen die Sicherheit oder die Ordnung im öffentlichen Straßenverkehr oder gegen beide verstoßen wird.

Wahrscheinliche geheimsprachliche Aussage/Bedeutung

Der Begutachtete ist nach Ansicht der MPU-Stelle zum Führen von Kraftfahrzeugen ungeeignet, die MPU-Stelle nimmt jedoch die Entscheidung über die Eignungsfrage der Verwaltungsbehörde nicht vorweg. Sie schreibt also in diesem Fall nicht, der Begutachtete „ist ungeeignet“, obwohl das ihrer Meinung nach der Fall ist. Die Behörde schließt sich jedoch der obigen Aussage ohne weiteres an, zumal sie sich mit dem Adjektiv *„überdurchschnittlich“* begnügt und diese Angabe nicht kritisch hinterfragt.

Textbaustein Nr. 35-11:

Nach den Befunden unserer Kraftfahreignungsuntersuchung ist zu erwarten, daß Herr X auch zukünftig ein Kraftfahrzeug unter Alkoholeinfluß führen wird.

(Quelle: Rheinisch-Westfälischer TÜV, 339/49969 M)

Es ist zu erwarten, daß Herr X auch zukünftig ein Kraftfahrzeug unter Alkoholeinfluß führen wird.

(Quelle: RWTÜV, 33/32133[93]; 336/8065 M [93]; TÜV Rheinland, K 3638/94)

Nach den Befunden unserer Kraftfahreignungsuntersuchung ist zu erwarten, daß Herr X auch zukünftig ein Kraftfahrzeug unter dem Einfluß berauschender Mittel führen wird.

(Quelle: Rheinisch-Westfälischer TÜV, 339/49969 M)

Medizinischer Befund

Keiner.

Sprachliche Analyse/Auffälligkeiten

Absolutistische Aussage. Die Verbform *„ist zu erwarten“* hat einen starken Aufforderungs- oder Befehlscharakter, der noch ausgeprägter ist als das einfache „muß“.

Eignungspsychologische Aussage

Keine wissenschaftliche und nachvollziehbare bzw. nachprüfbare. Die wissenschaftliche Verkehrspsychologie kennt nur eine Wahrscheinlichkeitsaussage, die naturgemäß nicht absolutistisch ist.

Wahrscheinliche geheimsprachliche Aussage/Bedeutung

Die MPU-Stelle nimmt durch die obigen Wendungen die Entscheidung über die rein juristische Frage der Eignung, die nur der Verwaltungsbehörde obliegt, vorweg.

Textbaustein Nr. 35-12:

Wegen sehr unterschiedlicher Ursachenbedingungen der Auffälligkeiten kann die Teilnahme an einem Kurs für mehrfach auffällige Kraftfahrer, der auf einen speziellen Problembereich zugeschnitten ist, nicht empfohlen werden.

(Quelle: Rheinisch-Westfälischer TÜV, 337/34344 H)

Wegen sehr unterschiedlicher Ursachenbedingungen der Auffälligkeiten kann die Teilnahme an einem Nachschulungskurs, der auf einen speziellen Problembereich zugeschnitten ist, nicht empfohlen werden.

(Quelle: Rheinisch-Westfälischer TÜV, 339/650 M)

Medizinischer Befund

Keiner.

Sprachliche Analyse/Auffälligkeiten

Die Wortschöpfung *„Ursachenbedingungen“* ist ein Kompositum, das inhaltlich aus einem bedeutungstragenden Bestandteil – „Ursachen“ – und einem vollkommen inhaltsleeren Teil – „Bedingungen“ – besteht. Durch diese Verknüpfung wird lediglich das Wort künstlich aufgebläht und schwerer verständlich gemacht. Der Wortbestandteil *„Bedingungen“* ist also vollkommen überflüssig – klingt aber sehr gewichtig. Dieser Trick wird sehr häufig von Politikern angewandt, wenn sie eigentlich nicht Stellung nehmen wollen und daher nur in „leeren Worthülsen“ sprechen.

Weiterhin ist der Ausdruck *„ein spezieller Problembereich“* auffällig, denn er enthält ein ähnliches Kompositum, bei dem der Wortteil *„Bereich“* nur wenig zur Bedeutung des Kompositums beiträgt, es aber besonders bedeutsam erscheinen läßt. Die Aussage ist hier so formuliert, daß kein konkreter Sinn mehr vorhanden ist. Dadurch läßt sich der Textbaustein universell einsetzen und erweckt immer die Vorstellung, daß etwas Wichtiges gesagt wurde.

Eignungspsychologische Aussage

Keine.

Wahrscheinliche geheimsprachliche Aussage/Bedeutung

„Unterschiedlicher Ursachenbedingungen der Auffälligkeiten“ sind nichts Ungewöhnliches. Der obige Textbaustein enthält die verschlüsselte Botschaft an die Führerscheinstelle, daß die vom TÜV und seiner Unter- bzw. den mit ihm zusammenarbeitenden Organisationen veran-

stalteten Kurse für den vorliegenden Fall nicht geeignet sind. Das Gutachten fällt deshalb voll negativ aus, und die MPU-Stelle geht erst gar nicht darauf ein, daß etwa eine individuelle, bei einem niedergelassenen Psychologen durchführbare Therapie eine Lösung für den im Gutachten abgehandelten Fall sein könnte. Sie tut es nicht, weil sie nur Gruppenveranstaltungen/Nachschulungen anbietet und einen Teil ihres Geschäftes abgeben würde, wenn sie eine individuelle Therapie empfehlen würde. Die Führerscheinstelle hält andererseits dem TÜV die Treue und akzeptiert keine andere Lösungsmöglichkeit oder zumindest nicht so, daß nach Abschluß einer nicht vom TÜV veranstalteten Schulung die Fahrerlaubnis nach Vorlage einer Teilnahmebescheinigung erteilt werden würde. Wenn ein Betroffener nach einem solchen Textbaustein-Gutachten eine individuelle Therapie absolviert, wird er von der Führerscheinstelle zur erneuten MPU-Begutachtung geschickt.

Textbaustein Nr. 35-13:

Bei der Untersuchung der für die Fahrsicherheit bedeutsamen Einstellungen wurden Hinweise auf eine stärkere Ressentimenthaltung gegenüber der Umwelt, Störbarkeit im interpersonalen Bezug und ein herabgesetztes Risikobewußtsein deutlich, die für die Fragestellung eine Gewichtung erfahren müssen, zumal es sich hier um Symptome handelt, die für Personengruppen mit erhöhter Deliktbereitschaft typisch sind und die altersspezifische Risikobelastung steigern. Herr X muß einem Personenkreis zugeordnet werden, der die Verkehrsordnung lediglich als Einschränkung der persönlichen Freiheit betrachtet und kein angemessenes Sozialverständnis für die Belange des Straßenverkehrs entwikkelt hat. Eine besonders günstige Prognose für das zukünftige Verkehrsverhalten ist daraus nicht abzuleiten.

Diese Persönlichkeitsbefunde bieten nicht nur eine Erklärungsmöglichkeit für das damalige Verkehrsverhalten, sie zeigen vielmehr an, daß die zugrundeliegenden Einstellungen und Haltungen auch gegenwärtig noch vorhanden sind und jederzeit wieder verhaltenswirksam werden können.

(Quelle: Rheinisch-Westfälischer TÜV, 339/650 M)

Medizinischer Befund

Keiner.

Sprachliche Analyse/Auffälligkeiten

Theoretische Beschreibung im ersten Absatz, die mit persönlichen Wertungen des Verfassers des Textbausteins durchsetzt ist. Die Wortwahl ist durch eine Verwendung von Oberbegriffen wie *„Personenkreis“* oder *„Belange des Straßenverkehrs“* bzw. Komposita gekennzeichnet, deren zweiter Bestandteil zum Inhalt nichts beiträgt. Ein typisches Beispiel dafür ist der Begriff *„Ressentimenthaltungen“*, der genau das gleiche aussagt wie Ressentiments. Da die seelische *„Haltung“* charakterliche Festigkeit, Gesinnung und Zielsetzung bedeutet, ist der „TÜVologische“ Kunstbegriff *„Ressentimenthaltungen“* ohne definierten Inhalt.

Die Vermischung der allgemeinen Aussagen, die nicht notwendigerweise auf den Einzelfall zu beziehen sind, mit den Wertungen des Gutachters über den Begutachteten führt dazu, daß automatisch alles so verstanden wird, als ob es sich direkt auf den Begutachteten bezöge. Die vom Gutachter gewählten Formulierungen sind zudem ausgesprochen tendenziös und voller Zynismus, der im letzten und vorletzten Satz des ersten Absatzes besonders zum Ausdruck kommt.

Eignungspsychologische Aussage
Leicht individualisierte eignungspsychologische Aussage, wobei jedoch die Beschreibung so allgemeingehalten ist, daß die nur für die begutachtete Person zutreffenden Eigenschaften nicht erkennbar sind.
Wahrscheinliche geheimsprachliche Aussage/Bedeutung
Es wird mit Hilfe von zynischen Formulierungen Stimmung gegen den Begutachteten gemacht, obwohl der Gutachter selbst einräumt, nur „*Hinweise*“ auf oder „*Symptome*“ für bestimmte Einstellungen gefunden zu haben. Diese vagen Aussagen werden aber zur Grundlage für die zynischen Äußerungen des Gutachters und dessen Vorurteile genommen, um den Begutachteten vollkommen negativ darzustellen.

Textbaustein Nr. 35-14:

Nach Beendigung eines Alkoholmißbrauchs und unter den Bedingungen der dauernden Abstinenz kann Fahrtauglichkeit nach einem Sicherheitsintervall von einem Jahr erreicht werden.

(Quelle: Rheinisch-Westfälischer TÜV, 339/49091 M)

Medizinischer Befund

Keiner.

Sprachliche Analyse/Auffälligkeiten

Keine definitive Aussage.

„Sicherheitsintervall“ ist eine Wortschöpfung ohne definierten Inhalt, möglicherweise angelehnt an „Sicherheitsabstand“. Die Bedeutung kann sein, daß zusätzlich zum erforderlichen Zeitraum ein weiterer Zeitraum „als Sicherheit“ verlangt wird, oder es kann sich um die Anforderung, das Kriterium der Eignung selbst handeln. *„Fahrtauglichkeit“* ist nicht gleich Kraftfahreignung, denn die Etymologie von „Tauglichkeit“ enthält ein Bedeutungselement der Zweckbestimmtheit, während die „Eignung“ ein der Person grundsätzlich zugehöriges Element beschreibt.

Eignungspsychologische Aussage

Keine.

Wahrscheinliche geheimsprachliche Aussage/Bedeutung

Eine ohne konkreten Bezug zu dem im Gutachten selbst abgehandelten Fall abgegebene sachlich oberflächliche, jeder wissenschaftlichen Grundlage bare Behauptung. Es geht nicht um *„Fahrtauglichkeit“*, sondern um die Eignung zum Führen von Kraftfahrzeugen, und eine Abstinenz von einem Jahr ist nur nach medizinisch diagnostizierter Suchtabhängigkeit Voraussetzung der positiven Beurteilung. Diese zitierte Behauptung hat dennoch indirekten Bezug zum konkreten Fall, und zwar schon dadurch, daß sie in Form dieses Textbausteines in einem sich mit einem konkreten Fall befassenden Gutachten gebracht wird. Zwischen den Zeilen erklärt also die MPU-Stelle, daß sie bei dem Untersuchten Alkoholmißbrauch zumindest annimmt und eine Alkoholabstinenz von einem Jahr zur Voraussetzung einer positiven Begutachtung erklärt. Diese Erklärung bleibt jedoch unverbindlich, da sie nicht auf den im Gutachten abgehandelten Fall bezogen wird.

Textbaustein Nr. 35-15:

Die Angaben machen deutlich, daß Herr X nicht bereit bzw. nicht in der Lage ist, sich mit den Auffälligkeiten so auseinanderzusetzen, daß eine Tendenz zur Verhaltensänderung im positiven Sinne zu erkennen ist. Er neigt vielmehr dazu, die Zuwiderhandlungen als geringfügig und unbedeutend hinzustellen.

Andererseits wurde die Notwendigkeit einer Verhaltensänderung schon gesehen und auch Ursachen und Zusammenhänge genannt, die zum früheren unangepaßten Verhalten führten.

Es ergaben sich Hinweise darauf, daß Herr X eine Neuorientierung sucht; wie konsequent er sie auch anstreben wird, kann im Augenblick noch nicht abgeschätzt werden. Es sollte abgewartet werden, bis eine belegbare Änderung der Lebensumstände darüber Aufschluß geben kann.

(Quelle: TÜV Rheinland, U 0474/91)

Medizinischer Befund

Keiner.

Sprachliche Analyse/Auffälligkeiten

Beschreibender Stil, der sich deutlich um Neutralität und Distanz bemüht. Dies wird dadurch unterstrichen, daß der Untersuchte, abgesehen vom zweiten Satz, nie als handelndes Subjekt der Sätze auftaucht. Die Unbestimmtheit der Aussage ergibt sich auch durch die Wahl der Verben wie *„Tendenz . . . zu erkennen ist“*, *„ergaben sich Hinweise“* oder *„abschätzen“*. Der Gutachter ist also nicht bereit, sich festzulegen und klar seine Befunde zu nennen. Andererseits werden vom Untersuchten *„belegbare Änderungen“* erwartet, wobei unklar bleibt, was hinter diesem unbestimmten Ausdruck eigentlich steckt.

Eignungspsychologische Aussage

Keine wissenschaftlich nachvollziehbare Aussage. Sie ist so konstruiert, daß dem Begutachteten ein positiv zu wertendes Bemühen zuerkannt wird.

Wahrscheinliche geheimsprachliche Aussage/Bedeutung

Der Gutachter bemüht sich um wissenschaftliche Distanz in seiner Ausdrucksweise. Diese Genauigkeit ist aber nur vorgetäuscht, denn die Analyse der Wortwahl macht deutlich, daß die Schlußfolgerungen unbestimmt und nichtssagend sind. Außerdem besteht ein eklatanter Widerspruch zwischen den vagen „Befunden“ des Gutachters und der *„belegbaren Änderung“*, die vom Begutachteten verlangt wird. Die Analyse der Sprache zeigt also, daß hier mit zweierlei Maß gemessen wird – der Gutachter braucht keine genauen Befunde anzugeben, während der Begutachtete exakte Beweise (in Form von *„Belegen“*) liefern muß. Es fragt sich auch, ob hier nicht die Aufgabenstellung umgekehrt wird, denn eigentlich muß der Gutachter ja wohl die Befunde (= *„Belege“*) erheben.

Textbaustein Nr. 35-16:

Die genannten Auffälligkeiten lassen allgemein auf eine Rückfallwahrscheinlichkeit schließen, die nach den heute vorliegenden wissenschaftlichen Erkenntnissen deutlich über der Grenze liegt, bei der Fahreignung noch angenommen werden kann.

(Quelle: TÜH, 9804/93)

Medizinischer Befund

Keiner.

Sprachliche Analyse/Auffälligkeiten

Die Wortwahl ist durch unbestimmte Oberbegriffe bzw. Abstrakta wie *„Auffälligkeiten“, „wissenschaftliche Erkenntnisse“* geprägt. Diese Begriffe haben keinen konkreten Inhalt, und der jeweilige Leser ist vollkommen frei, um sich seine eigene Interpretation zurechtzumachen. Durch die Verwendung von nicht definierten, pseudowissenschaftlichen Fachbegriffen wie *„Grenze der Fahreignung“* wird der gleiche Effekt erreicht – der Leser weiß nicht sicher, um was es sich handelt und muß sich auf seine eigenen Spekulationen verlassen. Der Inhalt kann am besten als „leere Worthülse“ beschrieben werden, die bei Politikern usw. ja besonders beliebt ist, wenn diese eigentlich nichts sagen wollen oder können.

Eignungspsychologische Aussage

Keine wissenschaftliche, nachvollziehbare, nachprüfbare. Eine Grenze der Fahreignung ist weder in der wissenschaftlichen Literatur noch in der Verwaltungssprache oder Rechtsprechung definiert. Es gibt sie einfach nicht. Im Textbaustein wird nichts konkret genannt, eine Fundstelle wird nicht erwähnt. *„Deutlich“* ist als quantifizierte Aussage zu verwerfen, weil keine Kriterien genannt bzw. Zahlenangaben gemacht werden, die zu gesicherten Verhältniswerten in Beziehung stehen.

Wahrscheinliche geheimsprachliche Aussage/Bedeutung

Pseudowissenschaftliche Aussage, die allenfalls unerfahrene Sachbearbeiter in den Führerscheinstellen und Betroffene beeindrucken mag. Der Textbaustein will die Unantastbarkeit der wissenschaftlichen Sorgfalt suggerieren. Da die Erfahrung zeigt, daß Behördenmitarbeiter i. d. R. ihre Überforderung – verständlicherweise – nicht preisgeben wollen, schließt sich die Führerscheinstelle auch derartigen, geradezu haarsträubenden Beurteilungen an.

Textbaustein Nr. 35-17:

Nach Abwägung der vorliegenden Informationen bieten sich daher keine ausreichenden verwertbaren Anhaltspunkte, die die Wahrscheinlichkeit, daß Herr X erneut wegen eines Trunkenheitsdeliktes verurteilt wird, unter den für seine Tätergruppe charakteristischen Durchschnittswert veranschlagen ließen. Damit ist im vorliegenden Fall die Wahrscheinlichkeit, erneut wegen Teilnahme am Straßenverkehr unter Alkoholeinfluß bestraft zu werden, um ein Vielfaches größer als beim Durchschnitt der Kraftfahrer, der bei etwa fünf Prozent liegt.

(Quelle: TÜH, 9804/93)

Medizinischer Befund

Keiner.

Sprachliche Analyse/Auffälligkeiten

Komplizierter Satzbau, der für die Amts- und Gerichtssprache typisch ist. Die Wortwahl ist durch abstrakte oder zumindest unbestimmte Substantive gekennzeichnet. Außerdem fällt die Verbkonstruktion *„veranschlagen ließen“* auf. *„Veranschlagen“* wird normalerweise aktivisch verwendet; durch den Zusatz von *„ließen“* kann man jedoch die Nennung des handelnden Subjekts umgehen. Diejenigen, die das hier beschriebene Urteil abgeben, bleiben also anonym. Der gleiche Trick wird im nächsten Satz fortgeführt, denn hier wird die Person nur als der *„vorliegende Fall“* beschrieben – also ein von einer Person unabhängiges Beispiel, das distanziert und ohne persönliches Engagement vom Gutachter „wie im Labor“ beurteilt wird.

Eignungspsychologische Aussage

Keine wissenschaftlich begründete, nachvollziehbare, nachprüfbare. Der Verfasser des Textbausteins verwechselt die Rückfallwahrscheinlichkeit eines bereits bestraften Trunkenheitsfahrers mit der Auffallenswahrscheinlichkeit eines noch nicht bestraften Kraftfahrers, die auf 5 % geschätzt wird. Insofern ist die gesamte gedankliche Konstruktion falsch und logisch in sich widersprüchlich. Ein wissenschaftlich begründetes Gutachten kann nicht auf bloßen *„Informationen“* beruhen, und es genügt nicht, lediglich aufgrund von *„Anhaltspunkten“* ein so schwerwiegendes Urteil zu fällen.

Wahrscheinliche geheimsprachliche Aussage/Bedeutung

Durch die unter MPU-Gutachtern beliebte Wendung *„nach Abwägung der vorliegenden Informationen“* (oder auch Befunde) versucht der Textbaustein den Eindruck einer sorgfältig getroffenen Entscheidung zu erwecken. Die Bezugnahme zu einer *„Tätergruppe“* ist im Prinzip richtig, es hätte jedoch die dazu erforderliche Prozentzahl genannt werden müssen. Da ein *„Trunkenheitsdelikt“* (1,1‰ und mehr = Straftat, Entzug der Fahrerlaubnis) mit Fahren *„unter Alkoholeinfluß“* (weniger als 1,1‰ = Bußgeld und Fahrverbot) nicht gleichzusetzen ist, signalisiert die MPU-Stelle der Behörde, daß die Spannweite der möglichen Rückfälle sehr groß ist. Scheinbar ausgewogene Beurteilung, die jedoch mehrere einseitige, mit Vorurteilen behaftete Hinweise enthält und sachlich falsch und unvollständig ist.

4 MPU-Gutachten im Vergleich

Um ein Bild darüber zu bekommen, wie ein negatives Gutachten auf den Untersuchten wirkt bzw. welche Reaktionen bei diesem ausgelöst werden, veröffentlichen wir in diesem Kapitel ein MPU-Gutachten in Abschrift und geben dann in den eingeschobenen Kästchen die uns vorliegenden handschriftlichen Anmerkungen des Begutachteten wieder.

Wir verzichten an dieser Stelle auf eine fachliche Analyse des Gutachtens, da der Untersuchte nicht von uns betreut wurde, weisen allerdings auf einige Zusammenhänge hin, die offenkundig werden lassen, welche grundsätzlichen Fehler der Begutachtung zugrunde lagen.

Dem Kapitel vorangestellt werden soll ein MPU-Gutachten aus dem Jahr 1979, aus einer Zeit, in der sich die MPU-Stellen und natürlich auch die Verwaltungsbehörden einer Überprüfung entziehen konnten, weil ein Gutachten damals lediglich aus einer einzigen Seite bestand. Wie auf der nächsten Seite zu sehen ist, war diese eine Seite zur Hälfte auch noch ein Vordruck, so daß die Individualbezüge außer dem Namen und sonstigen Angaben zur Person lediglich aus sieben Zeilen bestanden.

Die medizinischen und psychologischen Gutachter der MPU-Stellen drückten sich nämlich schon damals davor, ihre Arbeitsweise im einzelnen nachprüfbar, nachvollziehbar und somit transparent zu machen.

4.1 Beispiel eines MPU-Gutachtens von einer Seite mit Analyse

An dem Gutachten des Jahres 1979 fällt auf, daß es eine medizinische Befundung ohne irgendwelche Andeutungen enthält, wobei jedoch jede Angabe zu den Leberfunktionswerten fehlt. Der medizinische Teil ist somit unvollständig.

Der psychologische Teil enthält keine wissenschaftliche Befundung, denn die wissenschaftliche Psychologie kennt als Befund *„genügende Zeichen von Kritikvermögen und Problembewußtsein“* nicht. Entweder sind Kritikvermögen und Problembewußtsein vorhanden oder nicht. *„Genügende Zeichen“* als Befund stellen keine wissenschaftliche Kategorie dar.

Die im weiteren genannten *„konkreten Vorstellungen zur erfolgreichen Konfliktvermeidung“* sind ebenfalls ein unzureichender Befund, denn das Vorhandensein *„konkreter Vorstellungen“* sagte bei einem bereits zweimal wegen Trunkenheit bestraften Kraftfahrer auch 1979 nichts darüber aus, ob er seine *„Vorstellungen“* in jeder Situation und für immer auch in die Tat umsetzen kann. Es verwundert natürlich kaum, daß die durch dieses Ein-Seiten-Gutachten positiv begutachtete Person seither bereits zweimal rückfällig wurde.

Nachdem die MPU-Stellen dazu übergehen mußten, mehr als eine Seite umfassende, begründete Gutachten zu schreiben, haben sie sich einer stark vernebelnden Ausdrucks- und Formulierungsweise bedient. Dazu trug wesentlich bei, daß sie, nachdem sie insbesondere durch die Kritik von Öffentlichkeit und Juristen unter Druck geraten waren, eine Fluchtmöglichkeit darin sahen, auf Persönlichkeitstests zu verzichten. Wenn man die hier veröffentlichten beiden MPU-Gutachten miteinander vergleicht, drängt sich natürlich die Frage auf, ob im Endeffekt tatsächlich ein Fortschritt schon darin besteht, daß ein MPU-Gutachten heute nicht mehr eine einzige, sondern 5–10 oder gar 15 Seiten umfaßt.

Die Qualität der MPU-Gutachten änderte sich dadurch überhaupt nicht, daß ihr Umfang von 1 auf 6 oder 10 Seiten oder mehr ausgedehnt wurde.

Andererseits wird durch diese Beispiele auch nachvollziehbar, weshalb es zu der Entstehung einer „TÜVologischen Geheimsprache“ gekommen ist: Die durch den Umfang der Gutachten vorgetäuschte Einzelfallgerechtigkeit besteht in Wirklichkeit nicht, denn die Gutachten enthalten lediglich viele Seiten füllende leere Worthülsen.

Beispiel eines MPU-Gutachtens von einer Seite mit Analyse

TÜV RHEINLAND
MEDIZINISCH-PSYCHOLOGISCHE UNTERSUCHUNGSSTELLE
Fernruf 641001
5300 Bonn-Duisdorf, Henry-Spaak-Straße

Medizinisch-Psychologisches Gutachten

Nr.: B 577/79

über Herrn

geboren am 6.4.1933 untersucht am 15.5.1979

wohnhaft in Kreis

Die Untersuchung hinsichtlich der Eignung zum Führen von Kraftfahrzeugen der Klasse 3 erfolgte im Auftrag

des Straßenverkehrsamtes Bonn.

Die Behörde bezweifelt die Fahreignung wegen zweier Trunkenheitsdelikte 1975 - 77.

Medizinische Befunde:

Sinnesorgane und Bewegungsorgane intakt; intern, neurologisch und psychiatrisch unauffällig.

Psychologische Befunde:

a) leistungspsychologisch:

keine Hinweise auf bedeutsame Beeinträchtigungen der psychophysischen Leistungsfähigkeit.

b) persönlichkeitspsychologisch:

genügend Zeichen von Kritikvermögen und Problembewußtsein erkennbar; konkrete Vorstellungen zur erfolgreicheren Konfliktvermeidung im Straßenverkehr vorhanden.

Aufgrund der Vorgeschichte (Verwaltungsakte und eigene Angaben) sowie der hier erhobenen objektiven Befunde läßt sich ein Eignungsausschluß von unseren Fachbereichen her gegenwärtig nicht hinreichend begründen. Wir halten somit die Erteilung ~~/Belassung~~ der beantragten Fahrerlaubnis für vertretbar.

Dr.med. Dipl.-Psych.

6/143-9 5.78

4.2 Beispiel eines negativen MPU-Gutachtens mit Anmerkungen des Untersuchten

„Gutachter sollen das Gut achten und nicht ächten!“ (WamS, 12. 3. 1995)

Die handschriftlichen, hier in Kästchen wiedergegebenen Bemerkungen des Untersuchten und die von ihm vorgenommenen Unterstreichungen von Textpassagen spiegeln das teilweise verzweifelte Bemühen wider, im Gutachten überhaupt eine Systematik und Schlüssigkeit zu finden und die Beurteilung anzugreifen. Selbstverständlich sind die Bemerkungen des Betroffenen hochgradig emotional, was sicherlich kaum jemanden verwundern wird. Aus den Bemerkungen ergibt sich, daß sich der Untersuchte zu Unrecht negativ beurteilt fühlt. Es ist auch typisch, daß der Betroffene natürlich nach Widersprüchen im Gutachten sucht, Widersprüche, die die Gutachter selbst produziert haben. Interessant ist, daß während der Untersuchung natürlich auch der Psychologe und der Arzt in den meisten Fällen bestrebt sind, den Untersuchten bei Widersprüchen, insbesondere in seinen Alkoholkonsumgewohnheiten, zu ertappen. Offensichtlich überträgt sich diese Erfahrung, die sie während der Untersuchung in der Regel machen, auf die Untersuchten. Die meisten Probleme ergeben sich logischerweise auch daraus, daß die Exploration nicht auf Tonband aufgenommen wird und die angeblichen Zitate bzw. die bruchstückhafte Auswahl von angeblichen Einlassungen des Untersuchten bei diesem Widerspruch und Unverständnis auslöst. Darin zeigt sich auch eines der Grundübel der „TÜVologischen“ Exploration: Es wird nämlich nicht sofort geklärt, was der Untersuchte mit dem Gesagten eigentlich meint. Es wird in den allermeisten Fällen überhaupt nicht geklärt, ob Gutachter und Begutachteter wirklich über ein und dasselbe gesprochen haben. Der Untersuchte sieht sich einer *„Arroganz der Macht“* ausgeliefert und hat – verständlicherweise – den Eindruck, nicht von einem für seinen Fall Verständnis zeigenden Gutachter, von einem Angehörigen eines helfenden Berufsstandes, sondern von einem Vertreter einer machtstrotzenden Institution auf unseriöse Weise behandelt zu werden.

TÜV Rheinland
Niederlassung Betzdorf

Medizinisch-Psychologische
Untersuchungsstelle

Telefon: (0 27 41) 295-28
Bahnhofstraße 12-14
57518 Betzdorf (Sieg)

Gutachten

über	Herrn X
geboren am	***
wohnhaft in	***
untersucht am	

Die Untersuchung erfolgte gemäß den Auftragsbedingungen der Medizinisch-Psychologischen Untersuchungsstellen im TÜV Rheinland e.V.

Dem Gutachten liegt eine anlaßbezogene, auf die Fragestellung ausgerichtete Untersuchung zugrunde.

vom 10. 8. 1992

über Herrn X

geboren am

wohnhaft in

untersucht am 23. 7. 1992

veranlaßt durch das Straßenverkehrsamt Mettmann

Untersuchung wegen Verkehrsauffälligkeit unter Alkoholeinfluß

I. ANLASS UND FRAGESTELLUNG DER UNTERSUCHUNG

Herr X hat uns beauftragt, ihn zu begutachten. Die zuständige Straßenverkehrsbehörde hat ihn aufgefordert, das Gutachten einer Medizinisch-Psychologischen Untersuchungsstelle vorzulegen. Sie fragt:

> Ist zu erwarten, daß der/die Untersuchte auch zukünftig ein Kraftfahrzeug unter Alkoholeinfluß führen wird, und/oder liegen als Folge eines unkontrollierten Alkoholkonsums Beeinträchtigungen vor, die das sichere Führen eines Kraftfahrzeuges in Frage stellen?

Anmerkung des Untersuchten: Unzulässige Fragestellung

Herr X hat Anlaß zu den Bedenken gegeben, weil er mit einer sehr hohen Blutalkoholkonzentration (BAK) am motorisierten Straßenverkehr teilgenommen hat.

Forschungsergebnisse weisen für alkoholauffällige Fahrer mit hoher Blutalkoholkonzentration eine hohe Rückfallwahrscheinlichkeit auf (Stephan, E.: „Kontrolliertes Trinken bei Alkoholersttätern: ein problematisches Kursziel", in: TÜV Kolloquium – Kurse für auffällige Fahrer, Verlag TÜV Rheinland, Köln 1987, S. 37 ff.). Die Behörde vermutet daher auch, daß Herr X hoch rückfallgefährdet ist.

Anmerkung des Untersuchten: Unzulässige Formulierung

II. ÜBERBLICK ÜBER DIE VORGESCHICHTE (AKTEN)

(Es werden die Sachverhalte wiedergegeben, die für die Fragestellung wichtig sind.)

Untersuchungsanlaß lt. Akte:

17. 11. 1991 Trunkenheit am Steuer
Blutalkoholkonzentration (BAK): 1,62 Promille

Bei der ärztlichen Untersuchung anläßlich der Blutentnahme schien Herr X äußerlich deutlich, aber nicht stark (Motorik – sicher, Sprache – deutlich, Bewußtsein – klar) unter Alkoholeinfluß zu stehen.

Anmerkung des Untersuchten:
Wird im Gutachten in bestimmter Absicht überbewertet.

III. EIGENE ANGABEN DES ZU BEGUTACHTENDEN

Aus den Gesprächen mit den Gutachtern geben wir diejenigen Passagen sinngemäß oder wörtlich wieder, die für die Beantwortung der Eignungsfrage von wesentlicher Bedeutung sind.

> *Anmerkung des Untersuchten:*
> *Zynismus*
> *Es werden gezielt und absichtlich nur negative „Beweise" konstruiert. Negative Fakten, die den Ausschlag für eine negative Beurteilung geben könnten, sind aus dem psychologischen Gespräch beim besten Willen nicht zu entnehmen. Die vorhandenen positiven Fakten werden dagegen einfach unterschlagen.*

Eigene Angaben zur medizinischen Vorgeschichte (Anamnese)

Die Erhebung der Anamnese ergab: Im März 1989 habe er sich einer Hodenoperation unterziehen müssen. Der weitere Krankheitsverlauf habe sich bisher günstig gestaltet. Direkt nach der Operation sei eine Chemotherapie durchgeführt worden. Medikamente nehme er z. Zt. nicht. Er stehe unter regelmäßiger ärztlicher Kontrolle. Nach den Trinkgewohnheiten befragt, gab Herr X an: Er trinke etwa 2- bis 3mal pro Monat zwischen 2 und 10 Gläser Kölsch. Er habe nie vermehrt Alkohol getrunken. Der hohe Alkoholkonsum beim Verkehrsdelikt sei eine Ausnahme gewesen.

Angaben aus dem vierundvierzigminütigen psychologisch-diagnostischen Gespräch (Exploration)

Zur Person:
Herr X, am Untersuchungstag Y Jahre alt, arbeitet seit 1981 als Angestellter.
Zur alkoholbedingten Auffälligkeit:
Herr X berichtete, er habe in einem Lokal im Zeitraum von etwa 6½ Stunden schätzungsweise 15 Gläser Bier à 0,2 l

> *Anmerkung des Untersuchten: + 2 Malteser*

getrunken und dort gut gegessen. Anschließend habe er das Auto stehenlassen und habe zu Fuß zum Haus seiner Eltern gehen wollen, um dort zu übernachten. Etwa 100 m vor Erreichen des Hauses sei ihm plötzlich eingefallen, daß seine Papiere noch im Auto seien und dieses außerdem unverschlossen sein könnte. Deshalb sei er zu dem Pkw zurückgegangen. Warum er sich dann ans Steuer gesetzt habe, könne er sich bis heute nicht erklären: „. . . dummer Zufall . . . ich habe mit Alkohol nichts am Hut . . . bin noch nie mit Alkohol gefahren . . . bin sehr verantwortungsvoll . . . ich weiß nicht, welcher Teufel mich geritten hat . . ." Er habe auf den folgenden 3 bis 4 Kilometern Fahrstrecke *keine alkoholbedingten Fahrunsicherheiten gemerkt, aber dann doch den Wagen auf einem

Parkplatz abgestellt. Erst dann habe er die Polizeistreife bemerkt, die ihn kontrolliert und auf die Wache mitgenommen habe. Am nächsten Morgen sei ihm schlecht geworden, und er habe sich übergeben.

> *Anmerkung des Untersuchten:*
> *Vom Gutachter beabsichtigte Genauigkeit bei gleichzeitiger Weglassung anderer wichtiger Details, um der Behörde unter Hinweis auf Absatz 1 eine Alkoholgewöhnung zu suggerieren. Alles andere, wo die Genauigkeit positiv wirken würde, wird dagegen ungenau und entstellend wiedergegeben.*
> * *stimmt einfach nicht*

Zum Umgang mit alkoholischen Getränken:
„. . . nur in Gesellschaft, nur bei Besuch . . . immer nur Bier, auf jeden Fall unter 10 Gläsern à 0,2 l . . . vertrage nicht so viel vom Magen her . . ." Einmal im Monat gehe er kegeln, auch da trinke er nicht mehr. An seinem Geburtstag vor einigen Tagen habe er „. . . kaum was . . . 2 Flaschen Bier . . ." getrunken. Seit einiger Zeit trinke er auch Light-Bier. Wann er zuletzt betrunken gewesen sei „. . . kann mich nicht erinnern . . ." Und beim Delikt? „. . . da muß das schon gewesen sein . . ." Eine vergleichbare Trinkmenge habe er sonst nie erreicht.

> *Anmerkung des Untersuchten: gemein*

Er trinke „. . . mit Sicherheit ganz normal, eher weniger . . ." Alkohol; eine Alkoholproblematik habe er nicht.

Die angegebenen Trinkgewohnheiten seien „. . . schon seit Jahren so . . ."

> *Anmerkung des Untersuchten: gemein*

Überlegungen zur Vermeidung weiterer Auffälligkeiten:
Bis auf das eine Mal habe er immer „. . . Verantwortung bewiesen . . . das war so ein Schock . . . werde noch vorsichtiger sein . . ."

> *Anmerkung des Untersuchten: gemein*

Er könne künftig Fahren unter Alkoholeinfluß dadurch ausschließen, daß er auf Alkoholgenuß konsequent verzichte, wenn er anschließend fahren müsse.

> *Anmerkung des Untersuchten:*
> *Durch seine unverschämte Art provozierte der Gutachter geradezu emotionale Antworten, die er dann auch noch sinnentstellend wiedergibt.*

Weitere Angaben:
1989 habe er eine Krebsoperation gehabt und sich anschließend einer Chemotherapie unterziehen müssen.

IV. UNTERSUCHUNGSBEFUNDE

Voraussetzungen für eine günstige Prognose der Verkehrsbewährung

Die Vorgeschichtsdaten (s. Teil II) lassen die Schlußfolgerung zu, daß sich bei Herrn X bis zum Zeitpunkt der Auffälligkeit ein Trinkverhalten entwickelt hat, das mit hoher Wahrscheinlichkeit zu weiteren Fahrten unter Alkoholeinfluß führen wird.

> *Anmerkung des Untersuchten: Schwachsinn!*

Wissenschaftliche Untersuchungen belegen nämlich, daß Fahrer, die mit einer Blutalkoholkonzentration von 1,3 Promille und mehr am Straßenverkehr teilnehmen, an den Konsum großer und nicht mehr kontrollierbarer Alkoholmengen gewöhnt sind. Darüber hinaus ist nach allen vorliegenden Erkenntnissen anzunehmen, „daß bei BAK-Werten ab 1,6 Promille eine allgemeine Alkoholproblematik" vorliegt. Das gilt ausdrücklich auch für Personen, die erstmals aufgefallen sind (E. Stephan: „Die Legalbewährung von nachgeschulten Alkoholersttätern in den ersten zwei Jahren unter Berücksichtigung der BAK-Werte", Zeitschr. f. Verkehrssicherheit, 32, 1986; U. Undeutsch, Obergutachterstelle NRW: (unveröff.) Gutachten für das Verkehrsministerium NRW vom 18. 3. 1987).

Folglich können wir die Frage der Verkehrsbehörde (s. Teil I) nur dann für Herrn X im günstigen Sinn beantworten, wenn er das Alkoholtrinkverhalten ausreichend und stabil geändert hat.

> *Anmerkung des Untersuchten: !!!*

Die Änderung ist ausreichend, wenn die erhöhte Alkoholgewöhnung abgebaut ist und Alkohol entweder gar nicht mehr oder nur in geringen und damit überschaubaren Mengen getrunken wird.

Anmerkung des Untersuchten: Hat nie bestanden

Die Änderung ist stabil, wenn sie aus einem angemessenen Problembewußtsein heraus erfolgt und in das Gesamtverhalten integriert ist.

Anmerkung des Untersuchten: War immer vorhanden

Weitere Bedingung für eine günstige Beantwortung dieser Frage ist das Fehlen von körperlichen Befunden, die auf mißbräuchlichen Alkoholkonsum in jüngster Vergangenheit hindeuten.

Anmerkung des Untersuchten: Ist erfüllt

Es dürfen keine Anhaltspunkte für wesentliche Leistungsbeeinträchtigungen bestehen.

Anmerkung des Untersuchten: Sind nicht vorhanden

Um zu prüfen, ob diese Voraussetzungen erfüllt sind, haben wir nach den Grundsätzen der Verhältnismäßigkeit und der Anlaßbezogenheit die erforderlichen Befunde erhoben, zueinander in Beziehung gesetzt und bewertet.

Wir kommen zu dem Ergebnis, daß Herr X die Voraussetzungen nicht erfüllt.

Im folgenden werden wir darstellen, welche Sachverhalte und Schlußfolgerungen letztlich zu dieser Beurteilung geführt haben. (Maßgeblich sind hier die psychologischen Befunde.)

Darstellung und Bewertung der medizinischen Befunde

Die Kontrolle der Laborwerte am 17. 7. 1992, erhoben durch Herrn Dr. Y., ergab:

SGOT	19 U/l	(Normwert bis 41 U/l)
SGPT	19 U/l	(Normwert bis 45 U/l)
Gamma-GT	17 U/l	(Normwert bis 60 U/l)
MCV	99 fl	(Normwert bis 95 fl)

Die Laborwerte liegen im Normbereich gesunder Erwachsener.

Anmerkung des Untersuchten: Eine richtige Erkenntnis

Der geringgradig erhöhte MCV-Wert ist nicht beweisend für eine alkoholtoxische Leberschädigung.

Die medizinische Befunderhebung erbrachte einen leichten Intentionstremor bei den Zeigeversuchen, einen geringgradigen feinschlägigen Fingertremor und etwas vermehrte Schweißsekretion.

Darüber hinaus ergab die medizinische Untersuchung im Bereich der inneren Organe und des Nervensystems keine Normabweichungen. Es zeigten sich *keine psychischen Auffälligkeiten.

> *Anmerkung des Untersuchten zur medizinischen Untersuchung:*
> *Bei der Kürze der Untersuchung*
> *Das ist ein Hohn!*
> * *Erstaunlich (widerspricht dem Urteil des Psychologen)*

Zentrale Sehschärfe (fern):
mit Glas re.: 1,0 li.: 1,0 (laut Sehtestbescheinigung Optik-Geschäft).

Zusammenfassend läßt sich sagen, daß bei der hiesigen medizinischen Untersuchung gewisse Normabweichungen festgestellt wurden.

> *Anmerkung des Untersuchten:*
> *Widerspruch zu Absatz 28 + 31 (Anm. d. Verfasser: Laborwerte und med. Befund)*

Die genannten Normabweichungen sind noch nicht so massiv ausgeprägt, daß sie als Beweis für einen Alkoholabusus dienen könnten.

Es steht aber nicht nur die Frage nach der körperlichen Tauglichkeit im Vordergrund der Begutachtung, sondern auch die Frage nach einem wahrscheinlichen Rückfall in die alten Trinkgewohnheiten und damit eines erneuten Auffälligwerdens im Straßenverkehr in Form von Trunkenheit am Steuer.

In diesem Zusammenhang wird auf den psychologischen Teil des Gutachtens verwiesen.

> *Anmerkung des Untersuchten:*
> *Ausführungen in den Absätzen 29, 30, 33 und 34 sind offensichtlich Konzessionen an den Psychologen!*

Darstellung und Bewertung der psychologischen Befunde

Wenn eine BAK von 1,62‰ subjektiv so erlebt wird wie geschildert (Abschnitt III), muß notwendigerweise eine überdurchschnittliche Gewöhnung an den Alkohol vorliegen.

Die angegebenen Trinkmengen und -häufigkeiten würden eine Alkoholauffälligkeit wie die am 17. 11. 1991 ausschließen, so daß diese Schätzungen als zu unzuverlässig zurückgewiesen werden müssen.

Die festgestellte Blutalkoholkonzentration sowie Begleitumstände der Auffälligkeit lassen eine Gewöhnung an entsprechende Trinkmengen erkennen, die jedoch aus den Äußerungen zu den früheren Trinkmengen und -häufigkeiten keinesfalls abzuleiten ist.

Eine realistische Schilderung des Umgangs mit Alkohol haben wir nicht erhalten können. Der Konsum war aber offenkundig problematischer als angegeben. Es ist uns daher auch nicht möglich, für die Gegenwart unproblematischen Umgang mit Alkohol anzunehmen.

Anmerkung des Untersuchten: Unzulässige Schlußfolgerung

Der Hinweis, sonst nie unter Alkoholeinfluß gefahren zu sein, kann nicht als positives Argument berücksichtigt werden.

Forschungsergebnisse belegen eine hohe Dunkelziffer für Trunkenheitsdelikte (z. B. A. Müller und C. Weiler: „Ergebnisse einer Untersuchung über Alkoholiker als Kraftfahrer – zugleich ein Beitrag zum Problem Dunkelziffer bei Trunkenheitsfahrten." Blutalkohol 24, 1987, S. 109 ff.). Demnach wird nur ein Bruchteil der Fahrten unter Alkoholeinfluß bekannt und geahndet. Bei diesen Fällen handelt es sich in der Regel um ein sich wiederholendes und verfestigendes Verhalten. Zur Gewohnheitsbildung kommt es, weil frühzeitige strafrechtliche Konsequenzen fehlen und das Unentdecktbleiben oft zum Erfolgserlebnis wird.

In der von uns durchgeführten Exploration ergaben sich keine Belege dafür, daß die Trunkenheit am Steuer hier als eine der äußerst seltenen Ausnahmesituationen anzusehen ist.

Wenn wir die oben wiedergegebenen Äußerungen zum früheren und jetzigen Umgang mit Alkohol vergleichen, fehlt es an Hinweisen auf eine Veränderung, die einer positiven Beurteilung zugrunde gelegt werden könnte.

Anmerkung des Untersuchten: Blanker Zynismus

Eine derartige Umstrukturierung hat offenbar – auch ansatzweise – gar nicht stattgefunden. Die Antworten von Herrn X in der nachdrücklichen Befragung zum früheren und jetzigen Umgang mit Alkohol sind jedenfalls so zu verstehen, daß früher („. . . seit Jahren . . .") nicht mehr bzw. häufiger Alkohol getrunken wurde als gegenwärtig.

Herr X sieht keine Notwendigkeit, das eigene Verhalten zu verändern. In seinen Angaben kommt eine stark ausgeprägte Abwehrhaltung zum Ausdruck. Sie läßt nicht erwarten, daß sich unter den Bedingungen eines zeitlich begrenzten Rehabilitationskurses für alkoholauffällige Fahrer eine offene Einstellung und damit eine aktive Mitarbeit erreichen läßt. Die Möglichkeit zur nachhaltigen Änderung des verkehrsbedeutsamen Verhaltens eröffnet sich somit nicht.

Anmerkung des Untersuchten: Unverschämt ehrabschneidend

V. ZUSAMMENFASSENDE BEURTEILUNG

Die Verkehrsbehörde vermutet aufgrund der bekannten Daten aus der Vorgeschichte von Herrn X, daß er ähnlich hoch rückfallgefährdet ist wie Personen mit vergleichbaren Vorgeschichtsdaten. Diese begründete Vermutung läßt sich nach den in Abschnitt IV getroffenen Feststellungen nicht zurückweisen. Die uns von der Behörde gestellte Frage müssen wir daher wie folgt beantworten:

Anmerkung des Untersuchten: Lächerlich

> Es ist zu erwarten, daß Herr X auch zukünftig ein Kraftfahrzeug unter Alkoholeinfluß führen wird.

Anmerkung des Untersuchten: Irrsinn

Herr X wurde unmittelbar nach der Untersuchung über das Gesamtergebnis unterrichtet.

Anmerkung des Untersuchten: Stimmt nicht

Eine konkrete Empfehlung, wie Herr X die verbliebenen Bedenken doch noch ausräumen kann, konnte nicht gegeben werden, da seine Angaben im Untersuchungsgespräch eine genügend zuverlässige Kenntnis der Problemlage nicht vermittelten.

Anmerkung des Untersuchten: Zynisch

Wir haben jedoch klargestellt, daß auch eine evtl. spätere Begutachtung wieder zu einem ungünstigen Ergebnis führen muß, wenn die Gutachter mit den gleichen Angaben bzw. Einschätzungen konfrontiert werden.

Anmerkung des Untersuchten: Arroganz der Macht

Daher empfehlen wir Herrn X, sich rechtzeitig vor einer erneuten Untersuchung bei einer Medizinisch-Psychologischen Untersuchungsstelle seiner Wahl um ein Beratungsgespräch zu bemühen.

Dr. med. H. Dipl.-Psych. U.

f. d. R. d. Ü.
Dr. med. S.

4.2.1 Fachpsychologische Anmerkungen zur Nachvollziehbarkeit und Nachprüfbarkeit des negativen MPU-Gutachtens

Für den unbefangenen Dritten stellt sich bei diesem MPU-Gutachten, das wir nachfolgend ohne die Anmerkungen des Untersuchten nochmals wiedergeben, die Frage nach dessen Nachvollziehbarkeit und Nachprüfbarkeit, mithin also nach seiner Mängelfreiheit.

Es fällt bereits auf Seite 2 des Gutachtens auf, daß im letzten Absatz regelrecht eine Alkoholverträglichkeit des Herrn X damit suggeriert wird, da er anläßlich der Blutentnahme und laut Blutentnahmeprotokoll äußerlich zwar deutlich, jedoch nicht stark unter Alkoholeinfluß zu stehen schien. Damit wird bereits das aufgrund der Aktenlage gebildete Vorurteil der „TÜVologischen" Gutachter festgeschrieben, daß es sich bei dem Begutachteten um einen sogenannten „Vieltrinker" handelt.

Auch in diesem Gutachten ist selbstverständlich der Standardfehler enthalten, daß die vom Untersuchten während der Exploration gemachten angeblichen Aussagen in hochgradig zerstückelter Form nur bruchstückhaft wiedergegeben sind. Bereits die Art und Weise der Wiedergabe der Aussagen des Untersuchten läßt auf die Einstellungen des Gutachters schließen. Die Zitate sind interessanterweise so zerstückelt, daß nur noch die Halbsätze und Wörter in das Gutachten aufgenommen werden, die das aufgrund der Aktenlage gebildete Vorurteil der Gutachter untermauern.

Ein weiterer wesentlicher, klassischer Kritikgegenstand ist die Tatsache, daß der „TÜVologische" Gutachter keine einzige Eigenschaft bei Herrn X gefunden oder im Gutachten genannt hat, die positiv zu werten wäre, obwohl es auch für einen diplomierten TÜV-Psychologen eigentlich kein Geheimnis sein dürfte, daß es keinen Menschen auf Erden gibt, der nur negative Eigenschaften besitzt. Darin zeigt sich eine hochgradige Negativlastigkeit dieses Gutachtens.

Auf Seite 6 im medizinischen Teil wird im drittletzten Absatz hervorgehoben, daß *„bei der medizinischen Untersuchung gewisse Normabweichungen festgestellt"* worden seien. Es ist höchst eigenartig, daß ein medizinischer Gutachter Normabweichungen nicht konkretisiert, sondern das unbestimmte Adjektiv *„gewisse"* verwendet. Das ist wiederum ein typisches Merkmal der „TÜVologischen Geheimsprache". Natürlich wird hier der Verwaltungsbehörde suggeriert, daß der Begutachtete eine Gefährdung darstellt, denn für die Verweigerung der Erteilung der Fahrerlaubnis ist nicht erforderlich, daß jemand tatsächlich Alkoholmißbrauch betreibt. Bereits der nicht genügend kontrollierte Umgang mit alkoholischen Getränken kann zur Nichteignung führen.

Es ist geradezu haarsträubend, daß die Gutachter in diesem Fall z. B. die Frage der Willenskraft des Herrn X nicht einmal zum Gegenstand ihrer

Untersuchung und Beurteilung gemacht haben. Bekanntlich ist es häufig so, daß ein Mensch, der eine schwere Krankheit zu bewältigen hat, eine enorme Willenskraft und Zielstrebigkeit entwickeln kann. Im vorliegenden Fall wäre es also naheliegend gewesen zu prüfen, welchen charakterlich wirksamen, psychologischen „Krankheitsgewinn" Herr X aufgrund seiner Krebserkrankung gewonnen hat. Wenn dieser Krankheitsgewinn etwa darin bestand, daß er seine Einsichtsfähigkeit und Anpassungsbereitschaft gesteigert hat, wäre es durchaus denkbar, daß eine derartige positive Entwicklung sich auch auf den Umgang mit alkoholischen Getränken übertragen ließe.

Nicht nachvollziehbar ist die gutachterliche Behauptung unter **„Darstellung und Bewertung der psychologischen Befunde"**, wonach die *„angegebenen Trinkmengen und -häufigkeiten eine Alkoholauffälligkeit wie die am 17. 11. 1991 ausschließen"*, denn Herr X gab an, „in ca. 6 Stunden 15 Gläser Bier à 0,2 l" konsumiert zu haben. Rein rechnerisch ergibt sich daraus bei 8 g reinem Alkohol je Glas eine BAK von mindestens 2,4 ‰. Werden an natürlichem Abbau 0,15 ‰ je Stunde über einen Zeitraum von 5 Stunden abgezogen, verbleibt eine rechnerische BAK von 1,65 ‰. Da bei Herrn X zum Tatzeitpunkt 1,62 ‰ festgestellt wurden, kann auf gar keinen Fall davon die Rede sein, daß er keine selbstkritischen und realistischen Mengenangaben gemacht hätte. Insofern fehlt es an einer realistischen Grundlage für die gutachterliche Schlußfolgerung. Da Herr X es gar nicht bestritt, an 10 bis 15 Gläser Bier gewöhnt gewesen zu sein, hätten die Gutachter seine Vermeidungstechniken erforschen müssen. Doch dazu finden sich im Gutachten keine verläßlichen Angaben. Auf diese Frage wurde offensichtlich gar nicht mehr näher eingegangen, weil schon aufgrund der falschen gutachterlichen Schlußfolgerung bezüglich der früheren Trinkgewohnheiten eine negative Beurteilung beschlossen wurde.

TÜV Rheinland
Niederlassung Betzdorf

Medizinisch-Psychologische
Untersuchungsstelle

Telefon: (0 27 41) 295-28
Bahnhofstraße 12-14
57518 Betzdorf (Sieg)

Gutachten

über	Herrn X
geboren am	***
wohnhaft in	***
untersucht am	

Die Untersuchung erfolgte gemäß den Auftragsbedingungen der Medizinisch-Psychologischen Untersuchungsstellen im TÜV Rheinland e.V.

Dem Gutachten liegt eine anlaßbezogene, auf die Fragestellung ausgerichtete Untersuchung zugrunde.

vom 10. 8. 1992

über Herrn X

geboren am

wohnhaft in

untersucht am 23. 7. 1992

veranlaßt durch das Straßenverkehrsamt Mettmann

Untersuchung wegen Verkehrsauffälligkeit unter Alkoholeinfluß

TÜV RHEINLAND Gutachten Nr. Z 0563/92 - 2 -

Medizinisch-Psychologische Untersuchungsstelle

I. ANLASS UND FRAGESTELLUNG DER UNTERSUCHUNG

Herr X hat uns beauftragt, ihn zu begutachten. Die zuständige Straßenverkehrsbehörde hat ihn aufgefordert, das Gutachten einer Medizinisch-Psychologischen Untersuchungsstelle vorzulegen. Sie fragt:

> Ist zu erwarten, daß der/die Untersuchte auch zukünftig ein Kraftfahrzeug unter Alkoholeinfluß führen wird, und/oder liegen als Folge eines unkontrollierten Alkoholkonsums Beeinträchtigungen vor, die das sichere Führen eines Kraftfahrzeuges in Frage stellen?

Herr X hat Anlaß zu den Bedenken gegeben, weil er mit einer sehr hohen Blutalkoholkonzentration (BAK) am motorisierten Straßenverkehr teilgenommen hat.

Forschungsergebnisse weisen für alkoholauffällige Fahrer mit hoher Blutalkoholkonzentration eine hohe Rückfallwahrscheinlichkeit auf (Stephan, E.: „Kontrolliertes Trinken bei Alkoholersttätern: ein problematisches Kursziel", in: TÜV Kolloquium – Kurse für auffällige Fahrer, Verlag TÜV Rheinland, Köln 1987, S. 37 ff.). Die Behörde vermutet daher auch, daß Herr X hoch rückfallgefährdet ist.

II. ÜBERBLICK ÜBER DIE VORGESCHICHTE (AKTEN)

(Es werden die Sachverhalte wiedergegeben, die für die Fragestellung wichtig sind.)

Untersuchungsanlaß lt. Akte:

17. 11. 1991 Trunkenheit am Steuer
Blutalkoholkonzentration (BAK): 1,62 Promille

Bei der ärztlichen Untersuchung anläßlich der Blutentnahme schien Herr X äußerlich deutlich, aber nicht stark (Motorik – sicher, Sprache – deutlich, Bewußtsein – klar) unter Alkoholeinfluß zu stehen.

III. EIGENE ANGABEN DES ZU BEGUTACHTENDEN

Aus den Gesprächen mit den Gutachtern geben wir diejenigen Passagen sinngemäß oder wörtlich wieder, die für die Beantwortung der Eignungsfrage von wesentlicher Bedeutung sind.

Eigene Angaben zur medizinischen Vorgeschichte (Anamnese)

Die Erhebung der Anamnese ergab: Im März 1989 habe er sich einer Operation unterziehen müssen. Der weitere Krankheitsverlauf habe sich bisher günstig gestaltet. Direkt nach der Operation sei eine Chemotherapie durchgeführt worden. Medikamente nehme er z. Zt. nicht. Er stehe unter regelmäßiger ärztlicher Kontrolle.

Nach den Trinkgewohnheiten befragt, gab Herr X an: Er trinke etwa 2- bis 3mal pro Monat zwischen 2 und 10 Gläser Kölsch. Er habe nie vermehrt Alkohol getrunken. Der hohe Alkoholkonsum beim Verkehrsdelikt sei eine Ausnahme gewesen.

Angaben aus dem vierundvierzigminütigen psychologisch-diagnostischen Gespräch (Exploration)

Zur Person:
Herr X, am Untersuchungstag Y Jahre alt, arbeitet seit 1981 als Angestellter.

Zur alkoholbedingten Auffälligkeit:
Herr X berichtete, er habe in einem Lokal im Zeitraum von etwa 6½ Stunden schätzungsweise 15 Gläser Bier à 0,2 l getrunken und dort gut gegessen. Anschließend habe er das Auto stehenlassen und habe zu Fuß zum Haus seiner Eltern gehen wollen, um dort zu übernachten. Etwa 100 m vor Erreichen des Hauses sei ihm plötzlich eingefallen, daß seine Papiere noch im Auto seien und dieses außerdem unverschlossen sein könnte. Deshalb sei er zu dem Pkw zurückgegangen. Warum er sich dann ans Steuer gesetzt habe, könne er sich bis heute nicht erklären: „. . . dummer Zufall . . . ich habe mit Alkohol nichts am Hut . . . bin noch nie mit Alkohol gefahren . . . bin sehr verantwortungsvoll . . . ich weiß nicht, welcher Teufel mich geritten hat . . .“ Er habe auf den folgenden 3 bis 4 Kilometern Fahrstrecke keine alkoholbedingten Fahrunsicherheiten gemerkt, aber dann doch den Wagen auf einem Parkplatz abgestellt. Erst dann habe er die Polizeistreife bemerkt, die ihn kontrolliert und auf die Wache mitgenommen habe. Am nächsten Morgen sei ihm schlecht geworden, und er habe sich übergeben.

Zum Umgang mit alkoholischen Getränken:
„. . . nur in Gesellschaft, nur bei Besuch . . . immer nur Bier, auf jeden Fall unter 10 Gläsern à 0,2 l . . . vertrage nicht so viel vom Magen her . . .“ Einmal im Monat gehe er kegeln, auch da trinke er nicht mehr. An seinem Geburtstag vor einigen Tagen habe er „. . . kaum was . . . 2 Flaschen Bier . . .“ getrunken. Seit einiger Zeit trinke er auch Light-Bier. Wann er zuletzt betrunken gewesen sei „. . . kann mich nicht erinnern . . .“ Und beim Delikt? „. . . da muß das schon gewesen sein . . .“ Eine vergleichbare Trinkmenge habe er sonst nie erreicht.

Er trinke „. . . mit Sicherheit ganz normal, eher weniger . . .“ Alkohol; eine Alkoholproblematik habe er nicht.

Die angegebenen Trinkgewohnheiten seien „. . . schon seit Jahren so . . .“

Überlegungen zur Vermeidung weiterer Auffälligkeiten:
Bis auf das eine Mal habe er immer „. . . Verantwortung bewiesen . . . das war so ein Schock . . . werde noch vorsichtiger sein . . .“

Er könne künftig Fahren unter Alkoholeinfluß dadurch ausschließen, daß er auf Alkoholgenuß konsequent verzichte, wenn er anschließend fahren müsse.

Weitere Angaben:
1989 habe er eine Krebsoperation gehabt und sich anschließend einer Chemotherapie unterziehen müssen.

IV. UNTERSUCHUNGSBEFUNDE

Voraussetzungen für eine günstige Prognose der Verkehrsbewährung

Die Vorgeschichtsdaten (s. Teil II) lassen die Schlußfolgerung zu, daß sich bei Herrn X bis zum Zeitpunkt der Auffälligkeit ein Trinkverhalten entwickelt hat, das mit hoher Wahrscheinlichkeit zu weiteren Fahrten unter Alkoholeinfluß führen wird.

Wissenschaftliche Untersuchungen belegen nämlich, daß Fahrer, die mit einer Blutalkoholkonzentration von 1,3 Promille und mehr am Straßenverkehr teilnehmen, an den Konsum großer und nicht mehr kontrollierbarer Alkoholmengen gewöhnt sind. Darüber hinaus ist nach allen vorliegenden Erkenntnissen anzunehmen, „daß bei BAK-Werten ab 1,6 Promille eine allgemeine Alkoholproblematik“ vorliegt. Das gilt ausdrücklich auch für Personen, die erstmals aufgefallen sind (E. Stephan: „Die Legalbewährung von nachgeschulten Alkoholersttätern in den ersten zwei Jahren unter Berücksichtigung der BAK-Werte“, Zeitschr. f. Verkehrssicherheit, 32, 1986; U. Undeutsch, Obergutachterstelle NRW: (unveröff.) Gutachten für das Verkehrsministerium NRW vom 18. 3. 1987).

Folglich können wir die Frage der Verkehrsbehörde (s. Teil I) nur dann für Herrn X im günstigen Sinn beantworten, wenn er das Alkoholtrinkverhalten ausreichend und stabil geändert hat.

Die Änderung ist ausreichend, wenn die erhöhte Alkoholgewöhnung abgebaut ist und Alkohol entweder gar nicht mehr oder nur in geringen und damit überschaubaren Mengen getrunken wird.

Die Änderung ist stabil, wenn sie aus einem angemessenen Problembewußtsein heraus erfolgt und in das Gesamtverhalten integriert ist.

Weitere Bedingung für eine günstige Beantwortung dieser Frage ist das Fehlen von körperlichen Befunden, die auf mißbräuchlichen Alkoholkonsum in jüngster Vergangenheit hindeuten.

Es dürfen keine Anhaltspunkte für wesentliche Leistungsbeeinträchtigungen bestehen.

Um zu prüfen, ob diese Voraussetzungen erfüllt sind, haben wir nach den Grundsätzen der Verhältnismäßigkeit und der Anlaßbezogenheit die erforderlichen Befunde erhoben, zueinander in Beziehung gesetzt und bewertet.

Wir kommen zu dem Ergebnis, daß Herr X die Voraussetzungen nicht erfüllt.

Im folgenden werden wir darstellen, welche Sachverhalte und Schlußfolgerungen letztlich zu dieser Beurteilung geführt haben. (Maßgeblich sind hier die psychologischen Befunde.)

Darstellung und Bewertung der medizinischen Befunde

Die Kontrolle der Laborwerte am 17. 7. 1992, erhoben durch Herrn Dr. Y., ergab:

SGOT	19 U/l	(Normwert bis 41 U/l)
SGPT	19 U/l	(Normwert bis 45 U/l)
Gamma-GT	17 U/l	(Normwert bis 60 U/l)
MCV	99 fl	(Normwert bis 95 fl)

Die Laborwerte liegen im Normbereich gesunder Erwachsener.

Der geringgradig erhöhte MCV-Wert ist nicht beweisend für eine alkoholtoxische Leberschädigung.

Die medizinische Befunderhebung erbrachte einen leichten Intentionstremor bei den Zeigeversuchen, einen geringgradigen feinschlägigen Fingertremor und etwas vermehrte Schweißsekretion.

Darüber hinaus ergab die medizinische Untersuchung im Bereich der inneren Organe und des Nervensystems keine Normabweichungen. Es zeigten sich keine psychischen Auffälligkeiten.

Zentrale Sehschärfe (fern):
mit Glas re.: 1,0 li.: 1,0 (laut Sehtestbescheinigung Optik-Geschäft).

Zusammenfassend läßt sich sagen, daß bei der hiesigen medizinischen Untersuchung gewisse Normabweichungen festgestellt wurden.

Die genannten Normabweichungen sind noch nicht so massiv ausgeprägt, daß sie als Beweis für einen Alkoholabusus dienen könnten.

Es steht aber nicht nur die Frage nach der körperlichen Tauglichkeit im Vordergrund der Begutachtung, sondern auch die Frage nach einem wahrscheinlichen Rückfall in die alten Trinkgewohnheiten und damit eines erneuten Auffälligwerdens im Straßenverkehr in Form von Trunkenheit am Steuer.

In diesem Zusammenhang wird auf den psychologischen Teil des Gutachtens verwiesen.

Darstellung und Bewertung der psychologischen Befunde

Wenn eine BAK von 1,62‰ subjektiv so erlebt wird wie geschildert (Abschnitt III), muß notwendigerweise eine überdurchschnittliche Gewöhnung an den Alkohol vorliegen.

Die angegebenen Trinkmengen und -häufigkeiten würden eine Alkoholauffälligkeit wie die am 17. 11. 1991 ausschließen, so daß diese Schätzungen als zu unzuverlässig zurückgewiesen werden müssen.

Die festgestellte Blutalkoholkonzentration sowie Begleitumstände der Auffälligkeit lassen eine Gewöhnung an entsprechende Trinkmengen erkennen, die jedoch aus den Äußerungen zu den früheren Trinkmengen und -häufigkeiten keinesfalls abzuleiten ist.

Eine realistische Schilderung des Umgangs mit Alkohol haben wir nicht erhalten können. Der Konsum war aber offenkundig problematischer als angegeben. Es ist uns daher auch nicht möglich, für die Gegenwart unproblematischen Umgang mit Alkohol anzunehmen.

Der Hinweis, sonst nie unter Alkoholeinfluß gefahren zu sein, kann nicht als positives Argument berücksichtigt werden.

Forschungsergebnisse belegen eine hohe Dunkelziffer für Trunkenheitsdelikte (z. B. A. Müller und C. Weiler: „Ergebnisse einer Untersuchung über Alkoholiker als Kraftfahrer – zugleich ein Beitrag zum Problem Dunkelziffer bei Trunkenheitsfahrten." Blutalkohol 24, 1987, S. 109 ff.). Demnach wird nur ein Bruchteil der Fahrten unter Alkoholeinfluß bekannt und geahndet. Bei diesen Fällen handelt es sich in der Regel um ein sich wiederholendes und verfestigendes Verhalten. Zur Gewohnheitsbildung kommt es, weil frühzeitige strafrechtliche Konsequenzen fehlen und das Unentdecktbleiben oft zum Erfolgserlebnis wird.

In der von uns durchgeführten Exploration ergaben sich keine Belege dafür, daß die Trunkenheit am Steuer hier als eine der äußerst seltenen Ausnahmesituationen anzusehen ist.

Wenn wir die oben wiedergegebenen Äußerungen zum früheren und jetzigen Umgang mit Alkohol vergleichen, fehlt es an Hinweisen auf eine Veränderung, die einer positiven Beurteilung zugrunde gelegt werden könnte.

Eine derartige Umstrukturierung hat offenbar – auch ansatzweise – gar nicht stattgefunden. Die Antworten von Herrn X in der nachdrücklichen Befragung zum früheren und jetzigen Umgang mit Alkohol sind jedenfalls so zu verstehen, daß früher („. . . seit Jahren . . .") nicht mehr bzw. häufiger Alkohol getrunken wurde als gegenwärtig.

Herr X sieht keine Notwendigkeit, das eigene Verhalten zu verändern. In seinen Angaben kommt eine stark ausgeprägte Abwehrhaltung zum Ausdruck. Sie läßt nicht erwarten, daß sich unter den Bedingungen eines zeitlich begrenzten Rehabilitationskurses für alkoholauffällige Fahrer eine offene Einstellung und damit eine aktive Mitarbeit erreichen läßt. Die Möglichkeit zur nachhaltigen Änderung des verkehrsbedeutsamen Verhaltens eröffnet sich somit nicht.

V. ZUSAMMENFASSENDE BEURTEILUNG

Die Verkehrsbehörde vermutet aufgrund der bekannten Daten aus der Vorgeschichte von Herrn X, daß er ähnlich hoch rückfallgefährdet ist wie Personen mit vergleichbaren Vorgeschichtsdaten. Diese begründete Vermutung läßt sich nach den in Abschnitt IV getroffenen Feststellungen **nicht** zurückweisen. Die uns von der Behörde gestellte Frage müssen wir daher wie folgt beantworten:

> Es ist zu erwarten, daß Herr X auch zukünftig ein Kraftfahrzeug unter Alkoholeinfluß führen wird.

Herr X wurde unmittelbar nach der Untersuchung über das Gesamtergebnis unterrichtet.

Eine konkrete Empfehlung, wie Herr X die verbliebenen Bedenken doch noch ausräumen kann, konnte nicht gegeben werden, da seine Angaben im Untersuchungsgespräch eine genügend zuverlässige Kenntnis der Problemlage nicht vermittelten.

Wir haben jedoch klargestellt, daß auch eine evtl. spätere Begutachtung wieder zu einem ungünstigen Ergebnis führen muß, wenn die Gutachter mit den gleichen Angaben bzw. Einschätzungen konfrontiert werden.

Daher empfehlen wir Herrn X, sich rechtzeitig vor einer erneuten Untersuchung bei einer Medizinisch-Psychologischen Untersuchungsstelle seiner Wahl um ein Beratungsgespräch zu bemühen.

Dr. med. H. Dipl.-Psych. U.

f. d. R. d. Ü.
Dr. med. S.

5 Beispiel eines nicht nachvollziehbaren positiven MPU-Gutachtens mit Analyse

Auf den folgenden Seiten veröffentlichen wir ein positives Gutachten des Rheinisch-Westfälischen TÜV, Untersuchungsstelle Duisburg, das für uns genausowenig nachvollziehbar ist wie die meisten negativen Gutachten. Es ist selbstverständlich für den Bürger besonders schmerzlich, wenn er meint, zu Unrecht ein negatives Gutachten bekommen zu haben.

Für uns alle und somit für die Sicherheit im öffentlichen Straßenverkehr ist es jedoch wesentlich schwerwiegender, wenn ein TÜV-Gutachten fälschlicherweise positiv ausfällt und diese positive Beurteilung im Gutachten nicht einmal nachvollziehbar ist, aber die Führerscheinstellen aufgrund ihrer TÜV-Gläubigkeit die Fahrerlaubnis einem eigentlich Ungeeigneten erteilen. Selbstverständlich können viele Betroffene die Gutachter hinters Licht führen und damit erreichen, daß sie ein positives Gutachten bekommen. Die Gefahr ist auch deshalb besonders groß, weil in den medizinisch-psychologischen Untersuchungsstellen der DEKRA- und der TÜV-Organisationen die Arbeitsweise der Gutachter in den einzelnen Fällen nicht durch den Einsatz standardisierter Testverfahren kontrolliert wird. Im nachfolgend veröffentlichten Fall handelt es sich um eine Person, die bereits zwei Trunkenheitsfahrten hinter sich hatte und nach einer „TÜVologischen" Nachschulungsmaßnahme rückfällig wurde. Das geradezu Haarsträubende an dem Fall ist, daß der Untersuchte behauptet, alkoholabstinent zu leben, und der Gutachter macht sich das Leben außerordentlich leicht, indem er die Glaubhaftigkeit der Abstinenzangabe der untersuchten Person nicht einmal überprüft, sondern schlicht und ergreifend auf Seite 6 in Absatz 2 der psychologischen Begründung der positiven Begutachtung erklärt:

„Zur Beantwortung der Frage der Wahrscheinlichkeit eines erneuten Rückfalles zum Führen von Kraftfahrzeugen unter Alkoholeinfluß müssen die – unsererseits nicht kontrollierbaren – eigenen Angaben über die Trinkgewohnheiten abgewogen werden gegen die Daten der Vorgeschichte und die wissenschaftlich gesicherten Erfahrungstatsachen."

Es ist ein Ding der Unmöglichkeit und eine geradezu sträfliche Verantwortungslosigkeit, daß in einem Gutachten der Gutachter einfach erklären kann, er könne die Glaubhaftigkeit der Abstinenzangaben des Untersuchten nicht kontrollieren, und schon deshalb stelle er ein positives Gutachten aus. Die Aufgabe eines jeden Gutachters besteht ja gerade darin, durch die Exploration und durch den Einsatz objektiver Testverfahren zu prüfen, ob die Angaben des Untersuchten auch der Wirklichkeit entsprechen oder ob der Untersuchte nur falsche Sachverhalte vortäuscht. Insofern entsprechen die Ausführungen in diesem Gutachten den in Deutschland erstmals veröffentlichten Eignungskatalog **„Psychologisches Gutachten – Kraftfahreignung"** (KROJ, 1995) vorgegebenen Anforderungen an die Untersuchung. Denn auf Seite 34 heißt es in diesem Eignungskatalog,

„. . . daß die Ausführungen des Klienten – sowohl in seinem eigenen Interesse wie im Interesse der Verkehrssicherheit – hinsichtlich ihrer Glaubhaftigkeit zu prüfen sind." Hierbei kommt es nicht darauf an, ob der Betroffene „glaubhaft wirkt", sondern ob die einzelnen Angaben, gemessen an psychologischen Kriterien, als glaubhaft zu bewerten sind. Die Psychologie hat entsprechende Glaubhaftigkeitskriterien entwickelt, so daß eine fachkundige Prüfung auf einer objektiven Ebene möglich ist.

Es verwundert nicht, daß die Person, die in dem nachfolgend zitierten Gutachten positiv begutachtet wurde, genau zehn Wochen nach Erhalt dieses positiven Gutachtens und somit nach Neuerteilung der Fahrerlaubnis abermals, also zum zweiten Mal, rückfällig wurde und ihre dritte Trunkenheitsfahrt beging. Auch an dieser Stelle können wir die Forderung nur wiederholen, daß die MPU-Stellen die Prozentzahl der von ihnen fälschlicherweise erstellten positiven Gutachten veröffentlichen müßten, denn nur in Kenntnis dieser Prozentzahl wäre es möglich festzustellen, ob die TÜVologischen Fahreignungsgutachten überhaupt etwas taugen. Sollte sich nämlich herausstellen, daß sie völlig untauglich sind, die Kraftfahreignung zutreffenderweise zu beurteilen, müßte mit Müller gesagt werden, daß Münzeaufwerfen auch ausreichen würde bzw. diese Art der Begutachtung dann abgeschafft werden müßte.

Rheinisch-Westfälischer Technischer Überwachungs-Verein e.V.
Medizinisch-Psychologisches Institut

RWTÜV

Herrn

Ihr Zeichen	Unser Zeichen Haa	Duisburg, 19.03.1993

Gutachten

der medizinisch-psychologischen Untersuchungsstelle Duisburg zur Vorbereitung einer Entscheidung der Verwaltungsbehörde in einer Fahrerlaubnissache.

Name:	
Geburtsdatum:	
Wohnort:	s.o.
Untersuchungsdatum:	02.03.1993
Untersuchungs-Nr:	337/5451 D Ha/Klei

I. Anlaß der Untersuchung und Fragestellung:

Wegen der aktenkundigen Verhaltensauffälligkeit bestehen an der Eignung seitens der Straßenverkehrsbehörde Bedenken. Es wurde daher eine medinizisch-psychologische Untersuchung angeordnet.

"Ist zu erwarten, daß auch zukünftig ein Kraftfahrzeug unter Alkoholeinfluß geführt wird und/oder liegen als Folge eines unkontrollierten Alkoholkonsums Beeinträchtigungen vor, die das sichere Führen eines Kraftfahrzeuges in Frage stellen?"

Sitz des Vereins Essen

Amtlich anerkannte Untersuchungsstellen:
5760 Arnsberg 2, Clemens-August-Str. 16
4100 Duisburg 1, Meidericher Str. 14-16 ☎ (02 03) 3 04-2 91
4300 Essen 1, Auf der Donau 41 ☎ (02 01) 8 25 27 85
4170 Geldern, Schloßstraße 28 ☎ (0 28 31) 8 84 08
5800 Hagen 1, Felthstraße 188 ☎ (0 23 31) 80 32 28
4400 Münster, Berliner Platz 30 ☎ (02 51) 66 08 40
5900 Siegen 1, Leimbachstraße 227 ☎ (02 71) 3 37 81 58

Rheinisch-Westfälischer Technischer Überwachungs-Verein e.V.
Medizinisch-Psychologisches Institut

RWTÜV

Med.-Psych. Gutachten

Blatt 2
Unters.-Nr. 337/5451 D

II. Überblick über die Vorgeschichte (Akten):

1. Trunkenheitsaufffälligkeit am 15.03.1985 mit 1,73 ‰ um 19.50 Uhr

   Freiwillige Teilnahme an der Nachschulungsmaßnahme nach dem Modell Mainz in Köln

1. Trunkenheitsauffälligkeit am 09.09.1991 mit 1,63 ‰ gegen 21.15 Uhr.

   Erste Eignungsbegutachtung im hiesigen Institut am 20.08.1992 mit negativem Ausgang.

III. Eigene Angaben:

Es wurde eine psychologische Exploration zur Analyse verkehrswichtiger Persönlichkeitszüge durchgeführt. Ein Schwergewicht kam der Analyse der Alkoholtrinkgewohnheiten zu. Außerdem wurde eine Besprechung der aktenkundigen Auffälligkeiten vorgenommen, um festzustellen, inwieweit in der Vergangenheit bestehende Probleme und Schwierigkeiten auch noch für die Zukunft verkehrsbedeutsam sind.

Zur Person gibt der Untersuchte u. a. an:
(Anmerkung der Verfasser: Datenschutz.)

Letztmals Alkohol getrunken habe er am "25.10.1991".
Hierbei habe es sich um einen Festabend im Rahmen eines Kongresses gehandelt.
"Ich habe mich hinterher sehr geschämt", daß er sich am Tage des zweiten Führerscheinverlustes am 09.09.1991 an sich für die Zukunft strikte Alkoholabstinenz vorgenommen und auch bis zu jenem Abend gehalten hatte.
"Ich hatte mir vorgenommen, abstinent zu leben, weil ich mit dem kontrollierten Alkoholtrinken, wie ich das in dem Mainzer Modell gelernt habe, nicht klargekommen bin, das habe ich in letzter Zeit eingesehen".
"Das ist mir spätestens im September 1991 bewußt geworden, das (kontrollierter Umgang mit Alkohol) war bis dahin meine

Sitz des Vereins Essen | Amtlich anerkannte Untersuchungsstellen: | 5760 Arnsberg 2, Clemens-August-Str. 16 | 4100 Duisburg 1, Meidericher Str. 14-16 ☎ (02 03) 3 04-2 91 | 4300 Essen 1, Auf der Donau 41 ☎ (02 01) 8 25 27 85 | 4170 Geldern, Schloßstraße 28 ☎ (0 28 31) 8 84 08 | 5800 Hagen 1, Felthstraße 188 ☎ (0 23 31) 80 32 28 | 4400 Münster, Berliner Platz 30 ☎ (02 51) 66 08 40 | 5900 Siegen 1, Leimbachstraße 227 ☎ (02 71) 3 37 81 58

Rheinisch-Westfälischer Technischer Überwachungs-Verein e.V.
Medizinisch-Psychologisches Institut

RWTÜV

Med.-Psych. Gutachten

Blatt 3
Unters.-Nr. 337/5451 D

Strategie."
Er sei zwar nicht Alkoholiker, "aber ich habe mich überschätzt, Trinken und Fahren nicht so in den Griff bekommen, ich habe mich überschätzt".

Von Oktober 1992 bis Februar 1993 habe der Untersuchte dann "mit Erfolg eine individuelle verkehrpsychologische Gesprächstherapie von 14 Sitzungsstunden zwecks weiterer Festigung seiner Eignung zum Führen von Kraftfahrzeugen absolviert".
Eine entsprechende Bescheinigung liegt vor.

Im Rahmen dieser Therapie habe der Untersuchte erkannt, daß ihm die Trennung von Trinken und Fahren "nicht gelungen ist".
"Ohne mich entschuldigen zu wollen, aber beide Phasen (erhöhter Alkoholkonsum und Trunkenheitsauffälligkeit) sind in Zeiten extremster beruflicher Anspannung passiert, muß man, glaube ich, festhalten."
Er habe wohl Alkohol zur Streßbewältigung getrunken, so daß sich ein "Entlastungs- bzw. Entspannungstrinken ausgebildet hat, ohne daß mir das damals bewußt geworden ist".

Nach Absolvierung des Kursus nach dem Modell Mainz habe er es eine lange Zeit "gut geschafft", Trinken und Fahren zu trennen.
Als er dann jedoch einerseits noch als
tätig war und zeitgleich
, habe er dann abends zu Hause getrunken. In der
selbst habe er nie getrunken.
Als die offiziell eröffnet wurde, "war ich Tag und Nacht im Einsatz", und in dieser Zeit hat es begonnen, "daß ich mehr getrunken habe."
"Man unterschätzt ja, was man getrunken hat, das habe ich jetzt bei der Nachschulung wirklich erfahren, ich mußte ja Trinkdiagramme - die Vergangenheit vor 1991 betreffend - anlegen."
"Ich habe durch meine Analyse erkannt, daß ich zu viel getrunken habe, und zwar schleichend, beginnend 1989, das kann man so festmachen."
Nach langem Arbeitstag "hatte ich dann das Gefühl, du mußt etwas zur Entspannung haben, da habe ich bewußt zum Abendessen 1 Glas Bier getrunken, weil ich ja wußte, daß ich bei meinem Körpergewicht 2 Glas trinken durfte".

Die erste Nachschulung habe in seinem Falle "zwischen 1985 und 1989 gefruchtet, ohne daß ich abstinent war, muß ich betonen".
Dann sei es eben zu dem oben erwähnten Entlastungstrinken gekommen, und das "hat sich gesteigert, ich habe mich wohl gefühlt dabei, fand immer Entspannung".
Zuletzt habe er pro Abend etwa 1 Flasche Bier (0,5 l) zum Abendessen getrunken und dann später noch mit der Ehefrau 1 Flasche Wein oder Sekt, "die leer wurde, von der ich wohl das meiste getrunken habe, meine Frau hat weniger getrunken".

Sitz des Vereins Essen | Amtlich anerkannte Untersuchungsstellen: | 4100 Duisburg 1, Meidericher Str. 14-16 ☎ (02 03) 3 04-2 91 | 4170 Geldern, Schloßstraße 28 ☎ (0 28 31) 8 84 08 | 4400 Münster, Berliner Platz 30 ☎ (02 51) 66 08 40
5760 Arnsberg 2, Clemens-August-Str. 16 | 4300 Essen 1, Auf der Donau 41 ☎ (02 01) 8 25 27 85 | 5800 Hagen 1, Felthstraße 188 ☎ (0 23 31) 80 32 28 | 5900 Siegen 1, Leimbachstraße 227 ☎ (02 71) 3 37 81 58

Rheinisch-Westfälischer Technischer Überwachungs-Verein e.V.
Medizinisch-Psychologisches Institut

RWTÜV

Med.-Psych. Gutachten

Blatt 4
Unters.-Nr. 337/5451 D

Wenn er jedoch annehmen mußte, daß er entgegen dem normalen Ablauf auch spätabends noch von angerufen werden könnte, habe er an solchen Abenden auf Alkoholkonsum verzichtet zugunsten von Kelts oder nichtalkoholischen Getränken. Heute sei für ihn auch das sogenannte alkoholfreie Bier tabu.

Zudem mußte der Untersuchte heute rückblickend feststellen, daß er entgegen den Warnungen im Freundeskreis von 1989 bis Sommer 1991 überdimensional viel gearbeitet habe auch nahezu jedes Wochenende.
Er habe in der oben erwähnten verkehrspsychologischen Gesprächstherapie erkannt: "Ich habe bis Sommer 1991 übermäßig gearbeitet wie ein Workaholic, aber nicht unbedingt im engeren Sinne einer Sucht."
Schon im August 1991 hatte der Untersuchte sich im Urlaub zusammen mit der Familie dazu durchgerungen, samstags nicht mehr in zu sein.
Als es dann am 09.09.1991 zur zweiten Trunkenheitsauffälligkeit kam, "hab' ich gesagt, jetzt mußt du die Notbremse ziehen, und ich habe gesagt: Mit dem Trinken muß Schluß sein".
Zwischenzeitlich habe er seinen Arbeitsrhythmus völlig umgebaut mit bewußt eingelegten Entspannungsphasen, und er lege Wert darauf, spätestens um 19.30 Uhr zu Hause zu sein.

Alkohol wolle er nie mehr trinken, "auch schon wegen meiner Neigung zum hohen Blutdruck".
Seit er völlig alkoholabstinent lebe, habe er deutlich sein Gewicht reduziert und auch keine Medikamente wegen Bluthochdruckes mehr nötig.

Die schon nach seiner zweiten Trunkenheitsauffälligkeit angedachten Verhaltensänderungen ins Positive habe er durch die durchgemachte Gesprächstherapie noch vertiefen und festigen können.
Daß er 6 Wochen nach Verlust des Führerscheins entgegen seinem Vorsatz, alkoholabstinent zu leben, dennoch im Herbst 1991 noch einmal Alkohol getrunken habe, habe wohl den Grund gehabt, daß er Angst hatte, sich innerhalb einer Festgemeinde "zu offenbaren, daß jemand nachgefragt hätte, warum trinkst du nichts".
Seither habe der Untersuchte jedoch die Kraft gefunden, alkoholische Getränke strikt abzulehnen bzw. sich zu seiner Abstinenz zu bekennen.

Hinsichtlich seiner zweiten Trunkenheitsauffälligkeit 09.09.1991 führt der Untersuchte aus: Dies sei ein besonders stressiger Tag gewesen

Zimmer begeben, wo er eine ihm geschenkte Flasche Likör vorgefunden habe, und daraus habe er "zur Entspannung" getrunken.

Sitz des Vereins Essen

Amtlich anerkannte Untersuchungsstellen:

5760 Arnsberg 2, Clemens-August-Str. 16

4100 Duisburg 1, Meidericher Str. 14-16 ☎ (02 03) 3 04-2 91

4300 Essen 1, Auf der Donau 41 ☎ (02 01) 8 25 27 85

4170 Geldern, Schloßstraße 28 ☎ (0 28 31) 8 84 08

5800 Hagen 1, Felthstraße 188 ☎ (0 23 31) 80 32 28

4400 Münster, Berliner Platz 30 ☎ (02 51) 66 08 40

5900 Siegen 1, Leimbachstraße 227 ☎ (02 71) 3 37 81 58

Rheinisch-Westfälischer Technischer Überwachungs-Verein e.V.
Medizinisch-Psychologisches Institut

RWTÜV

Med.-Psych. Gutachten

Blatt 5
Unters.-Nr. 337/5451 D

"Ich hatte bis zu dem Tag nie in getrunken."
An dem Tag habe er doch getrunken, "so, als wär' ich zu Hause, habe ich gesagt, heute brauch' ich was zu trinken". "Ich bin dann einen Schleichweg gefahren, ich muß also ein schlechtes Gewissen gehabt haben, als ich fuhr, das ist ein Riesenfehler gewesen trotz ,Mainz' Ich muß einfach sagen, daß ich das damals unterschätzt habe." Durch Schlangenlinien sei er aufgefallen.

Sein Vorsatz, künftig ohne Ausnahmen völlig alkoholabstinent zu leben, stehe ganz fest für immer "auch ganz wesentlich aus medizinischen Gründen (Bluthochdruck) heraus, weil ich ja offensichtlich gescheitert bin mit dem kontrollierten Trinken". "Es war wohl das größte Problem, mir meine Fehler voll einzugestehen", was ihm zwischenzeitlich gelungen sei und durch die durchgemachte Therapie noch verstärkt und vertieft wurde.

IV. Untersuchungsbefunde:

a) medizinisch

Verkehrsmedizinisch wurden erneut eine interne und eine grob neurologische Untersuchung durchgeführt.

Auf die Ausführungen im Vorgutachten, insbesondere auf die dort vorgeschlagenen Maßnahmen, wird verwiesen.

Herr kam den Empfehlungen nach.

Die Ergebnisse zwischenzeitlicher Leberfunktionsproben lagen zur Einsicht vor. Sämtliche Laborwerte sind im Normbereich.

Bei der heutigen medizinischen Untersuchung waren alkoholbedingte Körperschäden nicht nachweisbar.

Auch die bei unserer Laboruntersuchung ermittelten Parameter:

GOT	17 U/1	(Normwert: Männer bis 19 U/1, Frauen bis 15 U/1)
GPT	22 U/1	(Normwert: Männer bis 22 U/1, Frauen bis 17 U/1)
Gamma-GT	27 U/1	(Normwert: Männer bis 28 U/1, Frauen bis 18 U/1)
MCV	88,1 fl	(Normwert: 83-95 fl)

liegen im Normbereich.

Sitz des Vereins Essen

Amtlich anerkannte Untersuchungsstellen:
5760 Arnsberg 2, Clemens-August-Str. 16
4100 Duisburg 1, Meidericher Str. 14-16 ☎ (02 03) 3 04-2 91
4300 Essen 1, Auf der Donau 41 ☎ (02 01) 8 25 27 85
4170 Geldern, Schloßstraße 28 ☎ (0 28 31) 8 84 08
5800 Hagen 1, Felthstraße 188 ☎ (0 23 31) 80 32 28
4400 Münster, Berliner Platz 30 ☎ (02 51) 66 08 40
5900 Siegen 1, Leimbachstraße 227 ☎ (02 71) 3 37 81 58

Rheinisch-Westfälischer Technischer Überwachungs-Verein e.V.
Medizinisch-Psychologisches Institut

RWTÜV

Med.-Psych. Gutachten

Blatt 6
Unters.-Nr. 337/5451 D

Aus verkehrsmedizinischer Sicht sind unter Berücksichtigung der vorliegenden Befunde zum gegenwärtigen Zeitpunkt Bedenken an der Eignung zum Führen von Kraftfahrzeugen nicht vorzubringen.

b) psychologisch

Der Schwerpunkt der Eignungsbeurteilung liegt bei der Frage des kritischen Umgangs mit Alkohol und einer angemessenen vorausschauenden Verhaltenssteuerung hinsichtlich der Vermeidung von Trunkenheitsabfahrten.

Zur Beantwortung der Frage der Wahrscheinlichkeit eines erneuten Rückfalles zum Führen von Kraftfahrzeugen unter Alkoholeinfluß müssen die - unsererseits nicht kontrollierbaren - eigenen Angaben über die Trinkgewohnheiten abgewogen werden gegen die Daten der Vorgeschichte und die wissenschaftlich gesicherten Erfahrungstatsachen.

Die wissenschaftliche Forschung (BUIKHUISEN, 1968; MPI Hannover, 1970; SÖMEN, 1970; SCHÖCH, 1973; WELZEL, 1976; KUNKEL, 1976) weist eindeutig nach, daß die statistische Rückfallwahrscheinlichkeit bei Trunkenheitstätern, besonders im Wiederholungsfalle, sehr hoch liegt.

Dennoch genügen diese Vorgeschichtsergebnisse allein nicht zur Begründung eines überdurchschnittlich hohen Gefährdungsgrades. Sie bedürfen vielmehr der Gewichtung durch Daten, die sich auf das gegenwärtige Verhalten des Untersuchten beziehen.

Die Analyse der derzeitigen Lebensgewohnheiten läßt darauf schließen, daß Änderungen eingetragen sind, die eine Minderung der Rückfallwahrscheinlichkeit erwarten lassen.

Schon ansatzweise aus sich heraus und nun zwischenzeitlich bestärkt und vertieft durch eine durchgemachte Gesprächstherapie hat sich der Untersuchte für immer zur Abstinenz entschlossen, da er nach eigenen Ausführungen durch seine Verkehrsvorgeschichte erkennen mußte, daß er in seinem Bemühen, Trinken und Fahren zu trennen, in der Vergangenheit nicht durchgängig erfolgreich war. Folgt man weiterhin seinen Ausführungen, ist es dem Untersuchten gelungen, statt seines früheren Erleichterungstrinkens seine Lebensweise derart zu korrigieren, daß ihm genügend Zeit zur Entspannung bleibt, so daß die Gefahr des Rückfalls in das frühere Erleichterungstrinken als wenig wahrscheinlich anzusehen ist.

Sitz des Vereins Essen | Amtlich anerkannte Untersuchungsstellen: 5760 Arnsberg 2, Clemens-August-Str. 16 | 4100 Duisburg 1, Meidericher Str. 14-16, ☎ (02 03) 3 04-2 91 | 4300 Essen 1, Auf der Donau 41, ☎ (02 01) 8 25 27 85 | 4170 Geldern, Schloßstraße 28, ☎ (0 28 31) 8 84 08 | 5800 Hagen 1, Felthstraße 188, ☎ (0 23 31) 80 32 28 | 4400 Münster, Berliner Platz 30, ☎ (02 51) 66 08 40 | 5900 Siegen 1, Leimbachstraße 227, ☎ (02 71) 3 37 81 58

Rheinisch-Westfälischer Technischer Überwachungs-Verein e.V.
Medizinisch-Psychologisches Institut

RWTÜV

Med.-Psych. Gutachten

Blatt 7
Unters.-Nr. 337/5451 D

Bei kritischer Abwägung der Befunde ist mit überwiegender Wahrscheinlichkeit nicht zu erwarten, daß der Untersuchte zukünftig ein Kraftfahrzeug unter Alkoholeinfluß führen wird.

V. Zusammenfassende Beurteilung:

Nach den Befunden unserer Kraftfahreignungsuntersuchung ist mit überwiegender Wahrscheinlichkeit nicht zu erwarten, daß Herr auch zukünftig ein Kraftfahrzeug unter Alkoholeinfluß führen wird.

Im Konzept gezeichnet:
Dr. med. Dipl.-Psych.

Für die Richtigkeit
der Abschrift:

(Ärztin)

Sitz des Vereins Essen

Amtlich anerkannte Untersuchungsstellen:

5760 Arnsberg 2, Clemens-August-Str. 16

4100 Duisburg 1, Meidericher Str. 14-16
☎ (02 03) 3 04-2 91

4300 Essen 1, Auf der Donau 41
☎ (02 01) 8 25 27 85

4170 Geldern, Schloßstraße 28
☎ (0 28 31) 8 84 08

5800 Hagen 1, Felthstraße 188
☎ (0 23 31) 80 32 28

4400 Münster, Berliner Platz 30
☎ (02 51) 66 08 40

5900 Siegen 1, Leimbachstraße 227
☎ (02 71) 3 37 81 58

6 Begriffe der „TÜVologischen Geheimsprache"

In diese Sammlung haben wir nach folgenden Kriterien Begriffe und Ausdrücke (Substantive und Adjektive) aufgenommen:

- Begriffe mit nachlesbarer, feststehender Definition (Fachausdrücke)
- Begriffe ohne nachlesbare, feststehende Definition (Neuschöpfungen)
- Begriffe, die zwar umgangssprachlich geläufig sind, in den MPU-Gutachten jedoch mit einer anderen nichtgebräuchlichen Bedeutung belegt werden

Bei unseren Erläuterungen der einzelnen Begriffe haben wir bei Fachausdrücken nicht nur die allgemein anerkannten Definitionen beschrieben, sondern auch die spezielle Verwendung und Bedeutung derselben in den Fahreignungsgutachten. Diese Ergänzung halten wir für wichtig, weil in der „TÜVologischen Geheimsprache" auch feststehende Fachbegriffe vielfach entweder in völlig überzogener oder sehr stark zugespitzter Bedeutung verwendet werden. Ein Leser, der nicht aus dieser speziellen Welt der „TÜVologischen Fahreignungsbegutachtung" kommt (Verwaltungsmitarbeiter, Rechtsanwalt, Betroffener), hat naturgemäß nur die Möglichkeit, Fachbegriffe in einschlägigen Lexika nachzuschlagen, wobei er aber durch die spezielle „TÜVologische" Verwendung derselben nicht notwendigerweise die zutreffende bzw. beabsichtigte Bedeutung herausfindet. Deshalb haben wir diese Fachausdrücke mit der wahrscheinlichen „TÜVologischen" Bedeutung ergänzt.

Bei den Neuschöpfungen gründen wir unsere Begriffserläuterungen auf die wahrscheinliche, sich aus dem Zusammenhang ergebende Bedeutung bzw. mögliche Mehrfachbedeutung. Bei der Bildung von Komposita (zusammengesetzten Wörtern) ergeben sich durch die Verkürzung Zweideutigkeiten bzw. Bedeutungsnuancen (Konnotationen), die sich nicht unmittelbar aus den einzelnen Wortelementen erschließen lassen. Dadurch ist der Leser praktisch gezwungen, die Bedeutung in seiner eigenen Phantasie aufgrund seiner Erfahrung und Vorurteile zu bestimmen, was zwangsläufig zu Fehlinterpretationen führen muß.

Die nachfolgende Begriffssammlung stellt lediglich eine Auswahl dar und erhebt keinen Anspruch auf Vollständigkeit.

Abbau der Alkoholgewöhnung

Nicht definierter Begriff der „TÜVologischen Begutachtung", der zudem auch mehrdeutig ist. Er kann entweder „Verminderung der bestehenden Alkoholgewöhnung" oder „Abbau der gewohnten Menge" bedeuten. „Abbau" als wissenschaftlicher Ausdruck beschreibt in diesem Zusammenhang allein die physiologischen Vorgänge bei der Ausscheidung des Alkohols aus dem Körper.

Abhängigkeit

Mit dem Begriff Abhängigkeit wird eine Beziehung zu einer bestimmten Substanz wie dem Alkohol (der Droge) bezeichnet, die noch nicht das Stadium der „Sucht" erreicht hat, sondern so beschrieben werden kann, daß ein psychologisches Verhältnis entsteht, wodurch die betroffene Person sich bei Abwesenheit oder Entzug dieser Substanz unzufrieden oder unwohl fühlt. Auch Zustand vor Sucht.

In der 10. Revision der Internationalen Klassifikation der Krankheiten (ICD – 10) der WHO (Weltgesundheitsorganisation) werden Kriterien des Abhängigkeitssyndroms aufgeführt, von denen während des der Diagnose vorangegangenen Jahres mindestens drei erfüllt sein müssen:

- Starker Wunsch oder eine Art Zwang zum Substanzkonsum
- Verminderte Kontrollfähigkeit des Konsums
- Körperliches Entzugssyndrom oder Aufnahme der gleichen oder einer ähnlichen Substanz zur Milderung oder Vermeidung von Entzugserscheinungen
- Höhere Toleranz bei sich ständig erhöhender Dosierung der Substanz
- Zunehmend Aufgabe anderer Interessen, erhöhter Zeitaufwand für die Beschaffung oder den Konsum der Substanz und längere Erholungszeiten nach Konsum
- Trotz eindeutig nachgewiesener schädlicher Folgen Fortsetzung des Substanzkonsums

(nach: Fortschritte der Diagnostik, Praxisreport 5, 4. Jahrgang, November 1993).

Eine von Alkohol oder anderen Suchtmitteln abhängige Person ist zum Führen von Kraftfahrzeugen grundsätzlich ungeeignet. Im Gutachten „Krankheit und Kraftverkehr" des Gemeinsamen Beirats für Verkehrsmedizin beim Bundesminister für Verkehr und beim Bundesminister für Gesundheit in seiner letzten Fassung von 1992, das allen medizinisch-psychologischen Begutachtungen zugrunde gelegt wird, sind die Kriterien festgelegt, die erfüllt werden müssen, damit eine erneute Teilnahme am öffentlichen motorisierten Straßenverkehr möglich wird. Dafür ist der Nachweis erforderlich, daß eine erfolgreiche Entwöhnungsbehandlung (stationär oder in Einrichtungen für Suchtkranke) stattgefunden hat, die von einer einjährigen Abstinenz gefolgt wird, da man davon ausgeht, daß die Rückfallgefährdung (s. dort) im ersten Jahr nach der Entwöhnung am größten ist. Während dieses ersten Jahres ist die Einhaltung der Alkoholabstinenz durch ärztliche Untersuchungen nachzuweisen.

Dieser Krankheitsbegriff wird in den MPU-Gutachten häufig unkritisch auch im Falle von Personen verwendet, bei denen eine entsprechende medizinische oder psychologische Diagnose nicht gestellt wurde.

Abstinenz (Alkoholabstinenz)

Völliger Verzicht auf alle alkoholischen Getränke sowie Alkohol in anderen Nahrungsmitteln bzw. auf andere berauschende Mittel. Von Abstinenz kann nur gesprochen werden, wenn **überhaupt kein** Alkohol getrunken wird, selbst der Konsum geringer Mengen bei einem einzigen Anlaß bedeutet, daß nicht mehr von Abstinenz gesprochen werden kann. In MPU-Gutachten wird häufig eine Abstinenz von 6 bis 9 Monaten als unabdingbare Voraussetzung für eine mögliche positive Begutachtung genannt. Nach den jüngsten Entscheidungen des Oberverwaltungsgerichts Schleswig (u. a. Urt. v. 11. 3. 1992 – 4 L 215/91 bei Himmelreich in DAR 4/94) könne man bei einem Kraftfahrer, der zum ersten Mal mit 1,6‰ oder mehr Blutalkohol auffällig wurde, erst dann von der wiedergewonnenen Eignung sprechen, wenn er mindestens 6 Monate Abstinenz nachweisen kann. Diese These („Stephan-Dogma“) ist in der verkehrspsychologischen Fachwelt stark umstritten, weil nicht jeder, der mit 1,6‰ Blutalkohol oder mehr verkehrsauffällig wurde, ein Alkoholgefährdeter ist bzw. weil die 6 Monate Abstinenz noch lange nicht beweisen, daß ein Rückfall vermieden werden kann. So ist es z. B. für einen sogenannten „Quartalsäufer“ keine besondere Anforderung, sechs Monate oder auch länger alkoholabstinent zu leben.

In den MPU-Gutachten wird – offenbar je nach persönlicher Einstellung der Gutachter – nicht selten zwischen „völliger Abstinenz“ und „nicht völliger Abstinenz“ unterschieden, was in wissenschaftlicher Hinsicht unzulässig ist.

Alkoholabbau

Verbrennung und Ausscheidung des Alkohols aus dem Körper. Die Hauptmenge des Alkohols (90-95%) wird in der Leber unter der Einwirkung eines Enzyms verbrannt. Der Rest wird über Atmung, Schweiß und Urin ausgeschieden.

Da der Alkoholabbau also im wesentlichen in der Leber erfolgt, aber gleichzeitig dort nur eine begrenzte Menge dieses Enzyms zur Verfügung steht und zum sofortigen Abbau größerer Mengen nicht ausreicht, wird der Alkohol über einen längeren Zeitraum abgebaut, wobei die Konzentration des Alkohols im Blut (BAK) geradlinig sinkt.

Üblicherweise rechnet man mit stündlichen Abbauquoten zwischen 0,10 und 0,24‰ bzw. durchschnittlich 0,15‰. Bezogen auf das Körpergewicht, beträgt der stündliche Alkohol„abbau“ etwa 0,1 g/kg, bei einem mittleren Körpergewicht von 70 kg somit rd. 7 g/Std., d. h. etwa den Alkoholgehalt eines Glases üblicher alkoholischer Getränke. Die Abbaugeschwindigkeit läßt sich laborchemisch individuell bestimmen und wird in der Regel im „Protokoll und Antrag zur Feststellung des Alkohols im Blut“ bzw. im Arztbericht über die „Blutalkohol-Untersuchung“ angegeben.

Da ein übliches Glas der in Deutschland normalerweise konsumierten Getränke im Durchschnitt 8 g reinen Alkohol enthält, ist die Faustformel ein verläßlicher Maßstab, daß je Stunde die Menge eines (1) Glases abgebaut wird. Folglich benötigt der Organismus zum Abbau von etwa 8 Gläsern Bier, die in 2 Stunden konsumiert wurden, 7 bis 8 Stunden.

Die nachträgliche Berechnung des Alkoholabbaus etwa im Zusammenhang mit einer Trunkenheitsfahrt erfolgt in den MPU-Gutachten nicht systematisch und/oder häufig auch rechnerisch fehlerhaft.

Alkoholabusus

Auch als Alkoholmißbrauch bezeichnet, der chronisch oder nichtchronisch (akut) sein kann. Mit diesem Begriff wird in der Regel ein gesteigerter Alkoholkonsum über einen längeren Zeitraum gemeint, wobei die Trinkmengen so erheblich sind, daß es zu Schädigungen der Leber und anderer Organe, aber auch zu Veränderungen der Persönlichkeit kommen kann. Die konsumierte Menge reinen Alkohols je Tag wird mehr als 80 g bei Männern und mehr als 60 g bei Frauen betragen haben, was einer Trinkmenge von etwa 10 Gläsern Wein à 0,15 l bzw. 10 Gläsern Bier à 0,2 l (Männer) bzw. 7 bis 8 Gläsern Wein à 0,15 l oder Bier à 0,2 l (Frauen) entspricht.

Die Kriterien des Alkoholmißbrauchs ergeben sich nach WAGNER (DAR 2/93, S. 52 ff.)

> „beim Nachweis eines unangepaßten Konsummusters, bestehend aus wenigstens einem der folgenden Kriterien:
>
> 1. Fortgesetzter erheblicher Alkoholgenuß trotz des Wissens um ein ständiges oder wiederholtes soziales, berufliches, psychisches Problem, das durch Alkoholkonsum verursacht oder verstärkt wird.
> 2. Wiederholter Alkoholkonsum in Situationen, in denen er eine Gefährdung darstellt.“

Die Prüfung dieser Kriterien der Deutschen Gesellschaft für Verkehrsmedizin sucht man in den „TÜVologischen“ MPU-Gutachten zumeist vergeblich. Da nach Fußnote 7 Eignungsrichtlinien bei Trunkenheitsfahrern mit einer BAK von mehr als 1,6‰ wegen des Verdachts des Alkoholmißbrauchs routinemäßig eine Ausschlußdiagnose zu stellen wäre, sollte die unterlassene Heranziehung obiger Kriterien als ein erheblicher methodischer Mangel gewertet werden. Ein solches Gutachten kann nicht nachvollziehbar und nachprüfbar sein.

Alkoholeinfluß

Der Einfluß, die Einwirkung des genossenen alkoholhaltigen Getränks auf das Handeln, Tun und Lassen, auf das Verhalten des Konsumenten.

Alkoholerfahrung

Künstliche Wortschöpfung, die in MPU-Gutachten negativ belegt ist. Die Verwendung dieses Begriffes in MPU-Gutachten soll andeuten, daß der Betroffene in der Vergangenheit/Gegenwart alkoholische Getränke in großer Menge getrunken hat und dadurch im Alkoholkonsum erfahren ist. Bei BAK-Werten über 1,6‰ gehen die Gutachter zwangsläufig davon aus, daß der Proband „im Trinken trainiert ist“, und das heißt dann auch, daß man annimmt, daß er bereits vor der ersten „entdeckten“ Trunkenheitsfahrt auch in der Vergangenheit alkoholisiert ein Fahrzeug geführt haben muß, da er alkoholische Getränke früher gewohnheitsmäßig konsumiert hat.

Alkoholersttäter

Auch „Ersttäter“. Künstliche Wortschöpfung, die in jedem Fall negativ belegt ist. Eine Person, die zum ersten Mal mit Alkohol am Steuer auffällig wurde. Die Höhe der bei der Fahrt festgestellten Blutalkoholkonzentration – und somit die Tatsache, ob die Alkoholfahrt mit Bußgeld/Fahrverbot oder mit Strafe und FE-Entziehung geahndet wurde – spielt im allgemeinen keine Rolle. Sollte die erstmalige Auffälligkeit lediglich etwa mit 0,84‰ zum Fahrverbot geführt haben und es kommt später zu einer zweiten Auffälligkeit und Bestrafung, spricht man vom „Rückfäller“ oder „Rückfalltäter“.

Nach Fußnote 7 der „Eignungsrichtlinien“ vom 30. 10. 1989 muß sich nicht jeder „Ersttäter“ einer medizinisch-psychologischen Untersuchung unterziehen. Bei BAK-Werten unter 1,6‰ ist die MPU nicht zwingend vorgeschrieben, bei BAK-Werten zwischen 1,6‰ und 1,99‰ ist die MPU auch nicht zwingend, sie kann jedoch bei Vorliegen bestimmter Kriterien angeordnet werden, während bei BAK-Werten über 2,0‰ eine Begutachtung unvermeidbar ist.

Es ist ein häufiger Mangel der „TÜVologischen“ Untersuchung, daß die positiven Prognosekriterien der Fußnote 7 der „Eignungsrichtlinien“ nicht oder nicht hinreichend zugunsten des Betroffenen berücksichtigt werden.

Die wichtigsten positiven Prognosekriterien sind:

1. Alkoholfahrt nicht schon in den Tagesstunden
2. Keine unfallfreie oder unauffällige Fahrweise über längere Fahrstrecke
3. Auffälliges Verhalten bei der Verkehrskontrolle
4. Gravierende alkoholtypische Ausfallerscheinungen laut Blutabnahmeprotokoll
5. Keine Hinweise auf normabweichendes Trinkverhalten oder auf Auffälligkeiten unter Alkoholeinfluß
6. Ausschlußdiagnose Alkoholismus

Alkoholfestigkeit

Künstliche Wortschöpfung, die in jedem Fall negativ belegt ist. Sie bedeutet immer, daß der Betroffene viel an alkoholischen Getränken vertragen kann und daß seine hochgradige Verträglichkeit die Folge mehrjährigen Vielkonsums ist. Siehe auch Trinkfestigkeit, Alkoholverträglichkeit.

Alkoholgewöhnung

Im Duden nicht enthalten. Künstliche Wortschöpfung, die in jedem Fall negativ belegt ist.

Nach „TÜVologischem“ Verständnis wird damit gemeint, daß der Betroffene in der Vergangenheit regelmäßig Alkohol konsumiert hat. Der Organismus hat sich darauf eingestellt, und der Betroffene bemerkt bei sich subjektiv aufgrund der Gewöhnung erst eine Alkoholwirkung, wenn er bereits erhebliche Mengen alkoholischer Getränke zu sich genommen hat und er aufgrund der objektiven BAK-Werte nicht mehr als fahrtüchtig einzustufen ist.

Sowohl MPU-Gutachter als auch Betroffene verwechseln diesen Begriff mit einer der oben beschriebenen fünf Formen des Alkoholismus, des „gewohnheitsmäßigen Trinkens“, was oft zu einer falschen Beurteilung des Untersuchten führt. Dieser meint nämlich, Alkoholgewöhnung wäre gleichzusetzen mit „ich brauche den Alkohol“, „ich müßte in der Gosse liegen, wenn ich alkoholgewöhnt wäre“.

Richtig ist, daß eine Alkoholgewöhnung keinen regelmäßigen, gar täglichen Konsum alkoholischer Getränke voraussetzt. Der Organismus kann sich auch ohne diese Kriterien an den Alkohol gewöhnen. Alkoholgewöhnung ist von gewohnheitsmäßigem Alkoholkonsum abzugrenzen.

Alkoholiker

Eine Person, die an Alkoholkrankheit leidet (siehe dort) und nicht mehr fähig ist, ohne Alkohol Stunden oder Tage zu überstehen. Die Abhängigkeit oder Sucht zeigt sich in körperlichen Beschwerden wie Zittern (Tremor) und Unruhegefühl, die der Alkohol vorübergehend beseitigt. Ein „trockener Alkoholiker“ kann nur dann mit einem positiven Gutachten rechnen, wenn er nach einer Entgiftungs- bzw. Entwöhnungsbehandlung mindestens ein Jahr lang nachweislich abstinent gelebt hat.

In der „TÜVologischen“ Wortverwendung wird – häufig nur indirekt – auch derjenige als Alkoholiker betrachtet, bei dem eine Alkoholkrankheit gar nicht diagnostiziert wurde. Diese Einstufung kommt in der Regel darin zum Ausdruck, daß im MPU-Gutachten ohne medizinische Diagnose und ohne Entwöhnungsbehandlung eine mindestens einjährige, nachgewiesene Alkoholabstinenz als Eignungsvoraussetzung „empfohlen“ wird.

Alkoholkarenz

Siehe Abstinenz. Völliger Verzicht auf alkoholische Getränke.

Alkoholkonsum, verkehrsrelevanter

Künstliche Begriffskombination, die in jedem Fall negativ belegt ist. Einen „verkehrsrelevanten Alkoholkonsum“, also einen für die Teilnahme am motorisierten öffentlichen Straßenverkehr bedeutsamen Alkoholkonsum, kann es gar nicht geben, weil es nach geltendem Recht (§§ 315 c I Nr. 1 a, III, 316 StGB/§ 24 StVG i. V. m. §§ 2, 69 a I Nr. 1 StVZO) grundsätzlich verboten ist, unter dem Einfluß berauschender Mittel ein Kraftfahrzeug zu lenken. Für die Teilnahme am motorisierten Straßenverkehr von wesentlicher Bedeutung ist der Alkoholkonsum von dem Punkt an, an dem verkehrs-/strafrechtliche Vorschriften zur Anwendung kommen, weil eine Beeinträchtigung der Fahrtüchtigkeit gegeben ist. Dabei ist zu beachten, daß diese Beeinträchtigung durch Alkoholkonsum bereits bei 0,3‰ einsetzt, was zu einer Bestrafung führen kann, falls der Verkehrsteilnehmer aufgrund einer BAK von 0,3‰ oder mehr an einem Unfall beteiligt war, also eine Gefahr nicht abwenden konnte. Wenn keine Verkehrsverstöße begangen wurden, liegt eine Ordnungswidrigkeit aber erst ab 0,8‰ vor. Die relative alkoholbedingte Fahruntüchtigkeit wird im Bereich zwischen 0,5 und 1,09‰ angesiedelt, die absolute Fahruntüchtigkeit im juristischen Sinne beginnt bei 1,1‰, was eine Straftat bedeutet. Diese Regelung führt zum weitverbreiteten Mißverständnis, wonach es Promillegrenzen und daraus folgend einen „verkehrsrelevanten Alkoholkonsum“ gibt. Zu diesem Glauben tragen selbst die TÜV-Organisationen bei, die z. B. in einer Broschüre eine „Faustregel“ (Körpergewicht geteilt durch 40) zur Berechnung der Anzahl erlaubter Gläser alkoholischer Getränke verbreiten, die man angeblich trinken darf, wenn man noch fahren will. Wenn dann der Betroffene in der Untersuchung sich auf diese Denkweise der „erlaubten Promillegrenzen“ beruft, wird er kurzerhand negativ begutachtet.

In der „TÜVologischen“ Sprachregelung wird dieser Begriff auch bezüglich der allgemeinen Trinkgewohnheiten eines Untersuchten verwendet, wenn etwa vom typischen Trinkmuster darauf gefolgert wird, daß der Betroffene zwischen „Trinken und Fahren“ nicht trennen konnte bzw. auch künftig nicht trennen könnte. Im übrigen wird bei einem ehemaligen Trunkenheitsfahrer der Konsum alkoholischer Getränke schlechthin stets als „verkehrsrelevant“ verstanden.

Alkoholkrankheit

Alkoholkrankheit wird auch als **Alkoholismus** bezeichnet, obwohl Alkoholismus nicht in jedem Fall auch Alkoholkrankheit ist, und kann mannigfache Ursachen haben, die psychischer, psychosomatischer oder sozialer

Art sein können. Im weiteren Sinne werden unter dieser Bezeichnung Schädigungen durch Alkohol zusammengefaßt; der Mißbrauch oder die Abhängigkeit von Alkohol; psychische Abhängigkeit oder das Auftreten von Entzugserscheinungen bei Abstinenz.

Alkoholkranke oder Alkoholismus wird je nach Trinkverhalten in 5 verschiedene Kategorien eingeteilt:

Alpha-Trinker: Konsum von Alkohol ohne Verlust der Kontrolle über die eigene Handlungsweise. Alkohol wird als Mittel zur Bewältigung psychischer und körperlicher Probleme gesehen. Auch Erleichterungs-, Entlastungstrinken bei Angst- und Spannungszuständen. Führt infolge regelmäßigen oder häufigen Konsums zu Abhängigkeit.

Beta-Trinker: Die Gründe für den Alkoholkonsum liegen in der Anpassung an das Trinkverhalten anderer bzw. entstehen schleichend und werden damit zu einer festen Gewohnheit. Seelische Ursachen fehlen, es wird in der Regel in „geselligem Kreise“ Alkoholisches konsumiert. Der Konsum kann auch zu körperlichen Folgen wie Leberschädigung usw. führen. Vorstufe des *Gamma-Alkoholismus.*

Gamma-Trinker: Beim Konsum von Alkohol geht die Kontrolle über die eigene Handlungsweise zunehmend verloren; es entsteht Abhängigkeit, und es treten körperliche und soziale Probleme (in der Familie, am Arbeitsplatz, im Freundeskreis usw.) auf. Es kommt wiederholt zu Rauschzuständen. Rückkehr zum „kontrollierten Trinken“ ist in der Regel nicht mehr möglich. Die häufigste Form des Alkoholismus in Deutschland.

Delta-Trinker: Zustand des ständigen Alkoholkonsums, ein Leben ohne Alkohol ist nicht mehr möglich, weil der Verzicht Entzugserscheinungen auslöst. Der Delta-Trinker ist jedoch im Gegensatz zum Gamma-Trinker in der Lage, die Kontrolle über Trinkmenge und Trinkzeit zu behalten. Es wird gewohnheitsmäßig während langer Zeiträume (Jahre) in großen Mengen Alkoholisches getrunken.

Epsilon-Trinker: Übermäßiger Alkoholkonsum über einen längeren oder kürzeren Zeitraum, der von Phasen gefolgt ist, in denen wenig oder gar kein Alkohol getrunken wird. Während der Phasen des übermäßigen Alkoholgenusses verliert der Alkoholiker die Kontrolle über sein eigenes Verhalten/Trinkverhalten. Im Volksmund auch „Quartalsäufer“ genannt (Pschyrembel, Klinisches Wörterbuch, 256. Auflage, Verlag de Gruyter, Berlin 1990, S. 47).

Die Zuordnung eines Menschen aufgrund seines Trinkverhaltens in eine der gängigen Typisierungen kann z. B. durch den Einsatz von standardisierten Fragebogen erfolgen. Es ist ein großer Mangel der „TÜVologischen“ Begutachtung, daß ehemalige Trunkenheitsfahrer anläßlich der Begutachtung hinsichtlich ihres früheren und jetzigen Trinkverhaltens überhaupt nicht oder nicht fachgerecht beurteilt werden. Häufig wäre es aber für den Begutachteten, der eine Verhaltensänderung anstrebt, eine große Hilfe, wenn er etwa im Gutachten eine entsprechende, sachlich korrekte Zuordnung seines Trinkverhaltens finden würde.

Alkoholmißbrauch

Übermäßiger Genuß alkoholischer Getränke über einen längeren Zeitraum hinweg. Die Grenzen dessen, was übermäßig ist, sind unter Alkoholabusus beschrieben.

Alkoholtoleranz

Individuelle Verträglichkeit von alkoholischen Getränken. Verschiedene körperliche Faktoren beeinflussen sowohl die objektive wie die subjektive Verträglichkeit. Dazu zählen Körpergewicht, evtl. vorliegende Schädigungen der Leber, Einnahme von Medikamenten usw. Es ist zu beachten, daß die vom einzelnen selbst (subjektiv) empfundene Alkoholtoleranz ansteigt, wenn regelmäßig größere Mengen Alkohol getrunken werden, es also zu einem „antrainierten Trinkverhalten“ kommt. Die Wirkung des Alkohols wird in diesem Falle wesentlich später bemerkt, und der eigene Alkoholkonsum bzw. die zu treffenden (rationalen) Entscheidungen (etwa mit dem Auto zu fahren oder nicht) können in der Regel nicht mehr (restlos) verwirklicht werden. Die jeweiligen Zeichen (Symptome) der verschiedenen, individuell variablen Stufen von Alkoholverträglichkeit sind durch Selbstbeobachtung auch subjektiv für jeden einzelnen erkennbar. Wenn ein Untersuchter die frühen Zeichen seiner Reduktion des Alkoholkonsums nicht aus eigener Erfahrung beschreiben kann, wird seine Selbstdarstellung in der Regel als nicht glaubhaft bewertet und deshalb negativ begutachtet. In den MPU-Gutachten fehlt zumeist die hierzu erforderliche nachvollziehbare Begründung.

Bei der MP-Untersuchung spielt die Alkoholtoleranz zu Recht eine entscheidende Rolle. Zu bemängeln ist allerdings, daß anläßlich der Exploration eine zuverlässige Abklärung der individuellen früheren und jetzigen Toleranz offensichtlich nicht stattfindet. Jedenfalls sind diesbezügliche nachvollziehbare und nachprüfbare Beschreibungen in den Gutachten nicht oder nur selten zu finden.

alkoholtoxische Genese

Die Ursache einer Krankheit oder körperlicher/geistiger Schädigung ist im Genuß von Alkohol bzw. der Wirkung des Giftstoffes Alkohol zu sehen (Genese = Entstehung).

Alkoholtrinkverhalten

„TÜVologische“ Wortkombination, Standardbegriff in MPU-Gutachten. Gemeint ist die individuelle Art und Weise des Umgangs mit alkoholischen Getränken. Unter diesem Oberbegriff faßt man sowohl die Art (Sorte) der gewöhnlich konsumierten alkoholischen Getränke wie auch die Verteilung des Alkoholkonsums über einen bestimmten Zeitraum (Tag, Woche oder Monat) zusammen. Bei konsequenter Beobachtung bzw. Analyse des Alkoholkonsumverhaltens einer Person lassen sich individuelle Trinkmuster feststellen, die sehr häufig bereits zur Gewohnheit geworden und daher nur nach einer bewußten Entscheidung (Umlernen) und mit entsprechender Willenskraft zu verändern sind. Die realistische Kenntnis des früheren und auch des jetzigen eigenen Trinkverhaltens sollte in jedem MPU-Gutachten nachvollziehbar und unter Darstellung von Einzelmerkmalen enthalten sein. Erst diese Beschreibung läßt erkennen, ob der Gutachter eine korrekte Exploration durchgeführt hat bzw. ob der Untersuchte sich mit seinem früheren Trinkverhalten tatsächlich tiefgreifend auseinandergesetzt hat. Fehlt in einem MPU-Gutachten die detaillierte Beschreibung des früheren und des jetzigen (positiv geänderten) Trinkverhaltens, kann das Gutachten nicht nachvollziehbar und die gutachtlichen Schlußfolgerungen können nicht nachprüfbar sein. Ein solches MPU-Gutachten dürfte von den Verwaltungsbehörden nicht angenommen werden.

In den meisten MPU-Gutachten fehlt die methodisch saubere Beschreibung des Alkoholtrinkverhaltens, das in jedem Fall aus mindestens zwei Teilen bestehen müßte: früheres und jetziges Trinkverhalten, wobei die Veränderung zwischen früher und heute im einzelnen dargestellt werden sollte.

Das „Alkoholtrinkverhalten“ müßte vom Begriff des allgemeinen „Trinkverhaltens“ abgegrenzt werden, was i. d. R. nicht erfolgt (s. Trinkverhalten).

Alkoholdelikt

Eine Straftat, die im Zustand der Trunkenheit bzw. alkoholbedingten Beeinflussung begangen wird. Die Schuldfähigkeit für eine unter Alkohol begangene Tat kann bei sehr hoher Blutalkoholkonzentration nach §§ 20, 21 StGB vermindert oder gar ausgeschlossen sein.

(Pschyrembel, Klinisches Wörterbuch, 256. Auflage, Verlag de Gruyter, Berlin 1990, S. 47.)

Im Strafrecht ist Delikt der Oberbegriff für mit Strafe bedrohte Handlungen, die nach der Schwere der Strafandrohung in Verbrechen und Vergehen (§ 12 StGB) unterteilt werden.

Alkoholverträglichkeit (subjektive)

Künstliche Wortschöpfung, in jedem Fall negativ belegt. Es hat sich bei den MPU-Stellen die allgemeine Auffassung verbreitet, daß die Verträglichkeit um so größer ist, je höher die Trinkmenge und je häufiger der regelmäßige (und daher gewohnheitsmäßige) Alkoholkonsum war. Diese These wird in der Regel bereits angewendet, wenn die bei der ersten Trunkenheitsfahrt festgestellte Blutalkoholkonzentration 1,6‰ oder mehr betrug. Diese Auffassung ist unter Experten stark umstritten, da von der Trinkmenge, die zu einer BAK von 1,6‰ führte, logischerweise nicht ohne weiteres auf eine allgemeine Alkoholverträglichkeit geschlossen werden kann, wenn nicht nachgewiesen wird, daß der Betroffene ähnliche Mengen alkoholischer Getränke vor der Trunkenheitsfahrt nicht das erste Mal zu sich genommen hat. In den MPU-Gutachten fehlt es in der Regel an diesem Nachweis, dennoch wird zumindest indirekt bei jedem Betroffenen eine „hohe subjektive Alkoholverträglichkeit" unterstellt (s. Alkoholtoleranz).

Alkoholvorgeschichte

Künstliche Wortschöpfung, in jedem Fall negativ belegt. Mit diesem Begriff werden das Trinkverhalten einer mit Alkohol am Steuer straffällig gewordenen Person in der Vergangenheit und insbesondere frühere Verkehrsverstöße unter Alkoholeinfluß beschrieben. Des weiteren können auch therapeutische Maßnahmen zur Entgiftung/Entwöhnung und/oder Besuch bei Selbsthilfegruppen o. ä. Teil der Alkoholvorgeschichte eines Probanden sein. Zur Alkoholvorgeschichte gehören aber auch die Entwicklung, der Verlauf des individuellen Konsumverhaltens, Schwankungen in den Trinkmengen und Trinkhäufigkeiten wie auch etwaige Abstinenzversuche, Abstinenzphasen.

Alkoholzufuhr

Künstliche Wortschöpfung, die in jedem Fall negativ belegt ist. Sie meint eigentlich das individuelle Alkoholtrinkverhalten. Da der Begriff eine aktive Tätigkeit (Trinken) in passiv anmutender Form (ohne Zutun des Menschen) beinhaltet, dürfte es sich bei diesem Begriff um eine „TÜVologische" Stilblüte handeln.

Anamnese (Familien-, Eigen-, Alkohol-, Sozialanamnese)

Daten über die Vergangenheit und die Entwicklung einer Situation, eines Zustandes, Verlaufes bis zur Gegenwart. Dazu zählen die eigene Krankengeschichte, in der Familie aufgetretene oder derzeit bestehende Krankheiten oder Trinkgewohnheiten, eine Beschreibung des sozialen Umfelds und seiner Entwicklung in der Vergangenheit (Probleme in der

Familie oder am Arbeitsplatz) sowie die eigene Einschätzung der Entwicklungen der Vergangenheit. Eine Anamnese müßte bei der medizinisch-psychologischen Untersuchung normalerweise im Rahmen der Untersuchung erhoben werden, wobei der Arzt/Psychologe bei ehemaligen Promille-Fahrern sich besonders auf frühere Krankheiten konzentrieren sollte, bei denen Alkoholgenuß die Ursache sein könnte. Es kann aber auch sein, daß die Daten zu dieser Anamnese noch kurz vor Beginn der Untersuchung durch Beantwortung eines sogenannten Gesundheitsfragebogens erhoben werden. Eine methodisch korrekte Anamnese kann nur dann vorliegen, wenn die schriftlichen Angaben hinterher anläßlich einer Befragung durch den Arzt und/oder Psychologen ergänzt werden. Ein medizinisch-psychologisch unerfahrener Mensch ist nicht in der Lage, die für eine fachgerechte Begutachtung erforderlichen Daten selbständig und vollständig anzugeben. Die Anamnese ist eine unerläßliche Grundlage der richtigen Diagnose, ohne die eine korrekte Begutachtung nicht denkbar ist. Da die Anamnese zeitaufwendig ist und die Gutachter der MPU-Stellen ihre Untersuchungen unter einem enormen Zeitdruck durchführen (müssen), fällt die Anamnese in der Regel sehr dürftig aus, was häufig zu Falschbeurteilungen führt bzw. führen kann. Ein MPU-Gutachten, dessen Anamneseteil nicht nachvollziehbar ist, kann nicht nachvollziehbar und nachprüfbar sein.

Änderung, ausreichende, stabile

Standardausdruck der „TÜVologischen“ Sprachregelung, der den Gutachtern von ihren Dienstvorgesetzten vorgegeben wurde. Bei ehemaligen Promille-Fahrern verlangen die Gutachter bei den MPU-Stellen, daß der Untersuchte und insbesondere der bereits mehrfach mit Alkohol auffällig gewordene Kraftfahrer deutlich machen kann, daß er sein Trinkverhalten entscheidend zum Positiven verändert hat. Eine Änderung des Trinkverhaltens gilt dann als ausreichend, wenn die erhöhte Alkoholgewöhnung nicht mehr besteht und Alkohol entweder überhaupt nicht mehr oder nur in kleinen Mengen getrunken wird. Eine Änderung wird als stabil eingestuft, wenn der Untersuchte ein Problembewußtsein entwickelt, sein Verhalten aufgrund der Einsicht in das Problem umgestellt hat und die verwirklichte Veränderung bereits seit längerem konsequent besteht. Der Zeitraum, der von den MPU-Stellen zugrunde gelegt wird, beträgt 6, 9 oder 12 Monate. Diese Zeiträume scheinen willkürlich entstanden zu sein, und sie berücksichtigen die Intensität der Einsicht in die eigene Problematik nicht. Es handelt sich dabei um rein formalistische Zeiträume.

Dieses Kriterium der positiven Begutachtung ist – bis auf die Zeiträume – auf gar keinen Fall falsch.

Angemessenheit

Standardbegriff der MPU-Gutachten. Er soll bedeuten, daß sich eine Untersuchung auf das im betreffenden Einzelfall vorliegende Problem beziehen und auch dessen Schwere oder Besonderheiten berücksichtigen muß. Dabei ist zu beachten, daß sich die Angemessenheit auch auf den Umfang der Untersuchung beziehen muß (Grundsatz der Verhältnismäßigkeit).

Im Verständnis der MPU-Stellen bedeutet die Angemessenheit aber auch, daß – vereinfacht gesagt – für ein kleines Honorar als Leistung nur eine dementsprechend „angemessen“ kurze Untersuchung mit einem entsprechend kurzen Gutachten erwartet werden kann.

Anknüpfungstatsachen

Entlehnt aus dem Juristendeutsch und soll die Tatsachen, auf die bei der Begutachtung die Schlußfolgerungen der Gutachter in erster Linie gestützt werden, meinen. Dabei handelt es sich sowohl um objektive Änderungen in der Lebensführung, das Alkoholtrinkverhalten in der Vergangenheit und Gegenwart bzw. dessen Änderung, aber auch Verkehrsverstöße unter Alkoholeinfluß, als auch um subjektive (nicht in der Akte enthaltene) Angaben. Bedenklich ist dabei, daß in der „TÜVologischen“ Sprachregelung „Tatsachen“ nicht in jedem Fall im juristischen, also faktischen, tatsächlichen Sinne verstanden und gemeint werden. Dies kann zur Folge haben, daß subjektiven, evtl. sogar unglücklichen Formulierungen eines nicht sprachgewandten Untersuchten der Tatsachencharakter zugemessen wird.

Anlaßbezogenheit

Standardbegriff der MPU-Begutachtung. Den „Richtlinien für die Prüfung der körperlichen und geistigen Eignung von Fahrerlaubnisbewerbern und -inhabern“ (Eignungsrichtlinien) des Bundesministers für Verkehr zufolge darf gemäß Ziffer I eine medizinisch-psychologische Untersuchung nur angeordnet werden, wenn eine konkrete Problem- bzw. Fragestellung vorliegt. Das bedeutet, daß die Verwaltungsbehörde nicht von jedem Kraftfahrer nach Gutdünken oder persönlichem Eindruck des Sachbearbeiters verlangen kann, daß er/sie sich einer Begutachtung unterzieht, sondern daß dafür ein konkreter Grund, also ein Anlaß vorliegen muß (festgestellte BAK, rechtskräftige Bestrafung, Anzahl der Punkte im Flensburger Zentralregister usw., aber auch sonst der Behörde zur Kenntnis gelangte Gründe, wie etwa schwere, eignungsausschließende Krankheiten).

Untersuchungen nur zu dem von der Verwaltungsbehörde bezeichneten Anlaß durchzuführen, dazu haben sich sämtliche MPU-Stellen der Vereinigung der Technischen Überwachungsvereine (VdTÜV) verpflichtet.

Trotzdem findet auch immer eine medizinische Untersuchung statt, auch wenn in der Verkehrsvorgeschichte kein Anlaß zu einer medizinischen Untersuchung besteht. Darin weichen die MPU-Stellen z. B. von der Obergutachterstelle des Landes NRW ab, die auch bei Trunkenheitsfahrern mit hohen Blutalkoholwerten nur dann eine medizinische Untersuchung durchführt, wenn dazu ein konkreter Anlaß besteht.

Die Selbstverpflichtung zu Anlaßbezogenheit steht zwar als Absichtserklärung am Anfang eines jeden MPU-Gutachtens, was die MPU-Stellen jedoch keinesfalls daran hindert, Doppelbegutachtungen (natürlich zu einem höheren Preis) durchzuführen bzw. aufgrund eines bereits bekannten Anlasses weitere Anlässe (Gründe) zu weitergehenden Untersuchungen zu erheben und somit neue oder weiterführende Tatsachen zu schaffen.

Die „Anlaßbezogenheit“ ist demzufolge ein Begriff, der dazu herhalten muß, bei den Untersuchten den Eindruck einer scheinbaren Beschränkung der Begutachtung auf einen vorher von der Verwaltungsbehörde bezeichneten Anlaß zu erwecken.

Daß diese Anlaßbezogenheit von den MPU-Stellen bisher nicht allzu streng und ernst genommen wurde, beweist folgendes Zitat aus dem in der Bundesrepublik Deutschland im April 1995 erstmals veröffentlichten **„Psychologisches Gutachten – Kraftfahreignung“** (KROJ, 1995, S. 23). Unter Erweiterung der Fragestellung steht nämlich folgendes:

„Bei Zweifeln an der (dem) von Verkehrsbehörde bzw. Gericht meist aufgrund der Aktenlage festgelegten Fragestellung(en) wird durch Rückfragen bei der Verwaltungsbehörde oder beim Gericht die notwendige Klärung herbeigeführt, die zu dokumentieren ist. Ergeben sich während der Untersuchung Hinweise auf eine notwendige Erweiterung der Fragestellung, so darf diese nur vorgenommen werden, wenn der Klient zustimmt, die Verwaltungsbehörde (in seinem Beisein) hiervon unterrichtet wird und diese ihrerseits ebenfalls mit einer Erweiterung der Fragestellung einverstanden ist.

Weigert sich der Klient, in bestimmten Punkten mitzuwirken, so enthält das Gutachten den Hinweis auf die noch aufklärungsbedürftigen Sachverhalte. Die Behörde wird dann – nach Vorlage des medizinisch-psychologischen Gutachtens – zu entscheiden haben, ob und wie sie diese offenen Fragen klärt.“

Aus all dem ergibt sich, daß die Verfahrensweise bisher nicht so läuft, wie es in diesem Eignungskatalog formuliert ist, d. h., die Anlaßbezogenheit gilt nur für die formale Anordnung der Beibringung eines Gutachtens. Während des Begutachtungsvorganges können sich beliebige ergänzende Fragen ergeben, die eine *„notwendige Erweiterung“* erfordern sollen, wobei darüber, ob die Erweiterung wirklich notwendig ist, wiederum die Behörde entscheiden soll, die selbstverständlich nicht die Sachkenntnis hat, oder der Klient, der sich in einer bedrängten Situation befindet. Der Begriff der *„Anlaßbezogenheit“* ist demzufolge eine pure Augenwischerei.

anlaßspezifisch

Siehe Anlaßbezogenheit

Auffallenswahrscheinlichkeit

Kunstwort der „TÜVologischen Geheimsprache“. Gemeint ist ein Prozentsatz, der die Wahrscheinlichkeit dafür angibt, mit der ein bisher noch nicht negativ in Erscheinung getretener Kraftfahrer erstmals im öffentlichen Straßenverkehr durch einen Verstoß/Straftat auffallen könnte. Eine Auffallenswahrscheinlichkeit wird sowohl für Kraftfahrer mit in nüchternem Zustand begangenen Verstößen als auch für Trunkenheitsfahrten angenommen. Diese Wahrscheinlichkeit wird bei Trunkenheitsersttätern auf 5 bis 6% geschätzt.

„Die Beurteilung der individuellen Rückfallwahrscheinlichkeit hat sich (zunächst) an der statistischen Auffallenswahrscheinlichkeit der Kraftfahrer auszurichten, die bisher nicht mit einer Blutalkoholkonzentration von 0,8 Promille oder mehr im Straßenverkehr aufgefallen sind. Bei dieser Personengruppe beträgt die Wahrscheinlichkeit des Führens eines Kraftfahrzeuges unter Alkoholeinfluß 5% bis 6% (STEPHAN, DAR 1989, 125 [127 f.]“. [Aus dem Urteil 4 L 138/93 Schleswig-Holsteinisches OVG vom 7. 12. 1993.]

Die Auffallenswahrscheinlichkeit ist nicht zu verwechseln mit der statistischen Rückfallwahrscheinlichkeit eines bereits mindestens einmal auffällig gewordenen Kraftfahrers, bei dem sie wesentlich höher ist. Statistisch gesehen wird z. B. nach verschiedenen Schätzungen von 400 Alkoholfahrten nur eine entdeckt, wobei nach der Höhe der Blutalkoholkonzentration noch unterschieden wird. Bei Ersttätern ist daher die Wahrscheinlichkeit, bei einer Alkoholfahrt entdeckt zu werden, gering. Bei Kraftfahrern, die bereits häufiger aufgefallen waren, ist die statistische Wahrscheinlichkeit, erneut mit Alkohol am Steuer entdeckt zu werden, wesentlich höher.

In einer Studie von BUIKHUISEN aus dem Jahre 1968 über niederländische Kraftfahrer wird die Wahrscheinlichkeit einer erneuten Auffälligkeit innerhalb von 10 Jahren mit durchschnittlich 36% und bei bereits zweimal aufgefallenen Kraftfahrern mit 60% angegeben. Bei zuvor bereits zweimal oder häufiger aufgefallenen Führerscheininhabern beträgt diese statistische Quote sogar 72%. Ähnliche Ergebnisse finden sich auch für die Bundesrepublik Deutschland, für die STEPHAN (Blutalkohol 1988, 201 [219 f.]) für die bereits genannten Gruppen statistische Wahrscheinlichkeiten von 43,19% bei Ersttätern, 32,35% bei Zweittätern und 42,03% bei Dritt- oder Mehrfachtätern feststellte.

Um eine positive Prognose abzugeben und somit zu einer positiven Beurteilung zu kommen, muß die Rückfallwahrscheinlichkeit des Untersuchten im allgemeinen wesentlich besser sein als der statistische Durchschnitt für die Gruppe der auffälligen Kraftfahrer, der der Untersuchte aufgrund seiner Verkehrsvorgeschichte angehört.

Die Auffallenswahrscheinlichkeit wird in MPU-Gutachten nicht immer im eigentlichen Sinne verwendet, was zu Mißdeutungen führt.

Daß die Auffallenswahrscheinlichkeit ein Begriff einer gedanklichen Konstruktion der psychologischen Fahreignungsbegutachtung ist, der selbst den Verfassern des ersten Eignungskatalogs **„Psychologisches Gutachten – Kraftfahreignung“** (KROJ, 1995) Probleme bereitet, beweist die Definition im oben genannten Werk auf Seite 21 und 22. Dort sprechen die Autoren über die *„gruppenspezifische Auffallenswahrscheinlichkeit“*, die sich *„bemißt am Vergleich mit der durchschnittlichen Auffallenswahrscheinlichkeit der Gruppe der bewährten Kraftfahrer.“* Wie bereits oben dargestellt, handelt es sich bei den bewährten Kraftfahrern um jene, die im Straßenverkehr noch nicht negativ auffällig geworden sind, aber die wissenschaftliche Psychologie, die eigentlich nicht vom Idealbild eines Kraftfahrers, sondern vom realistischen Bild desselben ausgeht, nimmt an, daß für den bewährten Kraftfahrer natürlich auch eine gewisse Wahrscheinlichkeit dafür existiert, daß er straffällig wird. Die Verfasser dieses psychologischen Eignungskriteriums scheinen aber mit ihrer eigenen Logik nicht ganz klargekommen zu sein, denn sie führen auf Seite 22 in Absatz 2 aus:

„Der Betroffene muß in einem solchen Fall darlegen, daß seine zukünftige, individuelle Auffallenswahrscheinlichkeit von der für seine Bezugsgruppe charakteristischen (empirisch belegten) Auffallenswahrscheinlichkeit in positiver Weise abweicht (d. h. niedriger ist).“

Es wird sicherlich jedem inzwischen aufgefallen sein, daß der Betroffene ja deshalb zur Begutachtung mußte, weil er mindestens schon einmal aufgefallen war. Wenn aber jemand schon auffällig wurde, dann ist der Gegenstand der Begutachtung die Wahrscheinlichkeit eines Rückfalls und nicht die Wahrscheinlichkeit eines Auffallens, d. h. einer erstmaligen Verkehrsauffälligkeit. Es verwundert daher nicht, daß in dem „TÜVologischen“ Fahreignungsgutachten eine ziemliche Unklarheit herrscht zwischen Auffallenswahrscheinlichkeit und Rückfallwahrscheinlichkeit, d. h. bezüglich der Frage, woran der Gutachter seine Beurteilung für die künftig wahrscheinliche Verkehrsbewährung eines Untersuchten mißt.

Ausnahmesituation, -charakter

In den medizinisch-psychologischen Untersuchungen wird von sehr vielen Untersuchten angegeben, daß es sich bei ihrer Trunkenheitsfahrt/Auffälligkeit um die absolute Ausnahme gehandelt habe und „daß so etwas noch nie vorgekommen sei“. Diese Aussage wird von den Gutachtern insbesondere dann sehr bezweifelt, wenn die BAK über 1,6‰ lag, da sie davon ausgehen, daß der Kraftfahrer bereits im Genuß alkoholischer Getränke geübt ist und mit hoher Wahrscheinlichkeit auch bereits früher mit Alkohol am Steuer gesessen hat. Das Festhalten an dieser Darstellung wird als mangelnde Problemeinsicht und Bagatellisierung (s. dort) eingestuft, was eine negative Einschätzung der Eignung des Untersuchten zur Folge hat. Diese Sichtweise der MPU-Gutachter hängt möglicherweise damit zusammen, daß sie derartige Angaben häufig zu hören bekommen.

Ausnahmesituationen bzw. Situationen mit Ausnahmecharakter gibt es selbstverständlich. Die MPU-Gutachter, die jeden Fall individuell klären müßten, dürften einen derartigen Vortrag des Untersuchten nicht pauschal als Notlüge behandeln. In den Explorationen wird jedoch nicht geklärt, worin eine Ausnahmesituation bestanden habe.

In den MPU-Gutachten wird häufig – ohne den Untersuchten zu zitieren – behauptet, dieser berufe sich auf eine Ausnahmesituation oder er stelle seinen Fall als Ausnahme dar, was natürlich zwischen den Zeilen für die Verwaltungsbehörde nur eine negative Botschaft bedeutet.

Bagatellisierung, Bagatellisierungsversuch

Standardbegriff in den MPU-Gutachten. Gemeint ist die unrealistische Darstellung der Wirklichkeit, des eigenen Tun und Lassens und der getrunkenen Alkoholmenge, wobei der Alkoholkonsum durch den Untersuchten geringer angegeben wird, als es den Tatsachen (= BAK-Wert bei der Trunkenheitsfahrt) entspricht. Zur Bagatellisierung zählen auch bestimmte Ausdrucksweisen wie z. B. die Verwendung von Verkleinerungsformen zur Beschreibung der Trinkmenge („Gläschen, Fläschchen“). Auch die Behauptung in der Exploration, daß der Trinkanlaß bei der Trunkenheitsfahrt eine absolute Ausnahme darstelle, wird als Bagatellisierung verstanden (wenn etwa die Leberwerte oberhalb des Normbereiches liegen).

Bagatellisierung wird von den Gutachtern immer als mangelnde Problemeinsicht gewertet.

Es ist ein häufiger Mangel von MPU-Gutachten, daß darin von den Gutachtern Bagatellisierung quasi routinemäßig behauptet wird, ohne diese durch zitierte Äußerungen des Untersuchten oder gar als Befunde von standardisierten Tests (Fragebogen) belegen zu können.

BAK (Blutalkoholkonzentration)

Die Menge des konsumierten Alkohols kann im Blut (evtl. zusätzlich auch im Urin) mit Hilfe verschiedener Methoden bestimmt werden, wobei zur Vermeidung von Fehlern gemäß den Richtlinien des Bundesgesundheitsamtes immer 2 Methoden bei einer Probe verwendet werden müssen. Die am häufigsten verwendete Methode ist die ADH-Methode (Alkoholdehydrogenase-Methode). Alkoholdehydrogenase ist ein Enzym, das im Blut den Alkohol zu Acetaldehyd oxidiert, das dann mit einem weiteren Enzym eine Verbindung eingeht, die im Photometer gemessen werden kann. Weitere Verfahren sind das Widmark-Verfahren (Mikrodestillation bei 60 °C) und das gaschromatographische Verfahren. Die Blutalkoholkonzentration wird in Promille (‰) angegeben.

Befundkonstellation

Zusammentreffen verschiedener Einzelbefunde, die ein Gesamtbild ergeben sollen. Dabei ist entscheidend, wie die Einzelbefunde gewichtet und daß wirklich alle Befunde berücksichtigt werden, weil das Gesamtbild anderenfalls verzerrt wird und keine wahrheitsgemäße Aussage mehr zuläßt. In den MPU-Gutachten wird in der Regel nicht im einzelnen dargestellt, weshalb eine Befundkonstellation positiv oder negativ gewertet wurde. Der Begriff wird suggestiv in zumeist negativer Form verwendet.

Beratungsgespräch

In der letzten Zeit bieten die MPU-Stellen den Betroffenen vor der eigentlichen MPU-Begutachtung ein Beratungsgespräch gegen eine Gebühr von etwa 150 DM an, in dem der Betroffene mit einem TÜV-Psychologen seinen Fall bespricht und von diesem eine Einschätzung seiner Erfolgschancen bei einer späteren medizinisch-psychologischen Untersuchung und der zu erfüllenden Voraussetzungen erhält. Diese Beratung kann unter Berücksichtigung der Führerscheinakte oder allein aufgrund der Angaben des Betroffenen erfolgen, wobei aber in jedem Fall eine Akte über den Betroffenen angelegt wird, die bei einer späteren Begutachtung auch herangezogen wird. Den Aussagen der MPU-Stellen zufolge sollen die Betroffenen dadurch besser auf die Untersuchung vorbereitet werden. Dem gleichen Zweck dient auch eine seit kurzem vertriebene Videokassette mit Unterstützung der DEKRA, in der ebenfalls Tips zum erfolgreichen „Bestehen“ der MPU-Prüfung gegeben werden.

Da hier zweifelsohne erhebliche geschäftliche Interessen im Spiel sind, sollte jeder Ratsuchende ein Beratungsgespräch durch einen nicht den TÜV- oder DEKRA-Organisationen angehörenden Verkehrspsychologen in Anspruch nehmen, und zwar schon deshalb, damit die Dinge, die er im Beratungsgespräch über sich berichtet hat, bei der späteren Begutachtung nicht zu seinem Nachteil verwendet werden können.

Beschönigung

Siehe Bagatellisierung.

Bewährungszeitraum

Dadurch, daß ein Kraftfahrer nicht wieder auffällig wird, bewährt er sich im Straßenverkehr. Je länger die Zeit ohne Auffälligkeit, desto günstiger die Aussichten dafür, daß der Kraftfahrer auch in Zukunft nicht mehr auffällig werden wird, und desto geringer auch die individuelle Rückfallwahrscheinlichkeit. In den MPU-Gutachten wird dieser Begriff häufig dann benutzt, wenn die Gutachter etwa die Dauer der Alkoholabstinenz für noch nicht ausreichend halten und eine Überprüfung der Abstinenz durch eine erneute Untersuchung nach einer gewissen Zeit – in der Regel nach einem Jahr – verlangen.

Beziehungsgefüge

In der Fahreignungsbegutachtung hauptsächlich das Gefüge sozialer, familiärer, beruflicher Beziehungen, die Halt bieten und daher für die Beurteilung der künftig wahrscheinlichen Eignung von erheblicher Bedeutung sein können.

Die Erforschung des Beziehungsgefüges eines Untersuchten zu seinem Umfeld kommt in den „TÜVologischen“ Untersuchungen zu kurz, was stets zum Nachteil des Begutachteten ist.

Blindgang

Grob neurologische Untersuchung zur Prüfung des Gleichgewichts. Bei der Blutentnahme wird die Alkoholeinwirkung bzw. Alkoholverträglichkeit durch Blindgang geprüft, weil ein schwankender Gang auf deutliche Alkoholisierung verweisen kann. Auch bei Schädigungen nach Alkoholmißbrauch über einen längeren Zeitraum treten Störungen des Gleichgewichtssinnes auf, die im Blindgangversuch deutlich werden, und zwar auch in nüchternem Zustand, wenn bereits ein erheblicher organischer Schaden eingetreten ist.

Blutdruckwert

Der Wert des in den Arterien herrschenden Drucks. Er beruht auf der Pumpleistung der linken Herzkammer und ist u. a. von den elastischen und Trägheitswiderständen in den kleinen Blutgefäßen (peripherer Widerstand) abhängig. Der Blutdruck verläuft wellenförmig. Seinen höchsten Wert (120 mm Hg in zentralen Gefäßen) erreicht er während der Austreibung (systolischer Wert), seinen niedrigsten (80 mm Hg = diastolischer Wert) kurz vor Beginn der Austreibungszeit. Der Blutdruck wird durch Veränderung der Gefäßelastizität mittels der Gefäßmuskulatur und der Variation der Herztätigkeit geregelt. Er steigt mit zunehmendem Alter und ist stark von Umwelt, Psyche und Tätigkeitszustand des Organismus abhängig. Unter anderem sind Schwankungen mit der Atmung und dem Tagesrhythmus zu verzeichnen.

(Siehe auch: Wörterbuch der Medizin, 6. Auflage, Thieme Verlag, Stuttgart 1973, S. 195.)

Krankhafter Bluthochdruck mit ständigem diastolischem Wert über 140 mm Hg gilt laut Gutachten „Krankheit und Kraftverkehr“ als eignungsausschließend. Liegt der diastolische Wert ständig über 100 mm Hg und es liegen sonstige ernsthafte Krankheitszeichen vor, wird von bedingter Eignung gesprochen. Ist der diastolische Wert ständig über 100 mm Hg und es gibt keine sonstigen Symptome, ist alle 3 Jahre eine allgemeine internistische Kontrolle vorgesehen.

Im medizinischen Teil der MPU-Gutachten wird auffallend häufig Bluthochdruck oder Verdacht auf Bluthochdruck bzw. erhöhter Blutdruck diagnostiziert, obwohl es bekannt ist, daß aufgrund einer Einmalmessung keine zuverlässige Diagnose gestellt werden kann. Zwar ist bekannt, daß übermäßiger bzw. gewohnheitsmäßiger Alkoholkonsum zu krankhaftem Bluthochdruck führen kann, der bei Einmalmessung festgestellte erhöhte Wert ist jedoch kein zuverlässiger Beweis. Es wird in den Befunden nicht zwischen einem aktuellen, etwa wegen der Anspannung bei der Begutachtung hervorgerufenen, und dem evtl. krankhaften Bluthochdruck unterschieden und dadurch ein verzerrtes Bild vermittelt.

Blutentnahme(protokoll)

Nach Feststellung der Alkoholkonzentration in der Atemluft bei einer Verkehrskontrolle wird auf der Polizeistation durch einen Arzt eine Blutprobe entnommen, aus der die Blutalkoholkonzentration im Labor bestimmt wird. Gleichzeitig werden personenbezogene Daten erhoben und einfache Tests zur Prüfung der Alkoholwirkung (Blindgang, Finger-Nase-Versuch, Drehen um die eigene Achse, Schriftprobe usw.) gemacht, deren Ergebnisse im Blutentnahmeprotokoll festgehalten werden (Verhaltensbeobachtung). Eine deutlich feststellbare Beeinträchtigung der Koordinations-/Reaktionsfähigkeit spricht dabei für eine geringere Gewöhnung an hohe Trinkmengen (alkoholbedingte Ausfallerscheinungen).

Der Versuch, den individuellen Alkoholabbau aufgrund von 2 zeitlich versetzten Blutentnahmen zu ermitteln, führt zu keinen verläßlichen Werten. Die doppelte Blutentnahme kann ausnahmsweise für Rückschlüsse auf den Verlauf der Blutalkoholkurve bei oder nach der Tat in Betracht kommen, wenn Angaben über Schluß- oder Nachtrunk überprüft werden sollen. Die Polizei hat dafür besondere Anweisungen.

Im Blutentnahmeprotokoll werden die Ergebnisse der Verhaltensbeobachtung (s. o.) vom Arzt durch Markieren vorgegebener, für die Alkoholverträglichkeit charakteristischer Bezeichnungen kenntlich gemacht. Bei der MPU-Begutachtung werden diese Kriterien in der Regel nicht einheitlich bzw. tendenziös verwertet: Sprechen sie zu Lasten des Untersuchten, so werden sie herangezogen, könnten sie zugunsten des Betroffenen ausgelegt werden, werden sie nicht beachtet.

Da auch die Sachbearbeiter der Führerscheinstellen dieses Blutentnahmeprotokoll bei Ersttätern für ihre Anordnung der Beibringung eines MPU-Gutachtens verwerten, kommt es häufig zu Falschbeurteilungen.

Blutungszwischenfälle

Bei Bluthochdruck können spontane Blutungen dadurch auftreten, daß Gefäße dem Druck nicht standhalten und reißen. Je nach Größe des betroffenen Gefäßes können diese Blutungen ungefährlich oder auch lebensbedrohend sein (Gehirnblutung). Auf jeden Fall können sie zu plötzlichem Bewußtseinsverlust und damit zur Gefährdung des Straßenverkehrs führen.

CDT (Carbohydrate Deficient Transferrin – kohlenhydratdefizientes Transferrin)

Normalwerte: weiblich: bis 26 U/l, männlich: bis 20 U/l

Neueste Untersuchungsmethode. Laborchemischer Marker zum Nachweis des Alkoholmißbrauchs. Bei regelmäßigem hohem Alkoholkonsum treten im Serum kohlenhydratarme Transferrin-Isoformen (CDT) auf. Täglicher Konsum alkoholischer Getränke von mehr als 60 g reiner Alkohol über einen Zeitraum von mindestens sieben Tagen führt fast immer zu erhöhtem CDT. Bei Vorliegen eines solchen Trinkverhaltens erhöht sich die CDT-Konzentration im Serum. Es ist anzumerken, daß ein einmaliger Konsum von großen Alkoholmengen nicht zu einem Anstieg der Konzentration führt. Dadurch ist der CDT-Wert im Vergleich zu anderen, häufig verwendeten Laborparametern wie GGT (s. u.) oder MCV (s. u.) wesentlich treffsicherer (90%) beim Nachweis von langfristigem Alkoholmißbrauch. Es entfallen die vielen Faktoren, die nicht alkoholbedingt sind, die aber trotzdem, z. B. beim GGT, eine deutliche Erhöhung auslösen. Eine Überschneidung der CDT-Werte bei Patienten mit übermäßigem Alkoholkonsum und Patienten mit Lebererkrankungen, die nicht alkoholbedingt sind, findet praktisch nicht statt (Ausnahme: Patientinnen mit primär biliärer Zirrhose).

Erhöht bei Hämochromatose, bei alkoholbedingten Leberschäden und hepatozellulären Nekrosen.
(G. Schettler, Innere Medizin, Band II, 7. Auflage, Thieme Verlag, Stuttgart 1987, S. 245.)

Medikamenteneinflüsse auf den CDT-Spiegel sind in der Fachliteratur bis jetzt nicht bekannt. Insgesamt besteht allerdings die Meinung, daß CDT-Spiegel zwischen 20 und 30 U/l nur bei gleichzeitig über Normal erhöhtem GGT als Hinweis für einen Alkoholkonsum gewertet werden sollten.

Die Bestimmung des CDT-Wertes erfolgt bei den MPU-Stellen der TÜV-Organisationen nicht. Bei Verdachtdiagnose weisen die MPU-Stellen auch nicht darauf hin, daß der CDT-Wert eine Klärung herbeiführen könnte. Wenn in einem MPU-Gutachten aufgrund des geringfügig erhöhten GGT-Wertes übermäßiger Alkoholkonsum oder unglaubhafte Angaben zum Alkoholtrinkverhalten behauptet werden ohne Bestimmung des CDT-Wertes, muß diese Schlußfolgerung als nicht nachvollziehbar abgelehnt werden.

Deliktbewertung

Einschätzung der Schwere und Bedeutung der Verkehrsverstöße für die künftig wahrscheinliche Eignung des Untersuchten. Diese Bewertung kann vom Untersuchten selbst oder vom Gutachter vorgenommen werden, wobei anzumerken ist, daß es sich um eine rein subjektive Einschätzung handelt, da keine zuverlässigen wissenschaftlichen Methoden bekannt sind, die mit hinreichender Sicherheit eine zutreffende Prognose erlauben. Bei der psychologischen Begutachtung der charakterlichen Eignung zum Führen von Kraftfahrzeugen kommt der realistischen und selbstkritischen Bewertung der früheren eigenen strafbaren Handlungen naturgemäß eine wichtige Bedeutung zu. In den MPU-Gutachten findet sich nur selten eine korrekte Wiedergabe der Deliktbewertung durch den Untersuchten selbst, was häufig auch Ursache falscher Beurteilungen ist. „TÜVologen“ beziehen in der Deliktbewertung auch die Ordnungswidrigkeiten ein.

Deliktdaten

Objektive Daten einer strafbaren Handlung (Tatzeit, Tatort, Tatverlauf, Tatbeteiligte, BAK-Wert usw.). Kategorisierte Deliktdaten können eine Grundlage der künftigen Rückfallwahrscheinlichkeit, etwa eines ehemaligen Trunkenheitsfahrers, sein. Die Deliktdaten erfassen auch Ordnungswidrigkeiten.

Deliktvermeidung

Verhaltensmuster oder (Vermeidungs)techniken zur Verhinderung der Wiederholung von Straftaten bzw. des erhöhten Alkoholkonsums, wenn dies Ursache einer strafbaren Handlung war. Dazu können das Meiden eines bestimmten Freundeskreises, des Kneipenbesuchs oder der Umstieg auf andere (alkoholfreie) Getränke zählen.

diagnostisches Gespräch (Exploration)

Klären (Explorieren) von Problemen, Zusammenhängen, auch psychologische Befragung. Subjektive Methode, deren Ergebnisse durch den

Psychologen bzw. dessen Vorurteile verfälscht werden können (Suggestivfragen usw.).

Regelmäßig Bestandteil der medizinisch-psychologischen Untersuchung in den MPU-Stellen der TÜV- und DEKRA-Organisationen und fast ausschließlich deren einzige psychologische Untersuchungsmethode. Dabei muß der Psychologe zunächst die Umstände der Verkehrsauffälligkeiten und deren offensichtliche Motive ebenso wie die sozialen, familiären und zwischenmenschlichen Beziehungen des Untersuchten analysieren. Diese Befragung müßte in den MPU-Stellen nach einem streng standardisierten Schema erfolgen und schriftlich fixiert werden. Aufgrund der Mitschrift hat der Psychologe die Exploration der betreffenden Persönlichkeit und ihrer Konflikte mit den ihm zur Verfügung stehenden Mitteln nach bestimmten Kriterien auszuwerten und mit den Ergebnissen objektiver, standardisierter Tests zu vergleichen, um etwaige subjektive Verfälschungen auszuschließen. Einige Psychologen benutzen Laboratoriumssituationen oder Interaktionssituationen, andere messen ausschließlich dem psychologischen Gespräch Bedeutung bei (psychologische Exploration im engeren Sinne), in dem die Erlebnisinhalte eines Lebenslaufs zur Sprache kommen, was die Bewußtmachung erleichtert und bis zu einer Änderung der Persönlichkeit führen kann.

(Nach: Lexikon der Psychologie, Herder Verlag, Freiburg 1980, S. 548.)

Die wörtliche Mitschrift durch den MPU-Gutachter der Exploration müßte zumindest in den wesentlichen Passagen in nachvollziehbarer Weise im Gutachten wiedergegeben werden. Darin, das diese Wiedergabe fehlt, liegt stets ein erheblicher Mangel, weil der Weg, den der Gutachter aufgrund der Aussagen, Erklärungen des Untersuchten beschritten hat, nicht nachvollziehbar bleibt. Es ist auffallend, daß die Exploration in positiven MPU-Gutachten in der Regel überhaupt nicht wiedergegeben wird, während in negativen MPU-Gutachten entweder bruchstückhafte Zitate mit den Kommentaren des Gutachters vermengt sind, oder der Gutachter gibt die angeblichen Äußerungen des Untersuchten in indirekter Rede, jedoch stets negativlastig wieder.

Im „TÜVologischen“ Sprachgebrauch wird die Exploration wohl deshalb „diagnostisches Gespräch“ genannt, weil es i. d. R. das einzige Instrument der Diagnose ist.

Differentialdiagnose

Unterscheidung zwischen ähnlichen, dem Wesen nach unterschiedlichen Krankheitsbildern. In der Differentialdiagnostik werden durch verschiedene Mittel der Diagnostik, wie z. B. Labortests, Unterscheidungen getroffen zwischen Krankheitsbildern, die ähnliche Symptome aufweisen, so daß die Krankheiten gegeneinander abgegrenzt werden können.

(Nach: Duden, Großes Lexikon der deutschen Sprache, Duden Verlag, 1994.)

Es ist ein erheblicher Mangel von MPU-Gutachten, daß weder Ärzte noch Psychologen sich die Mühe machen, eine Differentialdiagnose zu stellen. Statt dessen wird schematisch nach den Vorurteilen entschieden, die bereits nach Aktenlage entstehen.

Es ist nicht selten, daß etwa bei erhöhtem GGT-Wert im Gutachten lapidar ausgeführt wird: Da der ehemalige Trunkenheitsfahrer keine anderen Gründe für den Anstieg seiner Leberwerte nennen konnte, könne die Ursache nur Alkoholkonsum sein.

Durchschnittsbevölkerung

Es gibt nach Duden den „Durchschnittsbürger“, der den Durchschnitt der Bevölkerung repräsentiert, dessen Verhalten dem der Allgemeinheit entspricht. Die „Durchschnittsbevölkerung“ wäre demnach der Durchschnitt mehrerer Bevölkerungen.

In der „TÜVologischen“ Sprachregelung bedeutet dieses falsch gebildete Kompositum demnach eine nicht vorhandene Bezugsgröße, an der etwa das Alkoholkonsumverhalten eines Untersuchten gemessen wird. Dieses zusammengesetzte Wort ist typisch für die Verkürzung und den damit einhergehenden Verlust der Eindeutigkeit der Aussage.

Eigendynamik

Eine Entwicklung, die eigenen Gesetzmäßigkeiten folgt und von außen nur schwer zu beeinflussen oder zu stoppen ist. Auch Verselbständigung von Entwicklungen, z. B. des Alkoholtrinkverhaltens.

Eignung

Allgemeine und umfassende Bezeichnung für den Grad der Möglichkeit eines Individuums, in einem bestimmten Leistungsbereich (z. B. Teilnahme am öffentlichen motorisierten Straßenverkehr) durch *Übung* ein bestimmtes Leistungsniveau zu erreichen. Ebenfalls gleichbedeutend mit *Leistungsfähigkeit* bzw. *Fähigkeit* im Sinne einer angeborenen Disposition, eines angeborenen Vermögens verwendet.
(Nach: Drewer/Fröhlich, Wörterbuch zur Psychologie, dtv, München 1968, S. 63.)

In bezug auf den motorisierten Straßenverkehr wird die Eignung eines Kraftfahrers in den sogenannten „Eignungsrichtlinien“ festgelegt (s. dort). Die Kraftfahreignung ist demnach ein juristischer und kein psychologischer oder medizinischer Begriff. Über die Eignung entscheidet deshalb nur die Verwaltungsbehörde.

Eignungsbedenken

„TÜVologisches“ Kunstwort, das immer negativen Inhalts ist und die nicht näher genannten Gründe kaschiert, die für die Verwaltungsbehörde den Anlaß für die Anordnung einer Begutachtung darstellen. In der Regel müssen damit die konkreten Verkehrsverstöße gemeint sein, die den Untersuchungsanlaß bilden. In der Praxis werden in dieses Kunstwort aber auch jene Verkehrsverstöße zumindest indirekt aufgenommen, die aus dem Verkehrszentralregister bereits getilgt, aber weiterhin in der Führerscheinakte enthalten sind. Durch die mit diesem Kunstwort verkürzte Wiedergabe eines komplexen Inhalts wird der Eindruck erweckt, es handele sich um einen klar definierten Kriterienkatalog, dessen Kriterien, somit auch die „Eignungsbedenken“, nur einfach „abgehakt“ werden müssen, was in Wirklichkeit jedoch nicht der Fall ist. Die „TÜVologischen“ MPU-Gutachter verwenden dieses Kunstwort mit offensichtlicher Vorliebe, wobei sie diesen generalisierten Ausdruck immer so einsetzen, daß sie betonen, nicht sie, sondern nur die Verwaltungsbehörde habe „Eignungsbedenken“. Sie erwecken dadurch häufig den völlig falschen Eindruck, sie seien nur bemüht, den Untersuchten gegenüber der Behörde zu „entlasten“. Da bekanntlich rund zwei Drittel aller MPU-Gutachten seit Jahren negativ ausfallen, machen die „TÜVologischen“ MPU-Gutachter weit überwiegend keine *„Entlastungsdiagnostik“* (KROJ, 1995), sondern eine *„Nachweisdiagnostik“* (KROJ, 1995), indem sie i. d. R. bereits aufgrund von mitunter Jahre zurückliegenden Verkehrsauffälligkeiten den „Nachweis“ führen, daß die „Eignungsbedenken der Behörde nicht zerstreut werden können“.

Eignungsprognose

Kunstwort, das verkürzt die Prognose hinsichtlich der künftig wahrscheinlichen Eignung einer Person zum Führen von Kraftfahrzeugen im öffentlichen motorisierten Straßenverkehr beschreibt.

Eine psychologische Prognose ist im engeren Sinne eine Wahrscheinlichkeitsvorhersage von zukünftigen Handlungsabläufen aufgrund gegenwärtigen und vergangenen Verhaltens.
(Lexikon der Psychologie, Herder Verlag, Freiburg 1980, S. 1685.)

Die Prognose wird üblicherweise entweder in Prozentzahlen im Verhältnis zu einer Bezugsgruppe oder in Form einer globalen Eignungsbeurteilung formuliert. Das Bundesverwaltungsgericht (7 C 87.84 vom 20. 2. 1987) erkennt die *„Verwendung von Prozentzahlen als Maßstab für die festliegende allgemeingültige Eignungsgrenze“* nicht an. Die wissenschaftliche Eignungsdiagnostik kennt in der Beurteilung der Kraftfahreignung keine absoluten Aussagen. Ohne klare Definition der Eignung ist es logischerweise nicht möglich, eine entsprechende Eignungsprognose abzugeben.

In den MPU-Gutachten finden sich dessenungeachtet in Form von Behauptungen formulierte Eignungsprognosen: „der Untersuchte ist ungeeignet“, „. . . wird erneut ein Kfz unter Alkoholeinfluß führen“ oder „nicht führen“.

Eignungsrichtlinien

Verkürzter Titel der „Richtlinien für die Prüfung der körperlichen und geistigen Eignung von Fahrerlaubnisbewerbern und -inhabern“ (VkBl. 82, 496 mit Berichtigung in: VkBl. 83, 7 und Änderung in: VkBl. 89, 786). Diese Richtlinien stellen sowohl für die Verwaltungsbehörde als auch für die Gutachter die Grundlage für ihre Tätigkeit dar. Sie legen fest, wann die Behörde ein Gutachten verlangen kann, wer das Gutachten zu erstellen hat (Facharzt, Amtsarzt, MPU-Stelle), wie die Fragestellung lautet, zu der das Gutachten eingeholt werden soll und wann aufgrund der „offenkundigen Nichteignung“ kein Gutachten mehr erforderlich ist. Die Eignungsrichtlinien wurden ursprünglich 1982 vom Bundesminister für Verkehr erlassen und in regelmäßigen Abständen überarbeitet (zuletzt im Oktober 1989).

Laut Ziff. 8 Eignungsrichtlinien müssen MPU-Gutachten „in allgemeinverständlicher Sprache abgefaßt sowie nachvollziehbar und nachprüfbar“ sein, und laut Ziff. 9 „genügt es nicht, daß sich die Verwaltungsbehörde dem Gutachten summarisch anschließt. (. . .) Die Entscheidung der Verwaltungsbehörde muß erkennen lassen, daß eine eigene Prüfung stattgefunden hat. Formelhafte Hinweise und Feststellungen reichen dazu nicht aus.“ – Wie bekannt, kann von der Einhaltung dieser Vorschrift durch MPU-Gutachten und Behördenmitarbeiter überhaupt keine Rede sein.

Eignungsvoraussetzungen

In der Kraftfahreignung bis vor kurzem unbestimmter Begriff. Die MPU-Stellen geben in ihren negativen Gutachten erst seit einigen Jahren die Eignungsvoraussetzungen wieder, ohne diese auf die begutachtete Person konkret zu beziehen. Im **„Psychologischen Gutachten – Kraftfahreignung“** (KROJ, 1995) sind Eignungsvorausetzungen erstmals veröffentlicht worden und sollen vom Bundesminister für Verkehr amtlich abgesegnet werden. Gemeint ist damit bei körperlichen Gebrechen die Fähigkeit, diese zu kompensieren; bei charakterlicher Ungeeignetheit die Erfüllung jener Voraussetzungen, die den Kraftfahrer wieder als geeignet erscheinen lassen.

Bei ehemaligen Trunkenheitsfahrern sind die Eignungsvoraussetzungen nach den Kriterien der MPU-Stellen des TÜV erfüllt, wenn

1. das Alkoholtrinkverhalten ausreichend und stabil geändert wurde.
2. Die Änderung ist ausreichend, wenn die erhöhte Alkoholgewöhnung abgebaut ist und Alkohol entweder gar nicht mehr oder nur in geringen und damit überschaubaren Mengen getrunken wird.

3. Die Änderung ist stabil, wenn sie aus einem angemessenen Problembewußtsein heraus erfolgt und in das Gesamtverhalten integriert ist.
4. Es dürfen keine körperlichen Befunde vorhanden sein, die auf mißbräuchlichen Alkoholkonsum in jüngster Vergangenheit hindeuten.
5. Es dürfen keine Anhaltspunkte für wesentliche Leistungsbeeinträchtigungen bestehen.

Einsicht

Bezeichnung für direktes Erfassen von Bedeutungs- oder Sinnzusammenhängen, ermittelt durch die Methode der Selbstbeobachtung.
(Drewer/Fröhlich, Wörterbuch zur Psychologie, dtv, München 1968, S. 64.)

In den MPU-Gutachten ist Einsicht ein vielstrapazierter Begriff. Die Forderung nach Einsicht in die Zusammenhänge der Ursachen und Bedingungen früher fehlerhaften Verhaltens ist natürlich verständlich, denn ohne selbstkritische Einsicht kann es keine Verhaltensänderung geben.

Zu kritisieren ist allerdings die Art und Weise, wie in den MPU-Gutachten die Einsicht, Einsichtsfähigkeit und Einsichtsbereitschaft eines Untersuchten angeblich festgestellt bzw. auch dargestellt wird. Nicht jeder ist bekanntlich in der Lage, sich zu diesem Thema entsprechend zu äußern, was eigentlich nicht dazu führen dürfte, daß daraus Uneinsichtigkeit abgeleitet wird, was jedoch allzu häufig passiert.

Einstellungen

Eine Einstellung wird normalerweise als eine Wahrnehmungsorientierung und Reaktionsbereitschaft in Beziehung zu einem besonderen Objekt oder zu einer Klasse von Objekten definiert. Einige Einschränkungen müssen jedoch hinzugefügt werden:

a) Einstellungen sind relativ dauerhafte Handlungstendenzen. Sie unterscheiden sich dadurch von (. . .) *Erwartungen,* die sich normalerweise mehr auf vorübergehende Reaktionsbereitschaften beziehen. Das bedeutet nicht, daß sich Einstellungen nie ändern können (die Erforschung der Einstellungsänderung ist ein sehr bedeutendes Arbeitsgebiet der Sozialpsychologie), sondern nur, daß sie äußerst widerstandsfähig gegen Veränderungen sind. (. . .)

d) Der Begriff der Einstellungen hat in der Psychologie den wissenschaftlichen Status eines hypothetischen Konstruktes. Eine Einstellung kann nicht direkt beobachtet werden, sondern muß aus dem zu beobachtenden Verhalten erschlossen werden, z. B. aus verbalen *Meinungsäußerungen* oder aus psychologischen Veränderungen, die sich aus der Wahrnehmung des Einstellungsobjektes ergeben, ferner auch aus beobachtbaren Handlungsfolgen in bezug auf das Objekt. Keine dieser Beobachtungsvariablen kann mit Einstellungen gleichgesetzt werden; sie können nur als Indikatoren, Maßstäbe oder „operationale Definitionen“ benutzt werden.

(Lexikon der Psychologie, Herder Verlag, Freiburg 1980, S. 436 ff.)

Unter „verkehrsbezogenen Einstellungen“ werden z. B. verstanden: Risikobereitschaft, Selbstwahrnehmung, Aggression, Emotion, emotionales Autofahren usw.

Einstellungen sind mit psychologischen Instrumenten (Tests) meßbar. Einstellungen bilden in den MPU-Gutachten eine der Beurteilungsgrundlagen, ohne daß die MPU-Stellen die vorhandenen standardisierten Tests einsetzen würden. Die „Messung, Bestimmung“ von für die Kraftfahreignung maßgeblichen Einstellungen nehmen die TÜV-Psychologen aufgrund eines kurzen Gesprächs (Exploration) vor – was nicht das geringste mit wissenschaftlicher Methodik zu tun hat und daher in das Reich der Wahrsagerei gehört.

Einstellungs- und Verhaltensänderung

Häufig verwendete Phrase in MPU-Gutachten. Eine Änderung der Einstellungen (s. auch dort) ist das Ziel therapeutischer Maßnahmen, wobei zu beachten ist, daß sich Einstellungen nur langfristig verändern lassen. Die Verhaltensänderung zielt darauf ab, bestimmte Verhaltensstörungen oder nicht der Norm angepaßtes Verhalten zu verlernen und entsprechend angepaßtes Verhalten auf der Grundlage von lernpsychologischen Gesetzmäßigkeiten zu erlernen. Die Theorie der Verhaltensänderungen basiert auf der These, daß jede Verhaltensstörung erlernt wurde und durch entsprechendes Gegenlernen abgebaut werden kann. Unterstützt wird dies durch den Aufbau von gegenteiligen Verhaltensweisen. Hierbei erfolgt eine Neuordnung der Konsequenzen des individuellen Verhaltens im Umfeld des einzelnen.

(Nach: Lexikon der Psychologie, Herder Verlag, Freiburg 1980, S. 2459.)

Einstellungs- und Verhaltensänderung ist in den MPU-Gutachten stets eine Eignungsvoraussetzung. Dabei wird in jedem Fall davon ausgegangen, daß die zu verändernde Verhaltensweise des Untersuchten eine verfestigte, überdauernde ist – was man zumindest bei einem erstmals aufgefallenen Trunkenheitsfahrer nicht von vornherein annehmen kann.

Entlastungsfunktion, psychische

Kunstbegriff der MPU-Begutachtung. Es wird hier insbesondere auf die Rolle des Alkohols als entspannendes Mittel Bezug genommen und auf die Tatsache, daß vor allem Personen, die unter starkem beruflichem oder persönlichem Streß stehen, häufig Entspannung durch den Genuß von Alkohol suchen und zeitweilig auch finden. Als Folge der sich daraus entwickelnden Trinkgewohnheit erhöhen sich die subjektive Alkoholtoleranz und die Gefahr, daß zwischen „Trinken und Fahren“ nicht mehr konsequent getrennt wird, weil auch bei höherem Alkoholkonsum keine Beeinträchtigungen empfunden werden.

Erfahrungstatsache

In sich widersprüchlicher Begriff der „TÜVologischen“ Sprachregelung. Erfahrungen sind grundsätzlich personenbezogene Erlebnisse und Erkenntnisse, die für jede einzelne Person unterschiedlich sein können, während Tatsachen objektiv erkennbare Fakten beschreiben. Es wird also – ohne eine entsprechende wissenschaftliche Untersuchung durchgeführt zu haben – versucht, bestimmte, häufig beobachtete Gegebenheiten als wissenschaftlich gesichertes und durch entsprechende Experimente usw. bewiesenes Wissen darzustellen. Natürlich lassen sich aufgrund eigener Erfahrungen bestimmte Vermutungen formulieren, diese sind aber so lange nicht als gesicherte Tatsache anzusehen, wie sie nicht wissenschaftlich nachgewiesen sind. Die „TÜVologen“ strapazieren diesen Begriff insbesondere als einzige Begründung ihrer negativen Beurteilungen.

Ersttäter

Eine Person, die zum ersten Mal durch Verstöße gegen die Ordnung oder die Sicherheit im Straßenverkehr auffällig wird. Bei diesem Kurzbegriff bleibt in den MPU-Gutachten häufig unklar, ob es sich bei den Verstößen um Straftaten oder Ordnungswidrigkeiten handelt – also wie schwerwiegend diese Verstöße waren. Im Interesse einer einzelfallbezogenen Darstellung/Begutachtung müßte klarer definiert werden, durch welche Merkmale sich diese Gruppe zusätzlich auszeichnet, denn es erscheint z. B. fragwürdig, Trunkenheitsfahrer mit einer BAK von 0,81‰ mit solchen gleichzusetzen, die mit 1,99‰ verkehrsauffällig wurden.

In den letzten Jahren ist die Tendenz zu beobachten, daß von Trunkenheitsersttätern immer häufiger ein MPU-Gutachten angefordert wird. Es scheint, daß die Verwaltungsbehörden und die MPU-Stellen die Kriterien der Fußnote 7 Eignungsrichtlinien dabei allzu leicht übersehen.

Exploration

Siehe „diagnostisches Gespräch“.

exzessiv

Häufig verwendetes Adjektiv der Beschreibung des Alkoholtrinkverhaltens in den MPU-Gutachten. Das Beiwort bedeutet „haltlos, maßlos, das Maß sehr stark überschreitend, ausschweifend“.

Fahrbewährung

Kunstwort zur Wiedergabe der Tatsache, daß durch eine unauffällige, den Verkehrsvorschriften angepaßte Teilnahme am öffentlichen motorisierten

Straßenverkehr über einen gewissen Zeiraum die Eignung untermauert werden kann. Starke Verkürzung der Aussage durch Bildung eines Kompositums, das für einen gesamten Satzteil steht (etwa: Bewährung durch vorschriftsmäßige Fahrtätigkeit oder: Fahrtätigkeit zum Zweck der Bewährung als Straßenverkehrsteilnehmer). Dadurch ist die Bedeutung dieses Wortes nicht mehr eindeutig und offen für verschiedene Interpretationsmöglichkeiten.

Fahreignung (auch Kraftfahreignung)

„Die Eignung zum Führen von Kraftfahrzeugen ist aus der Sicht des Gesetzgebers eine persönliche Eigenschaft, die durch Maßnahmen der Sicherung und Besserung verändert werden kann (vgl. u. a. § 69 StGB)“ – (zitiert nach KROJ, 1995, S. 52).

Es handelt sich dabei in erster Linie um einen rechtsnormativen Begriff.

Im allgemeinen werden **körperliche, geistige** und **charakterliche** Fahreignung unterschieden und natürlich auch begutachtet.

Während die körperliche und die geistige Eignung durchaus klar definiert werden kann, geben sogar führende „TÜVologen“ frei zu, daß *„der Begriff der* **charakterlichen Eignung** *sehr weit zu verstehen ist“* (KROJ, 1995, S. 20).

Daß die Fachwelt nicht geringe Schwierigkeiten mit der Definition dieses überaus wichtigen Begriffes hat, ergibt sich auch daraus, daß im Gutachten des Gemeinsamen Beirates für Verkehrsmedizin beim Bundesminister für Verkehr **„Krankheit und Kraftverkehr“** (Seite 11) die folgende Beschreibung für den umgekehrten Fall, d. h. für das Fehlen der Eignung (= Ungeeignetheit), gegeben wird: „Die Eignung zum Führen von Kraftfahrzeugen (ist) nur dann nicht gegeben (. . .), wenn aufgrund des individuellen körperlich-geistigen Zustandes *Verkehrsgefährdung nachgewiesen* werden kann. Für die gerechtfertigte Annahme einer Verkehrsgefährdung (wird) (. . .) unterstellt, daß die nahe durch Tatsachen begründete Wahrscheinlichkeit des Eintritts eines Schädigungsereignisses gegeben sein muß.“ Die fehlende Eignung kann aufgrund körperlicher, geistiger und charakterlicher Mängel gegeben sein. Besonders Charaktermängel werden in den MPU-Gutachten und der Rechtsprechung häufig als Grund für die fehlende Eignung genannt, ohne daß eine klare psychologische Diagnose gestellt wurde. Insbesondere die „künftige Eignung“ soll von den MPU-Gutachtern beurteilt werden, aber die in den Gutachten gemachten Prognosen sind meist nicht nachprüfbar oder nachvollziehbar, so daß die Gutachter ihre Aufgabe eigentlich gar nicht erfüllen.

Fahrende Trinker

In Fußnote 7 der Eignungsrichtlinien wird im Teil „Begründung“ ausgeführt, daß es sich bei Kraftfahrern, die mit 2,0‰ oder mehr eine Trunkenheitsfahrt begehen, „in der Regel nicht mehr um trinkende Fahrer, sondern um fahrende Trinker handelt".

Fahrtauglichkeit

Von den MPU-Stellen gebildeter Begriff in Anlehnung an den im Gutachten „Krankheit und Kraftverkehr" und in der Rechtsprechung definierten Begriff der Fahreignung. Ein charakterlich nicht geeigneter Kraftfahrer kann geistig und/oder körperlich durchaus fahrtauglich sein. Fahrtauglichkeit beinhaltet Fähigkeiten und Fertigkeiten, während die Fahreignung ein rein rechtlicher, rechtsnormativer Begriff ist.

Fahrwunsch

Künstliche Wortschöpfung der „TÜVologischen" Sprachregelung. Sie soll zum Ausdruck bringen, daß ein Kraftfahrer, der alkoholische Getränke zu sich genommen hat, nicht in jedem Fall in der Lage sein kann, seinem Wunsch nach Fahren mit seinem Fahrzeug, also dem „Fahrwunsch", zu widerstehen.

FE

Abkürzung für Fahrerlaubnis. In der Umgangssprache auch als „Führerschein" bezeichnet, obwohl strenggenommen der Führerschein lediglich das Dokument ist, das der Besitzer der Fahrerlaubnis mit sich zu führen hat, während die Fahrerlaubnis die amtliche Genehmigung darstellt, am öffentlichen motorisierten Straßenverkehr als Fahrer teilnehmen zu dürfen.

Fehleinstellungen

Siehe auch Einstellungen. Kunstwort der „TÜVologischen" Sprachregelung, das im Sinne der Fahreignung der Norm nicht entsprechende Einstellungen bezeichnen soll, d. h., die Anpassung an die geltenden Rechtsnormen und Vorschriften im Straßenverkehr ist unzureichend. Im Hinblick auf das Trinkverhalten wird wohl auf eine ungenügende Trennung von „Trinken und Fahren" bzw. eine fehlerhafte Einschätzung eines u.U. problematischen Alkoholkonsums angespielt.

Fehleinstellungen werden auch bei Kraftfahrern angenommen, die durch wiederholte, in nüchternem Zustand begangene Verstöße auffällig wurden (Punktesammler, Mehrfachtäter-Punktsystem).

Es ist bezeichnend, daß hier nicht der allgemeinsprachlich verständliche Begriff „Einstellungsfehler" verwendet wird. Die Wortbedeutung erhält dadurch eine andere Nuance, die nicht mehr besagt, daß es sich um einen „Fehler in den Einstellungen" handelt, wobei Fehler natürlich immer auch korrigiert werden können. „Fehleinstellungen" weisen demgegenüber auf etwas grundsätzlich Falsches hin – „fehlerhafte Einstellungen“ –, das einer Korrektur wesentlich schwerer zugänglich ist.

Der Begriff „Fehleinstellungen“ suggeriert dem Sachbearbeiter der Verwaltungsbehörde nicht mehr behebbare Charaktermängel, und auch das gänzliche Fehlen von (guten) Charaktereigenschaften. Ein derartiger Eindruck entsteht zwangsläufig, zumal in den negativen MPU-Gutachten fast niemals positive Eigenschaften des Untersuchten genannt werden.

Fehlhaltungen

Zur Analyse der Wortzusammensetzung siehe auch unter „Fehleinstellungen“. Hier wird auf seelische Haltungen im Sinne charakterlicher Festigkeit, Gesinnung und Zielsetzung Bezug genommen. Im übertragenen Sinne ist dieser Begriff mit Fehleinstellungen gleichzusetzen. Laut Duden beschreibt das Wort „Haltung“ die innere Grundeinstellung, die jemandes Denken und Handeln prägt, bzw. das Verhalten, das durch eine bestimmte innere Einstellung, Verfassung hervorgerufen wird.

Fehlverhalten, Fehlverhaltensweisen

Synonyme. Zur Wortzusammensetzung siehe auch „Fehleinstellungen“. Der Begriff „Verhalten“ ist eine allgemeine Bezeichnung für die Gesamtheit aller beobachtbaren, feststellbaren oder meßbaren Aktivitäten eines Wesens, meist aufgefaßt als Reaktion auf bestimmte Reize, mit denen das Wesen in bestimmten Situationen konfrontiert ist. Verhalten ist aber nicht nur auf das objektiv Beobachtbare beschränkt, sondern schließt auch geistige Tätigkeiten (z. B. Denkvorgänge) oder Vorgänge wie bewußtes Erleben mit ein. Dazu zählt dann natürlich auch das Verhalten gegenüber etwas oder jemand anderem. Die Vorstellung des „Fehlverhaltens“ geht davon aus, daß bestimmte Verhaltensmuster (s. auch dort) als allgemeingültige Norm gelten und daß man sich diesen Normen anpassen muß. Dabei ist der Begriff Fehlverhalten nicht so weitgehend, daß notwendigerweise rechtliche Normen verletzt werden – es handelt sich eher um eine Verletzung der Normen und Kategorien, die von „Fachleuten“ mit oder ohne wissenschaftliche Überprüfung als korrekte und damit allein gültige Normen festgesetzt werden.

Fettleber

Häufigste Lebererkrankung mit vermehrter Fettablagerung in den Leberzellen (mäßiggradig 10% bis maximal 50%); die häufigsten Ursachen sind: Alkoholmißbrauch, Zuckerkrankheit (Diabetes mellitus), falsche Ernährung (Über- oder Untergewicht), Medikamente, z. B. Tetrazykline, Kortison, Pilzgifte. Die Leber ist vergrößert, prall elastisch oder derb.

Finger-Nase-Versuch

Abk.: FNV; Test zur Prüfung der Koordinationsfähigkeit: Der Proband muß mit dem Zeigefinger die Nasenspitze zuerst mit offenen, dann mit geschlossenen Augen berühren; bei Koordinationsstörungen und Tremor können diese Bewegungen nicht einwandfrei ausgeführt werden. Grob neurologische Standardprüfung anläßlich der Blutentnahme nach einer Trunkenheitsfahrt und bei der MPU. Dem FNV wird eine häufig überzogene Bedeutung beigemessen.

Funktions- und Intelligenzbereiche

Eigentlich unübliche kombinierte Kurzbezeichnung, mit der in MPU-Gutachten die Bereiche der funktional-psychischen Leistungsfähigkeit und gleichzeitig die der Intelligenz gemeint sind. Die Leistungsfähigkeit in diesen Bereichen kann durch spezielle Tests geprüft werden. Für das sichere Führen von Kraftfahrzeugen sind die durchschnittliche funktional-psychische Leistungsfähigkeit (Reaktionsvermögen, Konzentrationsfähigkeit, Belastbarkeit usw.) und eine zumindest durchschnittliche intellektuelle Ausstattung i. d. R. ausreichend. Etwa durch Alkohol- und/oder Drogenkonsum können die funktional-psychische und die intellektuelle Leistungsfähigkeit so stark beeinträchtigt sein, daß die Eignung zum Führen von Kraftfahrzeugen auszuschließen ist. In den MPU-Stellen wird dieser Leistungsabbau i. d. R. nicht geprüft, obwohl die erforderlichen Geräte dafür vorhanden sind.

Gefährdungsfaktor

Negativ belegte Wortschöpfung, die einen bestimmten, klar definierbaren Umstand beschreiben soll, der zu einer Gefährdung im Straßenverkehr führen kann. Auch im Bereich der körperlichen Voraussetzungen gibt es Faktoren, wie mangelhaftes Sehvermögen, Farbsinnschwäche, die eine potentielle Gefährdung im Straßenverkehr darstellen. Ziel der medizinischen und/oder medizinisch-psychologischen Untersuchung ist es, die Fähigkeit des Begutachteten zu prüfen, potentielle Gefährdungsfaktoren z. B. durch besonders umsichtige Fahrweise auszugleichen oder spezielle Einbauten im Kraftfahrzeug auszuschalten oder auf ein Minimum zu reduzieren. Bei Promille-Fahrern können diese Faktoren durch Umstellung des Trinkverhaltens und kritische Auseinandersetzung mit dem früheren Verhalten günstig beeinflußt werden. Im Falle von Alkoholfahrern zählen dazu etwa das frühere und das derzeitige Trinkverhalten.

Gefährdungsrisiko

Negativ belegtes Kurzwort. Aus dem Wort an sich wird nicht deutlich, ob die Bedeutung in etwa lautet: Risiko für den einzelnen Kraftfahrer, zu einer Gefährdung im Straßenverkehr zu werden, oder ob es sich um das Risiko handelt, einer Gefährdung ausgesetzt zu sein. Die denkbaren Unterschiede in der Interpretation sind hier besonders deutlich. Die fehlende Eindeutigkeit der Bedeutung überläßt es der Phantasie des einzelnen, vor dem Hintergrund der individuellen Erfahrungen die eher wahrscheinliche Bedeutung zu wählen. Dadurch kommt es häufig zu Mißverständnissen.

Gesamtpopulation (der Kraftfahrer)

Die Gesamtheit aller Kraftfahrer. Statistische Bezugsgröße.

gewohnheitsmäßiges Trinken, Trinkverhalten

Siehe Alkoholtrinkverhalten. Stets negativ belegte Formulierung, wobei mit dem Adjektiv „gewohnheitsmäßig“ in der „TÜVologischen“ Lesart übermäßiges, mitunter in die Nähe der Abhängigkeit gerücktes Alkoholtrinkverhalten gemeint ist.

gezielte anamnestische Erhebung

Anamnese, die nur auf die Klärung der Hintergründe einer bestimmten Frage hinzielt. In den MPU-Gutachten richtet sich eine „gezielte anamnestische Erhebung“ in der Regel auf frühere Trinkgewohnheiten, Lebererkrankungen und sonstige Organschäden, die möglicherweise durch übermäßigen Alkoholkonsum verursacht wurden.

GGT (SGGT) – Gamma-Glutamyl-Transpeptidase

Normbereiche der MPU-Stellen: männl.: 6 bis 28 U/l; weibl.: 4 bis 18 U/l.

GGT ist ein Enzym, dessen Produktion durch Östrogene, Narkotika, Sedativa, Alkohol usw. ausgelöst wird. Eine Erhöhung der Aktivität im Serum findet sich fast ausschließlich bei Erkrankungen der Leber und der Gallenwege. Eine Erhöhung des GGT-Wertes ist ein sehr sensibler Nachweis einer Cholestase sowie einer primär biliären Zirrhose. Die Konzentration des Enzyms steigt außerdem bei toxischen Leberschäden, z. B. Alkoholhepatitis. Bei akuter Hepatitis meist geringerer Anstieg als bei chronischen Lebererkrankungen.
(G. Schettler, Innere Medizin, Band II, 7. Auflage, Thieme Verlag, Stuttgart 1987, S. 244.)

GGT, isolierte Erhöhung

Von einer isolierten Erhöhung spricht man dann, wenn allein der GGT-Wert und nicht die anderen Transaminasen GPT und GOT sowie der

MCV-Wert erhöht ist. Diese Erhöhung wird in den MPU-Gutachten vielfach so interpretiert, daß ein erhöhter Alkoholkonsum bzw. eine Leberschädigung vorliegt. Der GGT-Wert ist jedoch sehr wenig aussagekräftig und durch viele anderen Faktoren beeinflußbar (Medikamente, nichtalkoholische Leberverfettung, Schädigung anderer Organe wie Gallenwege, Niere, Herz, Lunge usw.). In einem Artikel in der *Deutschen Medizinischen Wochenschrift 119* (Thieme Verlag 1994, S. 1041–1044) schreiben dazu A. von HERBAY und G. STROHMEYER:

„Zur Differenzierung kann in einigen Fällen die Bestimmung weiterer Laborparameter weiterhelfen, die bei fortbestehendem Alkoholkonsum oft pathologisch verändert sind: Oft findet man bei Alkoholikern zusätzlich eine makrozytäre Anämie (hohes mittleres korpuskuläres Volumen [MCV]), Folsäuremangel, Leukozytose, Thrombozytopenie, Hypertriglycerodämie, Hypercholesterinämie, Anstieg der Immunglobuline IgA und IgG. Allerdings gibt es keine Laborkriterien, um differentialdiagnostisch eine alkoholbedingte Leberschädigung von einer nichtalkoholbedingten sicher zu unterscheiden, und auch histologisch ist dies nicht immer sicher möglich. Unseres Erachtens ist es aber allein aufgrund einer isolierten GGT-Erhöhung nicht gerechtfertigt, ohne weitere Kriterien (z. B. Fremdanamnese) einen Alkoholkonsum zu unterstellen, denn die Spezifität der GGT beträgt auch in Kombination mit den übrigen Laborbefunden nur 50–80%.“

In den MPU-Gutachten wird eine erhöhte GGT offenbar „TÜVologisch“ systembedingt nicht differentialdiagnostisch interpretiert, was häufig zu unzutreffender Falschbegutachtung führt (s. Differentialdiagnose).

Giftfestigkeit

Laut Duden die Unempfindlichkeit, Immunität unterschiedlichen Grades gegenüber Giften. In den MPU-Gutachten wird dieser Ausdruck häufig und unangemessen verwendet, um die erhöhte Alkoholverträglichkeit einer Person zu beschreiben (s. auch dort). Dieser Ausdruck ist eindeutig negativ belegt, da Gift als solches aufgrund der schädlichen Wirkung ohnehin eine stark negative Bedeutung hat und die Unempfindlichkeit (Giftfestigkeit) dagegen eindeutig aussagt, daß dieses Gift, die schädigende Substanz, gewohnheitsmäßig und wahrscheinlich auch in größeren Mengen konsumiert wurde. Nach der „TÜVologischen“ Sprachregelung handelt es sich bei Giftfestigkeit also um einen Menschen, der selbstzerstörerisch und ohne Achtung der eigenen Gesundheit/Persönlichkeit handelt.

GOT (SGOT) – Serum-Glutamat-Oxalazetat-Transaminase

Standard-Leberfunktionswert (Normbereiche: Männer bis 18 U/l, Frauen bis 15 U/l).

Transaminase, d. h. ein Enzym, das die Übertragung der Aminogruppe von einer Aminosäure auf eine Ketosäure katalysiert (Aminotransferasen), die Konzentration der GPT (im zytoplasmischen Raum lokalisiert) und der GOT (im Zytoplasma und mitochondrialen Raum lokalisiert) ist in der Leberzelle etwa 10 000mal größer als im Serum. Eine Zellschädigung führt je nach Schweregrad zum Austritt entsprechender Enzymmengen in das Serum. Entzündlich nekrotische Veränderungen der Leber gehen mit einer Erhöhung der GPT und GOT im Serum einher. Die Halbwertszeit der GOT im Serum liegt bei 50–60 Std., der GPT bei 70–80 Std.
(Nach: G. Schettler, Innere Medizin, Band II, Thieme Verlag, Stuttgart 1987, S. 244.)

GOT-GPT-Verhältnis (SGOT-SGPT-Verhältnis)

Dieses Verhältnis wird oft als Marker (Kennzeichen) für alkoholbedingte Ursachen von Lebererkrankungen/-schädigungen herangezogen. Es wurde bereits vor Jahren gezeigt, daß Patienten mit alkoholischer Lebererkrankung ein durchschnittlich höheres SGOT-SGPT-Verhältnis aufweisen als Patienten mit nichtalkoholischer Lebererkrankung. In der Schweizer Medizinischen Wochenschrift schreibt dazu RENNER (1992; 122, S. 616):

„Bei einem Großteil der alkoholbedingten, aber nur bei einem kleinen Teil der nichtalkoholbedingten Lebererkrankungen lag das SGOT/SGPT-Verhältnis über 2. Umgekehrt aber lag bei fast der Hälfte auch der alkoholinduzierten Hepatopathien (alkoholbedingten Lebererkrankungen) das SGOT/SGPT-Verhältnis unter 2 und unterschied sich nicht von demjenigen beim Großteil der nichtalkoholbedingten Lebererkrankungen. Während somit der positive Voraussagewert, d. h. die Wahrscheinlichkeit, daß ein Leberschaden alkoholbedingt ist, bei einem SGOT/SGPT-Verhältnis über 2 recht groß, um die 80% erscheint, ist der negative Voraussagewert, d. h. die Wahrscheinlichkeit, daß bei einem SGOT/SGPT-Verhältnis unter 2 keine alkoholbedingte Ursache vorliegt, ungenügend.“

In MPU-Gutachten werden derartig differenzierte Interpretationen nicht angetroffen, was als erheblicher Mangel zu bezeichnen ist.

GPT (SGPT) – Serum-Glutamat-Pyruvat-Transaminase

(Normbereiche: Männer bis 23 U/l, Frauen bis 19 U/l).

Ebenfalls ein Leberfunktionswert, der häufig in den MPU-Gutachten zum Nachweis angeblich exzessiven Alkoholkonsums herangezogen wird. Dieses Leberenzym ist aber noch weniger sensibel oder spezifisch, d. h. genauer und aussagekräftiger als der GGT-Wert.
(G. Schettler, Innere Medizin, Band II, Thieme Verlag, Stuttgart 1987, S. 244.)

Grenzwert der Eignung

In MPU-Gutachten häufig verwendeter Ausdruck der „TÜVologischen Geheimsprache“, wenn die Schlußbeurteilung negativ ausfällt. Einen irgendwie definierten und allgemein anerkannten „Grenzwert der Eignung“ gibt es überhaupt nicht. Die MPU-Stellen täuschen damit in ihren negativen Gutachten vor, daß es einen solchen Grenzwert gibt, daß sie diesen kennen und daß der Untersuchte diesen Grenzwert nicht erreicht und deshalb nicht geeignet ist.

Es ist bemerkenswert, daß in positiven MPU-Gutachten niemals auf diesen angeblichen „Grenzwert der Eignung“ Bezug genommen wird.

Daß es einen „Grenzwert der Eignung“ nicht gibt, beweist auch die Tatsache, daß die „unterschiedlichen Praktiken der Medizinisch-Psychologischen Institute“ dazu geführt haben, daß die „Nichteignungsquoten bei Trunkenheitstätern bei den meisten TÜV-Instituten ca. dreimal so hoch waren wie bei den Instituten des TÜV Bayern“. (Zitiert nach MÜLLER, DAR 8/94, 309.)

grob neurologische Untersuchung

Eine erste, an oberflächlichen Kriterien orientierte ärztliche Prüfung von Reflexen und Sinnesorganen. Sie findet bei der Blutentnahme wegen Verdachts auf Trunkenheit am Steuer und im medizinischen Teil der MPU-Begutachtung statt. Die Befunde werden i. d. R. auf einem vorgedruckten Protokollbogen durch Markierung vorgegebener schematischer Begriffe festgehalten.

Gynäkomastie

Ein- oder doppelseitige Vergrößerung der männlichen Brustdrüse; von der „echten G.“ durch Vermehrung des Brustdrüsengewebes muß die „unechte G.“ unterschieden werden, die durch Fettansammlung bei Adipositas (Übergewicht) entstehen kann. Vorkommen u. a. bei Lebererkrankungen, Hodenerkrankungen und bei Prostatakarzinom.
(Nach Pschyrembel, Klinisches Wörterbuch, 256. Aufl., S. 528.)

In den „TÜVologischen“ MPU-Gutachten wird i. d. R. nicht abgeklärt, ob bei etwas übergewichtigen ehemaligen Trunkenheitsfahrern die vergrößerte Brustdrüse nur auf das Übergewicht bzw. sonstige Organerkrankungen oder aber auf alkoholbedingte Spätfolgen zurückzuführen ist. Es wird vielmehr der Eindruck erweckt, daß Gynäkomastie nur die Folge von übermäßigem Alkoholkonsum sein kann.

Haltungen

In den MPU-Gutachten bedeutet dieser Begriff ausschließlich seelische Haltungen (im Gegensatz zu körperlichen Haltungen). Darunter werden charakterliche Haltungen im Sinne von charakterlicher Festigkeit, Gesinnung und Zielsetzungen verstanden. Haltungen haben zudem die Bedeutung spezifischer persönlicher Stellungnahmen, etwa zu „Trinken und Fahren“.

Informationsdefizit

Laut Duden das zu geringe Maß an Information. In den MPU-Gutachten ist damit das nicht vorhandene oder ausreichende Wissen über die Wirkung alkoholischer Getränke auf den menschlichen Organismus und speziell des Genusses bestimmter Alkoholmengen auf die Fahrtüchtigkeit gemeint. Es geht dabei um Kenntnisse über den reinen Alkoholgehalt eines alkoholischen Getränks, um Alkoholabbau und die alkoholbedingten Einschränkungen der Wahrnehmungsfähigkeit und des Reaktionsvermögens usw.

Kontrolle über „Trinken und Fahren“

Sehr häufig anzutreffende Wendung in MPU-Gutachten. Damit ist die klare Trennung des Konsums von alkoholischen Getränken und der anschließenden Benutzung des Kraftfahrzeugs gemeint. Erklärtes Ziel aller Vor- und Nachschulungsmaßnahmen in der wissenschaftlichen Verkehrspsychologie.

kraftfahrwichtig

Kunstausdruck der „TÜVologischen“ Sprachregelung. Zusammengesetzte Wortschöpfung, die durch ihre Verkürzung mehrdeutig wird. Es bleibt der Phantasie des Lesers überlassen, ob dieses Wort „wichtig für die Fähigkeit zum Führen eines Kraftfahrzeugs“ oder u. U. auch „wichtig für die Eignung eines Kraftfahrers“ bzw. „wichtig im Zusammenhang mit dem Kraftfahrzeugwesen, d. h. dem öffentlichen Straßenverkehr“, bedeuten soll.

Kreislaufversagen

Herz-Kreislauf-Erkrankungen werden im Gutachten **„Krankheit und Kraftverkehr“** als eine mögliche Ursache für die Ungeeignetheit zum Führen von Kraftfahrzeugen aufgeführt. Dort werden Herz-Kreislauf-Zwischenfälle als häufig nicht erkannte Unfallursache aufgeführt, und es wird insbesondere auf den Bluthochdruck eingegangen. Kreislaufversagen ist aber eine Form der Kreislaufstörung, die äußerst schwerwiegend ist, bei Schockzuständen anzutreffen ist und bei fehlender Behandlung über Tage hinweg sogar zum Tod führen kann.

Da solche Umstände wohl kaum in normalen Verkehrssituationen auftreten werden, ist hier eher die Bedeutung der (schweren) „Kreislaufstö-

rung“ gemeint. Dabei handelt es sich um kurze oder länger anhaltende, u. U. anfallartig auftretende Funktionsstörungen des Herz-Kreislauf-Systems ohne nachweisbare organische Erkrankung. Die Ursachen sind häufig psychosomatisch und durch Umwelteinflüsse bedingt.
(Nach: Pschyrembel, Klinisches Wörterbuch, 256. Auflage, Verlag de Gruyter, Berlin 1990, S. 903 f.)

Der Begriff wird bevorzugt im medizinischen Teil des MPU-Gutachtens verwendet, bei älteren Kraftfahrern und dann, wenn der TÜV-Arzt nach einer Einmalmessung erhöhten Blutdruck oder Bluthochdruck diagnostiziert. Mit Einmalmessung kann jedoch keine zuverlässige Diagnose des Bluthochdrucks oder der Kreislaufstörung gestellt werden.

Laborparameter

In einer Laboruntersuchung ermittelte Werte. Für die Zwecke der MPU-Begutachtung sind vorrangig die Leberenzymwerte, der MCV- und der CDT-Wert von Bedeutung (siehe auch dort).

Langzeitkonsum

Über einen längeren Zeitraum hinweg bestehender Konsum alkoholischer Getränke. In der besonderen „TÜVologischen“ Terminologie ist immer der Konsum von Alkohol (und nicht anderer Drogen) gemeint, wobei nicht näher bestimmt wird, nach welcher Zeit die Gutachter von „Langzeitkonsum“ sprechen. Es wird nicht klar definiert, ob es sich dabei um den Konsum möglicherweise auch geringerer Mengen Alkohol über einen Zeitraum von mehreren Jahren oder den Konsum hoher Mengen über einen oder mehrere Monate handelt. Darin besteht ein erheblicher Mangel der Untersuchung und Begutachtung, weil es in der Alkoholismusforschung dafür klare Kriterien gibt (siehe z. B. den standardisierten „Münchner Alkoholismus-Test“ – MALT).

Leberenzymwerte

In der Leber wird eine Vielzahl verschiedener Enzyme produziert, deren Werte auch durch den Genuß von Alkohol beeinflußt werden. Die typischen Leberenzyme, die in den MPU-Begutachtungen routinemäßig durch Blutanalyse geprüft werden, sind GGT, GOT und GPT. Eine Erhöhung dieser Werte über den Normbereich hinaus kann u.U. auf eine alkoholbedingte Schädigung der Leber hinweisen. Die o.g. Enzyme sind aber einzeln und auch zusammen kein absolut sicheres Kriterium dafür, daß übermäßiger oder auch nur geringer Alkoholkonsum vorliegt, denn sie reagieren zwar durch Anstieg auf den Konsum von Alkohol – die Empfindlichkeit/Sensitivität von GGT liegt bei 50–80 % –, sie liefern aber insofern keine klare Aussage, weil die Ursache der Erhöhung nicht notwendigerweise im Alkoholgenuß liegen muß – sie sind also nicht besonders spezifisch. Die Leberenzymwerte sind daher keine zuverlässigen Marker (Kennzeichen) für die Veranlagung zum übermäßigen Alkoholkonsum oder den übermäßigen Alkoholkonsum selbst.

Leberparameter, Leberfunktionswerte

Untersuchungen der Leberfunktion auf bestimmte Parameter dienen zur Erkennung von Leberfunktionsstörungen. Als Folge der zentralen Stellung der Leber im Stoffwechsel und ihrer notwendigen Mitarbeit bei einem großen Teil der Stoff- und Energieumsetzungen im Organismus wirken sich Störungen der Leber auf die Funktionen aller Organe mehr oder minder stark aus (s. auch Leberenzymwerte).

In den MPU-Gutachten kommt es in erster Linie auf folgende Leberfunktionswerte an: GOT, GPT, GGT, weil der Konsum alkoholischer Getränke zu einem Anstieg dieser Werte über Normal führen kann.

Es ist ein systematischer Fehler der MPU-Begutachtung, daß eine Erhöhung der Leberfunktionswerte immer auf gesteigerten Alkoholkonsum zurückgeführt wird, obwohl in der Medizin allseits bekannt ist, daß die GOT-, GPT- und GGT-Werte eine sehr geringe Spezifität haben, d. h. deren Anstieg auch eine Vielzahl anderer Ursachen (Arzneieinnahme usw.) haben kann (s. o.).

Leberzirrhose

Chronische Lebererkrankung, bei der eine fortdauernde, mit Faserbildung einhergehende Entzündung des Gefäßbindegewebes und ein schubweiser Untergang von Leberzellen mit nachfolgender Bildung von neuem Leberparenchym miteinander verknüpft sind und verschiedene anatomische und klinische Bilder gestalten. Der völlige Zusammenbruch der Leberfunktionen führt zum Coma hepaticum. Die Leberzirrhose führt zu einer Schrumpfung der Leber. Bei starker Verfettung des Restparenchyms (Rest des Drüsengewebes) spricht man von einer Fettzirrhose, bei starkem Hämosideringehalt von einer Pigmentzirrhose. Alkohol als Ursache der Leberzirrhose ist nicht mehr umstritten. Man unterscheidet zwischen verschiedenen Formen der Leberzirrhose: hypertrophische L. (Hanot) = splenomegale L.: eine ohne Bauchwassersucht auftretende Leberzirrhose mit starker Gelbfärbung der Haut, großem Milztumor und Lebervergrößerung, bei der die Leber histologisch eine diffuse Bindegewebsvermehrung zeigt. Biliäre Leberzirrhose: bei langanhaltender Gallestauung oder Entzündung der Gallenwege auftretender Umbau der Leber. Charakteristisch ist die dunkelgrüne Farbe. Vaskuläre Leberzirrhose, die von Gefäßwandentzündungen ausgeht.
(Nach: Thieme, Wörterbuch der Medizin, Band 1, 6. Auflage, Thieme Verlag, Stuttgart 1973, S. 792.)

Legalbewährung

Kunstwort der MPU-Gutachten bzw. der Verkehrsjuristen. Zusammengesetzter Begriff, der beschreibt, daß eine Person über einen bestimmten, im Wort nicht näher definierten Zeitraum keine Verstöße gegen allgemeinrechtliche oder insbesondere gegen verkehrsrechtliche Vorschriften begangen und sich somit als gesetzestreuer Bürger bewährt hat.

Durch die verkürzte Wiedergabe der Wortbedeutung unter Verwendung eines Fremdwortes („legal“ = gesetzmäßig, rechtmäßig) ist einschlägiges Fachwissen erforderlich, um die Gesamtaussage des Kompositums zu erfassen, was in MPU-Gutachten eine klare Schranke bei der gegenseitigen Verständigung aufbaut. Der Begriff „Legalbewährung“ ist insofern irreführend, weil man sich nicht gesetzmäßig, d. h. gemäß einer gesetzlichen Vorschrift bewähren kann, sondern nur durch die Einhaltung einschlägiger Gesetze, Vorschriften und Verhaltensnormen. Es gibt keine Vorschrift, die die Methode der „Legalbewährung“ beschreibt. Definiert ist allein das Ergebnis: generelles gesetzestreues Verhalten.

Leistungsdisposition

In der Psychologie versteht man unter Disposition einen theoretischen Begriff zur Erklärung interindividuell unterschiedlicher, relativ konstanter Wahrscheinlichkeiten für das Auftreten bestimmter Verhaltensweisen, Symptome und anderer individueller Eigenarten. Es wird zwischen angeborenen und erworbenen Dispositionen unterschieden. (Nach: Lexikon der Psychologie, Herder Verlag 1980, S. 381.) Weiterhin spricht man in diesem Zusammenhang von Anlagen (angeborenen Bereitschaften) bzw. Eigenarten eines Individuums, auf bestimmte Situationen in einer spezifischen Weise zu reagieren.

Die „TÜVologische“ Kombination mit dem Wortelement „Leistung“ soll wohl darauf hinweisen, daß sich bei Leistungstests (s. auch dort) eine bestimmte Struktur ergibt, obwohl diese Bedeutung keineswegs eindeutig ist. Man könnte aus der Wortzusammensetzung ebenso schließen, daß dieses Kompositum gleichbedeutend mit „Leistungsbereitschaft“ verwendet wird.

Leistungstest

Test zur Messung von funktional-psychischen Leistungen durch die Zahl der richtigen Lösungen oder Fehler, durch die Lösungszeit oder die Qualität der Arbeit. Mit Leistungstests werden Fähigkeiten (in der Fahreignungsbegutachtung insbesondere Reaktions-, Aufmerksamkeitsfähig-

keit usw.) erfaßt. Sie setzen eine eindimensionale Bewertungsskala voraus.
(Nach: Lexikon der Psychologie, Herder Verlag, Freiburg 1980, S. 1235.)

Leistungs- und Persönlichkeitsbild

Die Gesamtheit der aufgrund von Testergebnissen ermittelten Merkmale der Leistungsfähigkeit und Persönlichkeitsstruktur einer Einzelperson.

In den MPU-Gutachten wird häufig über „Leistungs- und Persönlichkeitsbild“ des Untersuchten gesprochen, ohne daß mit wissenschaftlichen Instrumenten zuverlässige Daten über die Leistungsfähigkeit und die Persönlichkeitsstruktur ermittelt worden wären. Die MPU-Stellen weigern sich ja seit vielen Jahren, Persönlichkeitstests einzusetzen, so daß sie keinerlei verläßliche Aussage über die Persönlichkeitsstruktur machen können. Trotzdem phantasieren die MPU-Gutachten in ihren Gutachten über die Persöhnlichkeit des von ihnen Begutachteten.

Leistungsvoraussetzungen

Zusammengesetzter Kunstbegriff der „TÜVologischen“ Begutachtung. Es soll damit ausgedrückt werden, daß bestimmte Leistungen erbracht werden müssen (in bezug auf Reaktionsfähigkeit, Wahrnehmung, Einschätzung von Verkehrssituationen usw.). Aus der Wortbedeutung an sich ist dies aber nicht genau zu erschließen, denn die Bedeutung des Kompositums könnte ebenso als „Voraussetzungen zur Erbringung einer Leistung“ umschrieben werden.

MCV-Wert

Abkürzung für „mean cell volume“ (mittleres korpuskuläres Erythrozytenvolumen).

Bei den MPU-Stellen üblicher Normbereich zwischen 80–94 fl.

Das MCV, der Quotient aus Hämatokrit und Erythrozytengehalt, ist bei einem hohen Prozentsatz der Alkoholiker erhöht, wird als relativ spezifischer Indikator angesehen und teilweise der GGT vorgezogen, da es sich um einen leberunabhängigen Parameter handelt. Die Sensitivität an der Grenze des Normalbereiches (Spezifität > 90%) liegt bei 30%. Das MCV soll bei einem täglichen Konsum von 40–60 g Alkohol reagieren. Für die Abstinenzkontrolle ist das MCV weniger geeignet, da es sich nur langsam, entsprechend der Erythrozytenlebensdauer von 120 Tagen, nach Alkoholabstinenz erst nach drei bis vier Monaten normalisiert. Neben übermäßigem Alkoholkonsum kann aber auch ein Mangel an Vitamin B_{12} oder an Folsäure zu Lebererkrankungen und die Einnahme von z. B. Antiepileptika zu einer Volumenvergrößerung führen. Daraus resultiert auch die geringe Spezifität des MCV als Indikator.
(Nach: Fortschritte der Diagnostik, 4. Jahrg. [1993], Praxis-Report 5.)

medizinische Grunduntersuchung

„TÜVologischer“ Ausdruck zur Beschreibung des Umfangs der anläßlich der medizinisch-psychologischen Untersuchung durchgeführten medizinischen Untersuchung, die standardmäßig aus der Erhebung der medizinischen Vorgeschichte und den vom Betroffenen regelmäßig eingenommenen Medikamenten (Anamnese) – oft auch in Form eines selbst auszufüllenden Gesundheitsfragebogens –, einer Blutuntersuchung (speziell der Leberfunktionswerte), Blutdruckmessung, u.U. Prüfung der Sehschärfe und der neurologischen Untersuchung besteht.

Dabei muß angemerkt werden, daß viele Menschen von sich aus keine genauen Angaben über ihre medizinische Vorgeschichte machen können, weil diese Daten allein der Arzt kennt. Außerdem besteht die Gefahr, daß aufgrund der Belastung und des Stresses durch die Untersuchungssituation die erhobenen Blutdruck-/Pulswerte sowie Phänomene wie „leichter Fingertremor, Schweißsekretion an den Händen“ entstehen, die wohl kaum als Hinweise für Erkrankungen oder gar Alkoholismus gewertet werden können. Dennoch wird auffällig häufig in den MPU-Gutachten allein durch Nennung dieser Beobachtungen, Wahrnehmungen des TÜV-Arztes ein negativ gemeinter Hinweis zwischen den Zeilen an die Verwaltungsbehörde weitergegeben.

mm Hg

Siehe Blutdruckwert.

Motorik

Gesamtbezeichnung für kortikal kontrollierte, willkürlich gesteuerte Bewegungsvorgänge im Gegensatz zur „Motilität“ (Bewegungen, die durch Reflexe oder das vegetative Nervensystem reguliert werden). Unter Motorik versteht man Bewegungen des Körpers und der Körperteile, angepaßt an räumliche und zeitliche Bedingungen. Zur Sensomotorik gehören sowohl die sensorische (Wahrnehmungs-)Kontrolle als auch die Kontrolle durch die im Laufe der Bewegung hervorgerufenen Eigenreize.

Der Übergang von visueller zu kinästhetischer Kontrolle der motorischen Bewegung ist kennzeichnend für das Erlernen der meisten motorischen Fähigkeiten. Ein Führerscheinanfänger beobachtet beim Schalten angestrengt die Hebel, später wirft er nur einen flüchtigen Blick darauf, und als erfahrener Fahrer macht er nur eine kurze Bewegung (kinästhetische Kontrolle). Bei dieser weitgefaßten Definition der Motorik werden auch die motorischen Fähigkeiten mitberücksichtigt, d. h. die Fähigkeit, eine Folge von Bewegungen koordiniert und kontrolliert ausführen zu können. (Nach: Wörterbuch der Psychologie, Herder Verlag, Freiburg 1980, S. 1415.)

Vermehrter, übermäßiger Konsum alkoholischer Getränke kann zu einer Störung der Motorik, der Bewegungsabläufe, der Koordinationsfähigkeit führen.

Nachschulungskurs

Für auffällig gewordene Kraftfahrer, die sich einer medizinisch-psychologischen Untersuchung unterzogen und kein eindeutig positives Ergebnis bekommen haben, wird von den Gutachtern häufig die Empfehlung gemacht, daß sie vor Wiedererteilung der Fahrerlaubnis an einem Nachschulungskurs, der ebenfalls vom TÜV veranstaltet wird, teilnehmen sollten. Für diese Nachschulungen, bei denen es sich immer um Gruppenkurse für etwa 10 Teilnehmer ohne direkte Erfolgskontrolle und lediglich mit einer Teilnahmebescheinigung am Ende handelt, werden verschiedene Modelle angeboten. Die am häufigsten angebotenen sind die Kurse nach „Modell Leer“, „Modell Mainz 77“, „Modell Hamburg 79“, MFT, IFT, IRAK usw.

Es ist in den MPU-Gutachten nie nachvollziehbar, nach welchen Kriterien die Nachschulungsfähigkeit geprüft wurde. Auch dann, wenn die Nachschulungsfähigkeit im MPU-Gutachten verneint wird, ist nie angegeben, warum eine Nachschulung nicht möglich sein soll. Standardisierte Testverfahren zur Prüfung der Nachschulungsfähigkeit gibt es nicht. Nach den Berichten von Untersuchten wurden sie daraufhin auch nicht geprüft oder dazu befragt. Die Effektivität der Nachschulungskurse wird von *Winkler* (1988) mit einer Reduzierung der Rückfälle bei ehemaligen Trunkenheitsfahrern um lediglich 22% in einem Zeitraum von 5 Jahren angegeben. In der Altersgruppe 18 bis 24 Jahre ist der Erfolg gleich Null (nach Müller, in: Blutalkohol Vol. 30 N° 2, S. 83, 1993).

Nachtrunk

Fortgesetzter Alkoholgenuß in der Zeit nach der Trunkenheitsfahrt und vor der Blutentnahme. Durch den Nachtrunk wird eine genaue Feststellung der Blutalkoholkonzentration zum Tatzeitpunkt erschwert oder unmöglich gemacht, bzw. die Behauptung des Trunkenheitsfahrers, er habe nach der Tat weiter Alkohol getrunken, muß zu der Feststellung einer geringeren BAK zum Tatzeitpunkt führen. Selbst wenn das zuständige Gericht einer solchen Darstellung des Betroffenen folgt und eine entsprechend geringere BAK feststellt, bei der nach Ablauf der Sperrzeit keine medizinisch-psychologische Untersuchung erforderlich wäre, setzen sich die Verwaltungsbehörden über solche Urteile hinweg und verlangen eine MPU, und zwar auch dann, wenn die Blutalkoholkonzentration zum Tatzeitpunkt sogar wesentlich unter 1,6 ‰ lag. Damit ist zumeist eine Umgehung der „Anlaßbezogenheit“ gegeben, weil die Behörde eine MPU-Begutachtung eigentlich nur aufgrund der zum Tatzeitpunkt festgestellten BAK anordnen darf. Behörden und „TÜVologen“ stellen jedoch auf die höhere, durch Nachtrunk erreichte BAK ab.

Netzhautschäden

(Retinopathie) Schäden der Netzhaut können verschiedene Ursachen haben, u. a. Bluthochdruck und Diabetes mellitus (Zuckerkrankheit). Bei der hypertonischen Retinopathie, die sich bei ständigen Blutdruckwerten über 120 mm Hg diastolisch entwickeln kann, treten Blutungen der Netzhaut auf, und selbst bei diastolischen Blutdruckwerten unter 100 mm Hg werden Netzhautschäden festgestellt. Eine regelmäßige ärztliche Überwachung muß besonders dann sichergestellt sein, wenn diese Kranken als FE-Inhaber am Straßenverkehr teilnehmen wollen oder sich um eine Fahrerlaubnis bewerben.

Normabweichung

Abweichung von einer Norm. Dabei wird aus dem Begriff selbst nicht deutlich, ob es sich dabei um eine Abweichung vom Durchschnitt oder von sozialen Standards handelt. Der Begriff wird hauptsächlich in negativen MPU-Gutachten in negativer Bedeutung verwendet.

„normales Trinken“

Auch „soziales Trinken“ (siehe auch dort). Versteht man „normal“ im Sinne von „durchschnittlich“, so muß zunächst festgehalten werden, daß im statistischen Durchschnitt der deutschen Bevölkerung 12 l reiner Alkohol pro Jahr und Person konsumiert werden. Wenn man davon ausgeht, daß nur jeder zweite Bundesbürger regelmäßig Alkohol zu sich nimmt, errechnet sich für diesen Anteil der Bevölkerung ein täglicher Konsum von 65 g Alkohol, was bei 8 g Alkohol pro Glas einer Trinkmenge von 8 Glas Bier à 0,2 l pro Tag entspricht. Diese Menge wäre also hinsichtlich der Durchschnittsmenge als „normales Trinken“ einzustufen. Im Sinne der allgemein als Standard angesehenen Menge läßt diese Angabe darauf schließen, daß bei einem durchschnittlichen Körpergewicht eines Mannes von 75 kg eine BAK von 1,2‰ erreicht wird. (Nach Wedig, in: Fortschritte der Medizin, 109, Nr. 5, 123, 124, 1991.)

Nach Müller wird diese Menge nicht täglich, sondern in der Regel an drei Tagen in der Woche konsumiert (Blutalkohol Vol. 30 Nr. 2, März 1993, S. 70).

Nach namhaften Verkehrspsychologen, die in den MPU-Gutachten in Textbausteinen zitiert werden, werden „von ‚sozialen Trinkern‘ eher selten Werte über 1,0‰ erreicht“ bzw. werde „von ‚normalen Trinkern‘ eine Blutalkoholkonzentration von 1,3‰ in der Regel nicht überschritten“.

Es steht also eine recht große Auswahl an dem zur Verfügung, was „TÜVologische“ Experten selbst für „normales Trinken“ halten.

Normbereich, Normwerte

Wertebereich für physiologische und Funktionsparameter bei gesunden Menschen. Wenn die Grenzwerte über- oder unterschritten werden, deutet dies normalerweise auf eine Krankheit hin. Werte im Grenzbereich erfordern eine sorgfältige Kontrolle und weitere Abklärung durch Ausschluß- oder Differentialdiagnosen. Normbereiche gibt es für alle objektiven, standardisierten Psycho-Tests.
(Pschyrembel, Klinisches Wörterbuch, 256. Auflage, Verlag de Gruyter, Berlin 1990, S. 1185.)

Normen

Normen sind Beurteilungs- und Wertmaßstäbe oder Gebote. Der Ausdruck wird in der Psychologie mit unterschiedlichen Bedeutungen verwendet. Zunächst bedeutet „Normen“ das Bezugssystem, in das die einzelnen empirischen Daten eingeordnet werden (deskriptive Bedeutung). Besondere Bedeutung hat jedoch dieser einen Durchschnitt bezeichnende Begriff in den Bereichen, in denen genauere Messungen möglich sind. Ihre praktische Relevanz erhalten die Normen – in dieser Bedeutung – als Grundlage für die Interpretation bestimmter individueller Testergebnisse, weil sie die Vergleichsgröße darstellen.

Darüber hinaus hat der Begriff „Normen“ auch die Bedeutung „Wert“ (normative Bedeutung). In der Persönlichkeitspsychologie werden normative Aussagen über die Bestimmung des Menschen gemacht, die besonders im Hinblick auf ihre praktischen Auswirkungen von Bedeutung sind.

In der klinischen Psychologie lassen sich der Durchschnittsbegriff und der Wertbegriff nur sehr schwer trennen. Das ist darauf zurückzuführen, daß man im klinischen Bereich hauptsächlich mit den Gegensätzen „gesund – krank“ arbeitet (die nicht völlig gleichzusetzen sind mit „normal – abnorm“). Die Besonderheit des Normenbegriffes in der klinischen Psychologie (ähnlich wie in der Persönlichkeitspsychologie) liegt darin, daß „Wert“ (das, was sein soll) verstanden wird als eine mit wissenschaftlichen Methoden erreichte Aussage über die Möglichkeiten des Menschen (das, was sein kann bzw. könnte).

In der Sozialpsychologie werden im Gegensatz dazu keine Normen aufgestellt, sondern die vorhandenen Normen erklärt und vorgegebene Normen hinsichtlich ihrer Bedingungen interpretiert. Dabei wird Norm als Richtschnur verstanden. Besondere Beachtung finden soziale Normen. Eine soziale Norm ist eine in einer Gruppe oder Gesellschaft verbindlich vorgeschriebene und sanktionierte Regel (Standard) des sozialen Verhaltens. Da soziale Normen nicht immer eingehalten werden, spricht man von Verhaltenserwartungen. Soziale Normen sind z. B. Gepflogenheiten, Sitten, Gesetze, Bräuche, Umgangsformen, Gewohnheiten. Die sozial-

psychologische Normenforschung ermittelt den Geltungsbereich von sozialen Normen, untersucht das Verhältnis zwischen Normenformulierung und -anwendung, die Interdependenz von Normen und die Struktur von Normenkomplexen, klassifiziert das Verhalten der Individuen in bezug auf Normenkonformität oder -abweichung und untersucht die Sanktionen bei Normabweichungen und den Toleranzbereich (Verbindlichkeitsgrad) von Normen bzw. klassifiziert die Normen nach diesen Gesichtspunkten.
(Nach: Lexikon der Psychologie, Herder Verlag, Freiburg 1980, S. 1490 f.)

In der „TÜVologischen“ Sprachregelung werden Normen – insbesondere solche des Trink- und Fahrverhaltens – stets als verbindlicher Maßstab genannt. Die Kriterien der „TÜVologischen“ Normen werden im Gutachten aus in der Regel bruchstückhaften Zitaten aus wissenschaftlichen Abhandlungen namhafter Experten konstruiert. Danach erreichen Deutsche „nur selten eine Blutalkoholkonzentration von mehr als 0,8 ‰“ bzw. liege das „soziale Trinken“ bis 1,3 ‰, wobei „soziales Trinken“ als das gesellschaftlich geduldete, übliche sein soll.

Norm- und Prinzipientreue

Kunstwort der „TÜVologischen“ Begutachtungspraxis, das überwiegend negativ belegt ist. Prinzipientreue wird im Deutschen Universalwörterbuch (Duden-Verlag 1989) als das Festhalten an bestimmten Grundsätzen (Prinzipien) und das entsprechende Handeln definiert, während „Normentreue“ als Begriff unbekannt ist. Bei der Zusammensetzung dieses Begriffes ist klar herauszustellen, daß Prinzipien durch das Individuum überwiegend selbst bestimmt werden. Jeder Mensch entwickelt im Rahmen gewisser allgemein akzeptierter Vorgaben eigene Prinzipien, an denen er sein Leben ausrichtet, während Normen von anderen vorgegeben werden.

In der „TÜVologischen“ Sprachregelung bedeutet Norm- und Prinzipientreue die Bereitschaft, Fähigkeit bzw. fehlende Bereitschaft und Unfähigkeit, das eigene Verhalten allgemeingültigen Regeln anzupassen. Eine klare Definition ist in den MPU-Gutachten aber nicht zu finden.

obere Normgrenze

Kunstbegriff, der objektiv lediglich die obere Grenze eines Normalbereichs beschreibt. Sehr häufig in „TÜVologischen“ Gutachten verwendet, um zu beschreiben, daß bestimmte Laborwerte, die als im Normalbereich liegend diagnostiziert wurden, doch nicht mehr „normal sind“, weil sie im oberen Teil des Normalbereiches angesiedelt sind. (Siehe auch: Transferasensumme.)

„Pechvogel“-Argumentation

Häufig benutzter Begriff in den „TÜVologischen“ MPU-Gutachten, der sowohl auf Trunkenheitsfahrer wie auch auf Punktetäter angewendet wird. Er besagt, daß ein auffällig gewordener Kraftfahrer zu seiner Entschuldigung anführt, daß er sich nicht anders verhalten habe als Tausende von anderen Kraftfahrern auch und lediglich das Pech hatte, in eine Verkehrskontrolle/Radarfalle geraten zu sein. In den Augen der MPU-Gutachter sprechen solche Argumente auf jeden Fall für mangelnde Einsicht in ein Alkohol- oder Charakterproblem, was wohl kaum zu widerlegen ist.

personenspezifisch

Ein Kunstwort, mit dem ein für die begutachtete Person typisches oder wesentliches Merkmal beschrieben werden soll. Das setzt allerdings voraus, daß dieser Wesenszug wirklich nur für den Einzelfall gilt. In seiner Verwendung in den MPU-Gutachten ist dieses Adjektiv aber häufig nicht auf den einzelnen Begutachteten, sondern auch auf eine Gruppe von Kraftfahrern bezogen, der der Proband aufgrund seines Alters, Geschlechts und seiner Verkehrsvorgeschichte usw. zugeordnet wird.

Persönlichkeitsbefund

Kunstwort der „TÜVologischen“ Begutachtung. Aus dem Begriff allein wird nicht deutlich, auf welche Art und Weise dieser Befund erhoben wurde, da in der Psychologie sowohl subjektive Verfahren (Exploration) als auch objektive Tests eingesetzt werden. Befunde über die Persönlichkeit des Untersuchten sind im ersteren Fall durch die Persönlichkeit des Gutachters beeinflußt, was natürlich zu Verfälschungen des Ergebnisses führen kann. Aus dem mehrdeutigen Begriff kann man die Bedeutungen „Befunde über die Persönlichkeit“ oder „Befunde der Persönlichkeitstests“ ableiten, wodurch es zu Fehlinterpretationen kommen kann. Die „TÜVologen“ erheben Persönlichkeitsbefunde ohne den Einsatz objektiver Persönlichkeitstests. Damit verlassen sie ständig den Bereich der wissenschaftlichen Psychologie.

Persönlichkeitsdiagnostische Verfahren

Ähnliche Begriffsschöpfung wie bei „Persönlichkeitsbefund“. Auch hier enthält der Begriff mehrere Deutungsmöglichkeiten. Einerseits kann man den Ausdruck so interpretieren, daß er „Verfahren zur Diagnose der Persönlichkeits(struktur)“ bedeutet, wobei wiederum unklar bleibt, ob es sich hierbei um subjektive oder objektive Verfahren handelt. Andererseits könnte man diesen Begriff einfach mit „Persönlichkeitstests“ gleichsetzen (siehe auch dort), was natürlich nur standardisierte, objektive Tests bedeutet.

persönlichkeitsspezifisch

Zusammengesetztes, in Fachlexika nicht aufgeführtes Adjektiv, das auch gewisse Interpretationsspielräume zuläßt. Es kann „die Persönlichkeits(struktur) eines Individuums betreffend“ bedeuten, aber auch „spezifisch, d. h. aussagekräftig im Bereich Persönlichkeitstests“.

Persönlichkeitstest

Unter dem Begriff „Persönlichkeitstest“ wird eine Reihe von Verfahren zusammengefaßt, die nicht Intelligenz und Leistungsmöglichkeiten prüfen, sondern z. B. Affektivität, soziale Einstellungen, Interessen, Neigung zu Neurotizismus u. a. Die ersten wissenschaftlichen Persönlichkeitstests waren die Fragebogentests zur Untersuchung von US-Soldaten im Ersten Weltkrieg. Es wird unterschieden zwischen projektiven und nichtprojektiven Methoden bzw. Interessen-, Einstellungs- und Persönlichkeitsfragebogen, wobei sich die letzteren vor allem auf Persönlichkeitsdimensionen wie Extroversion – Introversion und Neurotizismus beziehen. Daneben gibt es noch die sogenannten „objektiven Persönlichkeitstests“, die wahrscheinlich in der Zukunft dominieren werden und in denen das objektive registrier- oder verwertbare Verhalten, Reaktionen und Leistungen in streng fixierten Situationen die Grundlage der Diagnose abgeben.
(Nach: Lexikon der Psychologie, Herder Verlag, Freiburg 1980, S. 1586, 1721.)

In den medizinisch-psychologischen Untersuchungen der MPU-Stellen werden Persönlichkeitstests nur äußerst selten eingesetzt. Zu den typischen Persönlichkeitstests, die z. B. in den Obergutachterstellen verwendet werden, gehören das Freiburger Persönlichkeitsinventar (FPI-R), der Kurzfragebogen für Problemfälle (KFP 30), der Farbpyramidentest (FPT), der Rosenzweig-Picture-Frustrations-Test (P-F-Test).

Perzentilrang

Ein Perzentil ist jene Maßzahl einer Verteilung, „bis zu der“ ein bestimmter Prozentsatz von Fällen liegt. Bis zum 50. Perzentilrang einer Verteilung (Median), Vergleichsgruppe liegen z. B. 50% der Fälle. Die Ergebnisse von standardisierten Persönlichkeits- und Leistungstests werden in Form von Prozenträngen oder Perzentilen angegeben.
(Nach: Lexikon der Psychologie, Herder Verlag, Freiburg 1980, S. 1566.)

Proband

Versuchsperson, d. h. der Mensch, mit dem ein Experiment durchgeführt wird. Die Versuchsperson erwartet nicht, aus irgendeiner Maßnahme im Laufe des Experiments persönlichen Nutzen zu ziehen, geschieht dies doch, ist es rein zufällig.
(Lexikon der Psychologie, Herder Verlag, Freiburg 1980, S. 2483.)

In den medizinisch-psychologischen Untersuchungen werden die Untersuchten allgemein als Probanden bezeichnet, obwohl sie keine „Versuchspersonen" sind.

Prognose

Bei einer Prognose handelt es sich um eine Wahrscheinlichkeitsvorhersage von zukünftigen Handlungsabläufen aufgrund gegenwärtigen und vergangenen Verhaltens. Nach der Methode ihres Vorgehens werden klinische, typologische und statistische Prognosen unterschieden. Die statistische Individualprognose benutzt Prognosetafeln, die aufgrund eines größeren Erfahrungsgutes statistisch aufgestellt werden. Diese Prognosetafeln sind lediglich Hilfsmittel in der Hand eines erfahrenen Psychologen zur Objektivierung von Prognoseentscheidungen. Sie dürfen nicht mechanisch und automatisch angewandt werden. Die klinische Individualprognose verwendet bewußt keine statischen Prognosetafeln. Gleichwohl bereitet sie ihre Prognoseentscheidungen durch das Studium des Lebenslaufs und der Familienverhältnisse des Untersuchten, durch gezielte Exploration und Anwendung psychodiagnostischer Testverfahren sorgfältig vor. Mißbrauchsformen klinischer Prognosen beruhen auf Intuition, Spekulation, Subjektivismus des Versuchsleiters, sie können keine hinreichende Grundlage für eine psychologische Prognoseentscheidung bilden.
(Lexikon der Psychologie, Herder Verlag, Freiburg 1980, S. 1685.)

Die Treffsicherheit der Prognose von medizinisch-psychologischen Gutachten ist seit langem ein heißdiskutiertes Thema unter Verkehrspsychologen. Die Gründe dafür liegen nach Aussage von A. MÜLLER (Alkohol, Rückfall und Führerschein, DAR 8/94, S. 311) in erster Linie in zwei Punkten:

„– *Das künftige Verhalten ist nicht nur von der sich wandelnden Persönlichkeit geprägt, sondern auch von Einflüssen des sozialen Umfelds, die größtenteils nicht überschaubar und vorhersehbar sind, gleich, ob es sich um die Situation am Arbeitsplatz oder um den Verlauf einer Partnerbeziehung handelt. Hier spielt etwas ins Leben hinein, was gemeinhin als ‚Schicksal' bezeichnet wird, ein Begriff, der als unwissenschaftlich aus der Psychologie weitgehend verbannt ist und den Astrologen und Wahrsagern überlassen wurde. Merkwürdig ist nur, daß mit scheinbar wissenschaftlichen Prognosegutachten andererseits doch versucht wird, dieses Terrain zurückzuerobern.*

– *Zweitens ist die Erhebung der Befunde, die als Grundlage eines Prognosegutachtens dienen, mit großen Problemen belastet. Die Art des Gesprächskontakts ist nicht offen und vertrauensvoll. Der Proband versucht sich verständlicherweise in ein günstiges Licht zu rücken, der Untersucher versucht andererseits durch geschickte Fragen die Wahr-*

heit aus ihm herauszulocken, etwa, wieviel er tatsächlich trinkt. Ein immer größerer Teil der Probanden läßt sich auf die Untersuchung in speziellen Kursen vorbereiten, so daß die Voraussetzungen, unter denen sie antreten, unterschiedlich sind. Es soll auch Kurse für Rechtsanwälte geben, in denen diese von Verkehrspsychologen dahin gehend instruiert werden, wie sie ihre Mandanten auf die psychologische Exploration vorbereiten sollen.

Mit diesen Schwierigkeiten müssen die Untersucher fertig werden, und dies im Rahmen einer Exploration, die selten die Dauer einer halben Stunde übersteigt (ausgenommen Obergutachten). Ein zusätzliches Gespräch mit Personen des sozialen Umfelds (vor allem Angehörigen), das bei jeder klinisch orientierten Trinkerberatung dazugehört, muß in der Regel schon aus ökonomischen Gründen entfallen.“

In diesen und ähnlichen Ursachen dürften die Gründe dafür zu suchen sein, weshalb die „TÜVologischen“ MPU-Stellen noch niemals die Studie veröffentlicht haben, die die Zahl der von ihnen erstellten falsch positiven Gutachten enthält.

Prognosefaktoren

Kunstbegriff zur Identifizierung einzelner Daten, aus denen eine Prognose erstellt wird, bzw. der Gegebenheiten, die eine Prognose beeinflussen können. Im Falle der MPU-Begutachtung können diese z. B. die Höhe der BAK, der Zeitpunkt der Trunkenheitsfahrt, frühere einschlägige Delikte (Rückfall), Angaben zu den eigenen Trinkgewohnheiten oder das vorhandene oder fehlende Problembewußtsein sein. Die Rolle und das Gewicht der einzelnen Faktoren ist bisher kaum oder gar nicht untersucht worden, so daß nur von einer ungenügenden Prognosegüte der MPU-Gutachten gesprochen werden kann.

„Der zentrale Faktor, und dies zeigen die einschlägigen Untersuchungen übereinstimmend, ist das Lebensalter. Das Rückfallrisiko ist bei der jüngsten Altersgruppe bis 24 Jahre am größten und nimmt dann kontinuierlich ab. (. . .) Welzel stellt außerdem fest, daß ‚für die Gruppe der Jüngeren (bis 40 Jahre) keine signifikante Beziehung zwischen Prognose und Rückfälligkeit festzustellen ist‘. (. . .) Der Anteil der Jüngeren bis 40 Jahre beträgt (aber) bei den wegen Trunkenheit Verurteilten 62%. Bezieht man sich auf die eigentlich gefährlichen Fälle, bei denen der Alkoholeinfluß zu einem Unfall mit Personenschaden geführt hat, dann sind dies sogar 79% der Beteiligten, und für diese große Gruppe ist eine richtige Tendenz der prognostischen Aussage in keiner Weise gesichert!“
(MÜLLER, A., DAR 8/94, S. 310.)

Prozentrang

Der Prozentrang einer Maßzahl, eine bei der Normierung von Testverfahren häufig verwendete Größe, bezeichnet den Prozentsatz jener Fälle einer Verteilung (z. B. Eichpopulation), der gleich große oder kleinere Werte (scores) besitzt. Er läßt sich aus der Summenkurve über die kumulative Häufigkeit bestimmen.
(Lexikon der Psychologie, Herder Verlag, Freiburg 1980, S. 1702.)

Ein Prozentrang (PR) besagt, wieviel Prozent einer Vergleichsgruppe mit ihren Leistungen unter der des Untersuchten liegen. Beispiel: Ein PR von 70 bedeutet, daß 30% der Vergleichsgruppe bessere Leistungen und 70% schlechtere erbringen als der Untersuchte.

psychischer Leistungsbereich

Kunstwort der „TÜVologischen“ Begutachtung. Dieser Begriff ist durchaus nicht frei von Widersprüchen, denn er kann „Gebiet der psychischen Leistungen“ (z. B. seelische Belastbarkeit oder funktional-psychische Leistungen) bedeuten, andererseits aber auch „Bereich der individuellen psychischen Leistungsfähigkeit“. Aus dem Begriff wird nicht deutlich, welche psychischen Leistungen gemeint sind.

psychologisches Untersuchungsgespräch

Siehe auch „diagnostisches Gespräch“ (Exploration)

psychophysische Leistungsfähigkeit

Laut Lexikon der Psychologie gibt es diese Wortkombination nicht. Es existiert das „Psychophysische Grundgesetz“ nach Fechner, was sich jedoch mit Phänomenen der Psychophysik beschäftigt. In den MPU-Gutachten wird unter psychophysischer Leistungsfähigkeit eigentlich die funktional-psychische Leistungsfähigkeit gemeint, und die obige Bezeichnung wird falsch verwendet. Bei der funktional-psychischen Leistungsfähigkeit geht es um die Prüfung von für das Führen von Kraftfahrzeugen wichtigen Bereichen, wie des Reaktionsvermögens, der Konzentrationsfähigkeit usw.

Rausch, Rauschzustand

Ein vorübergehender psychischer Zustand, der auf Gift oder Drogen (Rauschmittel) beruht und sich in einer Vielzahl von Verhaltensmerkmalen und Symptomen manifestiert, die sich von Heiterkeit und Verlust persönlicher und sozialer Verantwortlichkeit bis zu Depression, Stupor oder Koma erstrecken.
(Lexikon der Psychologie, Herder Verlag, Freiburg 1980, S. 1847.)

Laut § 21 Ziffer 2 Strafgesetzbuch wird eine zum Rausch führende Volltrunkenheit ab 2‰ angenommen.

Rauschmittel

Psychopharmaka unterschiedlicher Klassen, die bei geeigneter Dosierung stark von der Norm abweichende Veränderungen des subjektiven Befindens auslösen. Ein gemeinsames Charakteristikum von Rauschmitteln ist, daß ihre Wirkungen in der Regel zumindest in Teilaspekten positiv erlebt und bewertet werden (etwa wegen angenehmer Veränderungen der Stimmungslage, z. B. Euphorie, emotionale Entspanntheit, Gefühl gesteigerter körperlicher oder geistiger Leistungsfähigkeit usw. oder allgemein wegen der Neuartigkeit oder Andersartigkeit des Erlebens unter Einfluß der Droge), so daß der Wunsch nach wiederholter Anwendung entstehen kann und somit die Gefahr der Drogenabhängigkeit besteht. Bei zum Teil sehr unterschiedlichen Wirkungsqualitäten ist die Bevorzugung und Verbreitung bestimmter Rauschmittel in starkem Maße von soziokulturellen Faktoren abhängig. – Zu den bedeutendsten Rauschmitteln gehören: 1. Alkohol, Narkotika und Hypnotika wie Chloroform, Äther und Barbiturate; 2. Genußmittel mit zentral erregender Wirkung, wie Kaffee, Tabak, Betel; 3. Rauschgifte mit affektiv entspannenden und/oder euphorisierenden Effekten: Opium, Morphin, Heroin, Kokain; und 4. halluzinogene bzw. psychotomimetisch wirkende Substanzen wie LSD, Meskalin, Psilocybin und Haschisch.
(Nach: Lexikon der Psychologie, Herder Verlag, Freiburg 1980, S. 1848)
(siehe auch „Abhängigkeit“.)

Reflektion, Reflektieren

Bezeichnung für das Zurückwenden der Aufmerksamkeit nach „innen“ bzw. das Abwenden von den Gegenständen bzw. in der Außenwelt gemachten Erfahrungen und Zuwenden auf das innere Erleben, z. B. Überlegen, Beziehungen überdenken, eine künftige Handlung in bezug auf die äußeren Bedingungen planen.
(Nach: Wörterbuch zur Psychologie, dtv, München 1968, S. 195.)

registrierte Trunkenheitsfahrt

Kunstbegriff der medizinisch-psychologischen Gutachten. In den MPU-Gutachten bezeichnet man damit eine Trunkenheitsfahrt, die von der Polizei festgestellt und strafrechtlich geahndet wurde. Dabei wird mit berücksichtigt, daß auf eine festgestellte Trunkenheitsfahrt – statistisch – im Durchschnitt 400 Fahrten kommen, die unentdeckt bleiben („Dunkelziffer“).

Die Verwendung dieses Begriffes in den medizinisch-psychologischen Gutachten ist eindeutig mit einer negativen Nuance belegt, denn es wird zwischen den Zeilen davon ausgegangen, daß der Untersuchte zwar ein- oder mehrmals mit Alkohol am Steuer aufgefallen ist, daß er aber nicht nur bei diesen Anlässen alkoholisiert am Steuer gesessen hat, sondern viel häufiger, als er in der Untersuchung zugeben will. Es wird dem Untersuchten also unterstellt, nicht die volle Wahrheit über seine Einstellung zum Komplex „Trinken und Fahren" zu sagen und u. U. ein schwereres Alkoholproblem zu haben, als aufgrund der geahndeten Trunkenheitsfahrt(en) angenommen werden müßte.

In den MPU-Gutachten wird also systematisch durch derartige Hinweise auf die vermutete statistische Dunkelziffer unentdeckt gebliebener Trunkenheitsfahrten offenkundig gezielt auf Einzelpersonen gefolgert und damit der Eindruck erweckt, der Untersuchte gehöre auch zu diesen Kraftfahrern. Dabei ist besonders bedenklich, daß den statistischen Schätzungen Studien zugrunde liegen, bei den hauptsächlich Alkoholiker während ihrer Entgiftungs- und Entwöhnungsbehandlung befragt wurden. Unter den in den MPU-Stellen Begutachteten ist aber der Anteil der Alkoholiker denkbar gering.

Restalkohol

Unter „Restalkohol" versteht man einen erhöhten Blutalkoholgehalt nach einer Nachtruhe, gleich welcher Länge. Nach der Rechtsprechung muß der Kraftfahrer den Restalkohol bei der „Eigenprüfung" seiner Fahrtüchtigkeit einkalkulieren.

(Nach: Schwerd, W. [Hg.], Rechtsmedizin – Lehrbuch für Mediziner und Juristen, 5. Aufl., Deutscher Ärzte Verlag, Köln 1992, S. 115 f.)

In den MPU-Gutachten wird Restalkohol nicht nur im obigen Sinne gemeint. Man spricht auch dann von Restalkohol, wenn zwischen Trink-Ende und Fahrtantritt eine längere Zeit vergangen ist, die keine Nacht sein muß, und der Blutalkoholgehalt noch nicht restlos abgebaut wurde.

Rückfallgefährdung

Ziel der medizinisch-psychologischen Begutachtung ist es, diejenigen unter den untersuchten Alkoholfahrern bzw. Punktetätern herauszufiltern, die sich auch in der Zukunft unter Alkoholeinfluß ans Steuer setzen bzw. nüchtern gegen Verkehrsvorschriften verstoßen, d. h. rückfällig werden würden. Dabei ist von der Wortbedeutung des Begriffes „Rückfallgefährdung" her anzumerken, daß es sich – im Gegensatz zu „Rückfallquote" (s. u.) – nicht um eine quantitative Definition handelt, sondern allein die Tatsache beschrieben wird, daß die Gefahr eines Rückfalles besteht. Die Verwendung dieses Begriffs ist aber in den MPU-Gutachten durchaus nicht immer sprachlich exakt, denn der Begriff wird fälschlicherweise gleichbedeutend mit „Rückfallprognose" oder gar „Rückfallquote" benutzt.

Rückfallprognose

Vorhersage der in der Zukunft zu erwartenden Wahrscheinlichkeit für einen Rückfall in ein Trunkenheitsdelikt. Bei der Rückfallprognose handelt es sich immer um eine Schätzung des Gutachters. Es haben sich hauptsächlich zwei Formen der Vorhersagen verbreitet: in Prozenten als ein Zahlenwert und in Globalurteilen ausgedrückte Prognosen. Genaue, verbindliche Vorschriften gibt es dazu nicht. Nach MÜLLER wären *„ohne eine Übereinkunft, die sich in der Praxis der Fahreignungsbeurteilung eingependelt hat, (. . .) willkürlichen Maßstäben Tor und Tür geöffnet“* (DAR 8/94, 309).
Da diese Übereinkunft der MPU-Stellen weitgehend als Geheimnis behandelt wird, mangelt es an der Nachvollziehbarkeit und Nachprüfbarkeit sowie an der Treffsicherheit der Fahreignungsgutachten.

Rückfallrisiko

Siehe „Rückfallgefährdung

Selbstbeobachtung

Mittel zur Analyse des eigenen Trinkverhaltens oder anderer Gewohnheiten, um diese in einem zweiten Schritt dann in den Griff zu bekommen und zu kontrollieren. In der MPU-Begutachtung sind Selbstbeobachtung und -kontrolle eine unabdingbare Voraussetzung für eine stabile Verhaltensänderung, die ihrerseits die Grundlage einer positiven Begutachtung bildet.

Selbsterfahrung

Unter Selbsterfahrung versteht man ein Weltverhältnis zur Gewinnung persönlicher Identität (Selbstfindung). Man erlebt sich besonders unmittelbar angesichts von Grenzerfahrungen (Erlebnis der Schwelle) und wenn man um Entfaltungschancen ringt. Als praktische Hilfe (erzieherisch, therapeutisch oder autonom gegeben) erwies sich eine Form der Selbstbeobachtung, die die Objektivierung der Erfahrung ermöglicht (Formulierung von Kriterien zur Verhaltensbeurteilung, von Rückmeldeinstanzen und von Interpretationshilfen). Entscheidend ist die Reflektion des Lebenszusammenhangs. Hierbei bedürfen die persönlichen Maßstäbe als individuelle Wertverwirklichungsansprüche einer allgemeinen sittlichen Rechtfertigung.
(Nach: Lexikon der Psychologie, Herder Verlag, Freiburg 1980, S. 2026.)

Die „gemachte“ Selbsterfahrung ist Voraussetzung der positiven Begutachtung der künftig wahrscheinlichen Eignung zum Führen von Kraftfahrzeugen.

Selbsterfahrungsgruppe

Selbsterfahrungsgruppen sind regelmäßige Treffen bei gleicher Zusammensetzung der Teilnehmer, in denen verschiedene Interpretationen der Gruppensituation oder des Verhaltens einer oder mehrerer Personen im Mittelpunkt stehen. In manchen Selbsterfahrungsgruppen spielt sich das Gruppengeschehen rein auf der verbalen Ebene ab. Leiterlose Gruppen werden Selbsthilfegruppen genannt, z. B. Anonyme Alkoholiker (AA), Synanon oder Frauengruppen. Der Begriff wird inhaltlich häufig mit Encounter-Gruppen synonym verwendet.
(Lexikon der Psychologie, Herder Verlag, Freiburg 1980, S. 2026.)

In den „TÜVologischen“ Gutachten wird die Teilnahme an Selbsterfahrungsgruppen positiv gewertet, ohne konkret zu prüfen, welche etwaige Lernerfolge damit verbunden waren.

Selbsthilfegruppe

Eine i. d. R. kleine Gruppe von Betroffenen wie z. B. Menschen mit Alkoholproblemen, die in regelmäßigen Abständen zusammenkommen, um ihre Probleme zu besprechen, Gedanken auszutauschen und sich gegenseitig zu motivieren. Diese Selbsthilfegruppen sind meist Wohlfahrtsorganisationen angegliedert und treffen sich ohne fachliche Anleitung von Ärzten oder Psychologen. Im Falle von Alkoholabhängigkeit oder -problemen sind als bekannte Selbsthilfegruppen die Guttempler, das Blaue Kreuz oder die Anonymen Alkoholiker (AA) zu nennen, die sich selbst als „Gemeinschaft von Männern und Frauen, die miteinander ihre Erfahrung, Kraft und Hoffnung teilen“, bezeichnen. Die einzige Voraussetzung für die Zugehörigkeit ist der Wunsch, mit dem Trinken aufzuhören.

Selbsthilfegruppen können eine begrenzte Hilfe bedeuten, sie können aber keine individuellen Probleme fachgerecht lösen. Ein wesentlicher Nachteil besteht darin, daß die gruppendynamischen Abläufe nicht gesteuert werden. Folglich können sogenannte dynamische Persönlichkeiten (dominante „Führer“) andere, die sich nicht so gut artikulieren können, unterdrücken oder etwa sich zu deren Nachteil profilieren.

In den MPU-Gutachten wird von den Untersuchten häufig und pauschal die Teilnahme an einer Selbsthilfegruppe verlangt, damit sie sich mit einer angeblichen Alkoholproblematik auseinandersetzen. Nach welchen Kriterien eine solche Teilnahme verlangt wird, bleibt aber unklar, da die MPU-Gutachter es durch die unvollständige und nicht nachvollziehbare Ableitung und Wiedergabe ihrer Befunde unmöglich machen, andere Gründe als den subjektiven Eindruck des Gutachters als Kriterium zu vermuten. Es wird auch keine objektive Abgrenzung dahin gehend vorgenommen, wann ein Untersuchter eine Selbsthilfegruppe aufsuchen oder wann er „fachliche therapeutische Hilfe in Anspruch nehmen“ soll.

Selbstkontrolle

Standardbegriff der Fahreignungsbegutachtung und Voraussetzung einer positiven Begutachtung. In der Regel wird nämlich davon ausgegangen, daß etwa ein ehemaliger Trunkenheitsfahrer deshalb straffällig wurde, weil es ihm nicht gelang, sein Verhalten unter Alkoholeinfluß genügend zu kontrollieren. Die Selbstkontrolle (= Verhaltenskontrolle) ist erlernbar, und sie bildet den Gegenstand von Nachschulungskursen.

Sicherheitsintervall

Künstliche Wortschöpfung der „TÜVologischen“ Begutachtung. In Anlehnung an den aus der Straßenverkehrsordnung bekannten Begriff „Sicherheitsabstand“ wird hier der Zeitraum beschrieben, der zwischen zwei MP-Untersuchungen liegen soll, oder auch die Zeitspanne, in der ein Begutachteter (noch) abstinent leben soll, bevor seine erneute Begutachtung Aussicht auf Erfolg hat. Die Länge dieses Zeitraums ist nicht durch sachliche, allgemein anerkannte und wissenschaftlich belegte Kriterien festgelegt. Falls es bei den MPU-Stellen interne Kriterien dazu geben sollte, so wurden diese nie veröffentlicht, so daß ein Proband keine klaren Informationen darüber erhalten kann, welche Kriterien er erfüllen muß, um positiv begutachtet zu werden.

„soziales Trinken“

Bezugsgröße bei der Beurteilung der Rückfallwahrscheinlichkeit in ein Trunkenheitsdelikt.

E. KUNKEL führt dazu aus: „. . . *daß man soziales Trinken nur bei einer BAK bis höchstens 1,3‰ noch annehmen kann . . . Alkoholkonzentrationen über 1,3‰ sind mit dem im gesellschaftlichen Rahmen üblichen Alkoholkonsum auf jeden Fall nicht mehr vereinbar*“ (Blutalkohol, Vol. 22, 1985, S. 352).

E. STEPHAN meint: „*In einer Vielzahl von empirischen Untersuchungen wurde festgestellt, daß von ‚sozialen Trinkern‘ eher selten Werte über 1,0‰ erreicht werden.*“ (Zeitschrift für Verkehrssicherheit, 32. Jg., 1986, S. 3.)

Diese Zitate bilden in den MPU-Gutachten als Textbausteine eine Größe, die als normales, weil sozial angeblich geduldetes Trinken gilt und mit der die aufgrund der Angaben des Untersuchten errechneten BAK-Werte verglichen werden. Dabei werden nicht nur die bei Trunkenheitsfahrten festgestellten BAK-Werte zugrunde gelegt, sondern auch die bei gewöhnlichen Anlässen erreichten Werte.

Es handelt sich also um eine gedankliche Konstruktion, über deren Realitätsnähe oder Realitätsferne sicher diskutiert werden kann. Problematisch ist die Anwendung dieser Konstruktion in den MPU-Gutachten deshalb, weil sie nicht als Annahme, sondern als eine feststehende Tatsache der Beurteilung zugrunde gelegt wird.

Spider naevus

Synonym Sternnävus, Gefäßspinne; Naevus araneus, eine meist bei Kindern oder Frauen auftretende arterielle Gefäßneubildung mit zentralem, stecknadelkopfgroßem, evtl. pulsierendem Gefäßknötchen und davon ausstrahlenden radiären feinen Gefäßreisern. Gehäuftes Auftreten wird bei chronischen Lebererkrankungen beobachtet.
(Nach: Pschyrembel, Klinisches Wörterbuch, 256. Auflage, Verlag De Gruyter, Berlin 1990, S. 1566 und 1126.)

Teleangiektasien

Bleibende Erweiterung kleiner oberflächlicher Hautgefäße, selten angeboren, meist erworben, z. B. im Gesicht (witterungsbedingt), an der Nase, auf der Brust. Teleangiektasien können durch übermäßigen Alkoholkonsum, aber auch durch Medikamente bzw. Krankheiten ausgelöst werden.
(Nach: Pschyrembel, Klinisches Wörterbuch, 256. Auflage, Verlag De Gruyter, Berlin 1990, S. 1651.)

Toleranzsteigerung

Siehe „Alkoholtoleranz“, „Alkoholverträglichkeit“

Transferasensumme

Summe der Leberfunktionswerte GGT, SGPT und SGOT. Wird bei der Beurteilung des Alkoholkonsums herangezogen.

Trennung zwischen Trinken und Fahren

Die Bereitschaft und die Fähigkeit, nach Genuß alkoholischer Getränke in jedem Fall auf das Fahren zu verzichten. Voraussetzung der positiven Beurteilung der künftig wahrscheinlichen Eignung. Nach dem neuen Kriterienkatalog **„Psychologisches Gutachten – Kraftfahreignung“** (KROJ, 1995) soll die Fähigkeit der Trennung zwischen Trinken und Fahren, also das „kontrollierte Trinken“, künftig nur für Fahrer gelten, bei denen wesentlich weniger als 1,6‰ festgestellt wurden.

Trink- und Fahrgewohnheiten, Trink-Fahr-Gewohnheiten

Standardausdruck der „TÜVologischen“ Sprachregelung. Damit wird unterstellt, daß sich beim Untersuchten – auch bei Ersttätern – immer eine Gewohnheit hinsichtlich des Alkoholtrinkens und anschließenden Fahrens herausgebildet und auch gefestigt hat. Es ist eine Anspielung auf die Dunkelziffer unentdeckt gebliebener Trunkenheitsfahrten bzw. in nüchternem Zustand begangener Verstöße.

Trinkanfang

Zeitpunkt des Beginns des Alkoholkonsums bei einer Trinkgelegenheit. Dieser Zeitpunkt zusammen mit dem Trink-Ende, der Beendigung des Alkoholkonsums, ist bei der nachträglichen Berechnung der wahrscheinlichen Blutalkoholkonzentration bei gewöhnlichen Trinkanlässen wichtig. Dadurch bekommt der Gutachter ein realistisches Bild über das Alkoholtrinkverhalten des Untersuchten. Der Betroffene kann andererseits eine realistische Selbstdarstellung machen, wenn er sich an diesen Zeitpunkt orientiert.

Es ist ein erheblicher systematischer Mangel der MPU-Gutachten, daß in der Exploration keine zuverlässigen Daten über den Trinkanfang erhoben werden, was häufig eine Ursache von Falschbeurteilungen ist.

Trinkanlaß

Standardbegriff in den MPU-Gutachten, der stets negativ belegt ist. Damit meint man in den MPU-Gutachten einen Anlaß, der zum Konsum alkoholischer Getränke führte. Der Begriff suggeriert, daß der Alkoholkonsum durch einen äußeren Umstand veranlaßt wird. Insofern ist diese Begriffswahl einseitig, da damit bereits eine Beeinflußbarkeit des Untersuchten unterstellt wird. Außerdem wird konstruiert, daß der Untersuchte zum Konsum alkoholischer Getränke einen Anlaß brauchte. Trinkanlässe können beliebig kategorisiert werden. Üblich ist zwischen spontanen, gewöhnlichen, ungewöhnlichen und gewohnheitsmäßigen Trinkanlässen zu unterscheiden. „Klassische Trinkanlässe“ sind für „TÜVologen“ etwa Geburtstage, Karneval, Silvester usw.

Trinken

In der „TÜVologischen Geheimsprache“ stets negativ belegtes Wort, weil damit immer der Konsum alkoholischer Getränke und nicht auch die Flüssigkeitsaufnahme schlechthin gemeint ist. Mit „Trinken“ wird in den Gutachten – zumindest zwischen den Zeilen – häufig „Saufen“ gemeint.

Trink-Ende

Zeitpunkt des letzten Glases alkoholischen Getränks bei einer Trinkgelegenheit. Das Trink-Ende ist ein wichtiger Zeitpunkt zur Berechnung des Restalkohols. Dieser Zeitpunkt ist vielen Untersuchten – naturgemäß – nicht genau erinnerlich, was von den Gutachtern häufig als mangelnde Selbstbeobachtung ausgelegt wird. Da in der viel zu kurzen Exploration das Thema der Alkoholtrinkgewohnheiten nur sehr oberflächlich behandelt wird, basiert die Beurteilung auch deshalb auf fragwürdigen Informationen.

trinkende Fahrer

Der Gegensatz zu „fahrenden Trinkern“, einer Formulierung in Fußnote 7 der „Eignungsrichtlinien“ vom 30. 10. 1989 (VkBl. 89). Mit „trinkenden Fahrern“ werden Kraftfahrer gemeint, die nicht als Alkoholgefährdete oder gar Alkoholiker eingestuft werden. Handelt es sich um einen „Ersttäter“, dessen bei der Trunkenheitsfahrt festgestellte Blutalkoholkonzentration zwischen 1,6‰ und 1,99‰ lag, kann die MPU entfallen, wenn die Umstände des Einzelfalles nicht auf einen bisher unentdeckten Vieltrinker hindeuten.

Trinkfestigkeit

Standardbegriff der „TÜVologischen“ Sprachregelung, der immer negativ belegt ist. Der Begriff beinhaltet gewohnheitsmäßige, langjährige Übung im Konsum alkoholischer Getränke, wobei auch eine normabweichende Alkoholverträglichkeit unterstellt wird.

Trinkgewohnheiten

Standardbegriff der „TÜVologischen“ Sprachregelung, der immer negativ belegt ist. Mit dem Begriff wird gewohnheitsmäßiges Alkoholtrinkverhalten gemeint (s. dort).

Trinkhäufigkeit

Standardbegriff der „TÜVologischen“ Sprachregelung, der immer negativ belegt ist. Gemeint ist die auf einen überschaubaren Zeitraum (Woche, Monat) entfallende Anzahl von Gelegenheiten, bei denen alkoholische Getränke konsumiert wurden oder werden. Die Trinkhäufigkeit ist ein Maßstab der Trinkgewohnheit.

Trinkpause

Ein Kunstwort der „TÜVologischen Geheimsprache“. Es ist damit eine Abqualifizierung der Alkoholabstinenz gemeint, denn in den MPU-Gutachten heißt es häufig, der Untersuchte übe sich nicht in der Alkoholabstinenz aus Überzeugung, denn er mache lediglich eine „Trinkpause“, um ein positives MPU-Gutachten zu bekommen. Die „TÜVologen“ sprechen in ihren Gutachten auch dann über *„Trinkpause“*, wenn kein Zweifel besteht, daß der Untersuchte seit mehr als einem Jahr alkoholabstinent lebt.

Der erste psychologische Eignungskriterienkatalog **„Psychologisches Gutachten – Kraftfahreignung“** (KROJ, 1995) legalisiert diesen Begriff (S. 51) und grenzt ihn sogar von dem künstlichen Begriff der *„zufriedenen Abstinenz“* ab. Demnach ist eine Trinkpause keine Grundlage für eine positive Begutachtung, denn diese sei keine *„zufriedene Abstinenz“*, da der Untersuchte nicht aus Überzeugung handele.

Wie die „TÜVologen“ die Tragfähigkeit des Unterschiedes zwischen der erwiesenen Alkoholabstinenz von der *„zufriedenen“* Alkoholabstinenz prüfen wollen, bleibt ihr Geheimnis und kann deshalb nicht mit wissenschaftlichen Mitteln auf Richtigkeit geprüft werden. Diese Unterscheidung entspricht demnach nicht den „Eignungsrichtlinien“ und schafft eine völlig künstliche Welt gegenüber dem medizinischen Eignungskatalog **„Krankheit und Kraftverkehr“**, der sich sogar bei ehemals Süchtigen damit begnügt, daß eine mindestens einjährige Abstinenz nachgewiesen wird, gleich ob die Abstinenz eine *„zufriedene“* war oder nicht.

Trinkverhalten

Dieser Begriff wird in der „TÜVologischen“ Geheimsprache stets mit „Alkoholtrinkverhalten“ gleichgesetzt und ausschließlich negativ belegt. Das „Alkoholtrinkverhalten“ müßte in der Exploration vom allgemeinen Trinkverhalten, nämlich von der täglichen Flüssigkeitsaufnahme, abgegrenzt werden, was in den MPU-Gutachten nicht geschieht. Zumindest ist es nicht nachvollziehbar dargestellt, wie das Verhältnis des Konsums alkoholischer Getränke zur Aufnahme alkoholfreier Flüssigkeiten ist.

Infolge dieser ungenauen Begriffsverwendung kommt es bereits während der Exploration zu folgenschweren Mißverständnissen. In den MPU-Gutachten selbst wird in der Regel zwischen „Trinkverhalten“ und „Alkoholtrinkverhalten“ nicht unterschieden.

Trinkzeit

Die Zeit zwischen dem ersten und dem letzten Glas beim Konsum alkoholischer Getränke. Die Trinkzeit ist ein wesentliches Merkmal des individuellen Verhaltens beim Konsum alkoholischer Getränke. Bekanntlich gibt es Menschen, die in zwei Stunden auch 10 Glas Bier konsumieren können, während andere es maximal bis auf 4 Gläser bringen. Die Trinkzeit gibt z. B. auch Aufschluß über die Alkoholverträglichkeit. In den MPU-Gutachten wird der Begriff zwar häufig verwendet, ohne dabei das für den Untersuchten Typische herauszuarbeiten. Durch die häufige, jedoch nur pauschale und stets negativ gemeinte Verwendung des Begriffs „Trinkzeit“ wird in den Gutachten der Eindruck eines generell normabweichenden Alkoholtrinkverhaltens erweckt.

Bei der Einschränkung des Konsums alkoholischer Getränke kommt der Trinkzeit ausschlaggebende Bedeutung zu. Beim „kontrollierten Trinken“ kommt es nämlich darauf an, daß der Betroffene es lernt, in der für ihn früher – etwa bei geselligen Anlässen – üblichen Trinkzeit nur ein Minimum an alkoholischen Getränken zu konsumieren. Diese positiven Aspekte der „Trinkzeit“ werden in den MPU-Gutachten nicht oder nur selten berücksichtigt.

Vegetativum

Vegetatives oder auch autonomes Nervensystem, Gesamtheit der dem Einfluß des Willens und dem Bewußtsein primär nicht untergeordneten Nerven und Ganglienzellen, die der Regelung der Vitalfunktionen (Atmung, Verdauung, Stoffwechsel, Sekretion, Wasserhaushalt u. a.) dienen und das Zusammenwirken der einzelnen Teile des Körpers gewährleisten. Das vegetative Nervensystem bildet mit dem System der endokrinen Drüsen und den Körperflüssigkeiten eine funktionelle Einheit. Darüber hinaus bestehen enge Wechselbeziehungen zwischen dem vegetativen und dem zerebrospinalen Nervensystem, aber auch zwischen vegetativen und seelischen Vorgängen. Die übergeordneten vegetativen Zentren liegen im Rautenhirn, im Zwischenhirn und zum Teil auch in der Großhirnrinde. Im „Medizinischen Teil“ vieler „TÜVologischen“ Gutachten wird allzu leichtfertig auf ein gestörtes Vegetativum geschlossen, wenn der Untersuchte etwa feuchte Hände hat oder im Gesicht schwitzt. (Nach: Pschyrembel, Klinisches Wörterbuch, 256. Auflage, Verlag De Gruyter, Berlin 1990, S. 1148.)

Verdeckungstendenzen

Häufig verwendeter Begriff der „TÜVologischen“ Gutachten mit deutlich negativer Bedeutung. Den Begutachteten wird hier zum Vorwurf gemacht, daß sie über ihre Trinkgewohnheiten keine ehrlichen Angaben machen, ihren Alkoholkonsum bagatellisieren, eine mögliche Alkoholproblematik nicht zur Kenntnis nehmen wollen. Aus dem Begriff selbst wird aber nicht klar, woraus diese pauschal festgestellten Tendenzen denn konkret bestehen, welche psychologischen Vorgänge bei dem Untersuchten ablaufen, oder ob es dem Gutachter einfach nicht gelungen ist, die verständliche Zurückhaltung eines Menschen in einer „Prüfungssituation“, etwas sehr Persönliches und vielleicht nicht besonders Schmeichelhaftes über sich preiszugeben, durch geschickte Befragung zu überwinden.

Geichzeitig wird die nicht klar ausgesprochene Beschuldigung erhoben, bei der MPU-Begutachtung dem Gutachter nicht vertrauensvoll und offen begegnet zu sein und damit die Mitwirkungspflicht verletzt zu haben, die von jedem Untersuchten verlangt wird.

Verdrängungsmechanismen

Häufig benutzter Kunstbegriff der „TÜVologischen“ Begutachtung, der immer negativ verwendet wird.

Laut Lexikon der Psychologie handelt es sich bei der Verdrängung um einen inneren Abwehrmechanismus, durch den ein fortan nicht mehr oder nur bei darauffolgender Strafe befriedigbares Motiv durch ähnliche weiterhin befriedigbare Motive ersetzt wird.

In den MPU-Begutachtungen wird dieser Begriff stets mit der Bedeutung benutzt, daß die Verdrängung immer als negativ, weil in mangelnder Problemeinsicht begründet, zu sehen ist. Die Tatsache, daß durch die Verdrängung ein u. U. positives Motiv an die Stelle des negativen (Alkoholkonsum) getreten ist und dadurch der Untersuchte eine Neuorientierung seines Lebens vorgenommen hat, wird nicht berücksichtigt.

verfestigte Verhaltensweise

Dieser Begriff beschreibt Strukturen der Lebensführung und des Verhaltens des Untersuchten, die schon seit langem bestehen und sich „eingeschliffen haben“. Dadurch sind sie fest mit dem Individuum verbunden, und es erfordert große Anstrengungen, ein solches Verhalten zu ändern und liebgewordene Gewohnheiten aufzugeben.

In der „TÜVologischen“ Begutachtungspraxis werden ‚verfestigte Verhaltensweisen‘ immer dann zur Beurteilung angeführt, wenn es darum geht, über eine mögliche Nachschulung für den Untersuchten zu entscheiden. Dieses Argument wird immer als ausschließender Grund genannt, weil die Trinkgewohnheiten des Probanden angeblich so stark verwurzelt sind, daß eine Änderung nicht mehr oder nur unter äußersten Schwierigkeiten möglich ist.

verhaltensauffällig

Künstlich gebildetes Adjektiv. Die Bedeutung ist an den in der Psychologie gängigen Begriff der „Verhaltensstörung“ angelehnt, der u. a. als Verlust der Selbstkontrolle definiert wird, d. h., daß das Individuum die Kontrolle über gewalttätige, aggressive, antisoziale und ungewöhnliche Impulse besitzt und aufhört, sich die Folgen seiner Handlungen zu vergegenwärtigen. Da man Trunkenheitsfahrern sicherlich nicht in allen Fällen Gewalttätigkeit und Aggression vorwerfen kann, wurde eine „abgeschwächte“ Beschreibung gewählt, um nicht der Norm entsprechende Verhaltensweisen zu beschreiben. Welches Verhalten dabei bereits als „auffällig“ zu gelten hat, ist in der „TÜVologischen MPU-Begutachtung“ nicht näher definiert.

Der Willkür werden Tür und Tor weit geöffnet. Denn z. B. das Mehrfachtäter-Punktsystem stempelt jeden Kraftfahrer, der etwa wegen 3maligen zu schnellen Fahrens Punkte bekommen hat, zu einem „verhaltensauffälligen“ Fahrer, obwohl es durch keine wissenschaftlichen Erkenntnisse begründet und nachgewiesen ist. Er gilt als „verhaltensauffällig“, weil er „verkehrsauffällig“ wurde, und zwar aus rein willkürlich festgelegten, formalistisch ordnungsrechtlichen Gründen, nämlich aufgrund der erreichten Punkte. Indem die MPU-Gutachter aber diese Stigmatisierung in ihren Gutachten kritik- und rücksichtslos verwenden, werden auch viele Kraftfahrer damit regelrecht gebrandmarkt.

Die geradezu verheerenden Folgen dieser Konstruktion ergeben sich daraus, daß die Verwaltungsbehörden und auch die „TÜVologischen“ MPU-Gutachter den nicht mit Punkten belegten Kraftfahrer für nicht „verhaltensauffällig“ halten, weil er nicht „verkehrsauffällig“ wurde. Da die meisten Kraftfahrer ihre Punkte infolge seltener und nur punktueller polizeilicher Kontrollen, also nach dem Zufall erhalten, wird ein dem Begriff „Verhaltensauffälligkeit“ wissenschaftlicher Charakter zugesprochen, obwohl er – zumindest im oben beschriebenen Zusammenhang – bar jeder Wissenschaftlichkeit ist.

Verhaltensbereitschaft

Kunstwort der „TÜVologischen“ Begutachtung. In einschlägigen Fachlexika nicht verzeichnet. Aufgrund der Wortelemente kann dieser Begriff „Bereitschaft zu einem bestimmten Verhalten“ bedeuten, was natürlich in den MPU-Gutachten immer so zu verstehen ist, daß eine Tendenz vorhanden ist, sich über geltende Normen und Verbote hinwegzusetzen und allgemein ein nicht angepaßtes Verhalten zu zeigen. Die Bereitschaft zu einem solchen Verhalten wird grundsätzlich als schwerwiegender charakterlicher Mangel interpretiert, der die Person zum Führen von Kraftfahrzeugen ungeeignet macht.

Verhaltensmuster

Eine Reihe von einzelnen Reaktionen oder Verhaltensäußerungen, die meist zusammen in einer bestimmten Sequenz vorkommen und somit ein komplexes Verhaltensgefüge bilden. Der Begriff wird vor allem verwendet, wenn man sich, wie in der Verhaltensmodifikation oder Verhaltenstherapie, mehr mit umfassenden Verhaltenseinheiten als mit isolierten Einzelreaktionen befaßt.
(Lexikon der Psychologie, Herder Verlag, Freiburg 1980, S. 2459 f.)

Verhaltenssteuerung, vorausschauende

Kunstbegriff der MPU-Gutachten. Die Steuerung oder die Kontrolle über das eigene Verhalten soll so beschaffen sein, daß die Auswirkungen des eigenen Verhaltens jederzeit eingeschätzt werden können.

Unter sprachlichen Gesichtspunkten ist dazu anzumerken, daß eine „Steuerung“ immer auf die Zukunft ausgerichtet ist und die Konsequenzen einer Entscheidung mit in den Entschluß einbezieht. Es kann also keine „spontane (Verhaltens-)Steuerung“ geben, weil das der im Duden genannten Wortbedeutung von „steuern“ – „für einen bestimmten Ablauf sorgen, so beeinflussen, daß sich jemand in beabsichtigter Weise verhält, daß etwas in beabsichtigter Weise abläuft“ – widerspricht. Genau dieser Inhalt wird aber zusätzlich noch vom Begriffselement „vorausschauend“ abgedeckt, was dadurch völlig überflüssig (redundant) wird. Eine solche Redundanz ist in der Linguistik immer ein Hinweis darauf, daß die eigentliche Begriffsbedeutung in das Gegenteil verkehrt wird – in diesem Fall wird ein an sich positiver Charakterzug (Verhaltenssteuerung) in eher negativer Bedeutung verwendet.

verhaltenswirksam

Künstlich gebildetes Adjektiv. Die Bedeutung ist darüber hinaus nicht eindeutig, da dieses Wort sowohl die Bedeutung „mit Wirkung auf das Verhalten“ als auch „durch das Verhalten wirkend“ haben kann. Die künstliche Wortschöpfung läßt daher Fehlinterpretationen zu und trägt eher zur Verschleierung der tatsächlich beabsichtigten Aussage bei.

Verhältnismäßigkeit

Juristisches Prinzip, das bei der Verhängung eines Fahrverbots oder der Anordnung einer medizinisch-psychologischen Untersuchung berücksichtigt werden muß. Der Grundsatz der Verhältnismäßigkeit besagt, daß nur ein Fahrverbot oder eine MPU angeordnet werden darf, wenn keine weniger einschneidende Maßnahme zur Erreichung des angestrebten Zieles – Verhinderung weiterer Verkehrsverstöße bzw. Feststellung der Eignung zum Führen von Kraftfahrzeugen – getroffen werden kann.

Verharmlosung

Siehe Bagatellisierung

Verkehrsabläufe

Bestimmte, sich häufig wiederholende Situationen im motorisierten öffentlichen Straßenverkehr. Durch Wiederholung tritt eine Automatisierung der Reaktionen und der Verhaltensweise ein, die es z. B. älteren Kraftfahrern ermöglicht, eventuell vorhandene Leistungsdefizite durch die erworbene Erfahrung (Routine) im Straßenverkehr auszugleichen. Nicht mehr ausgleichbare Leistungseinbußen machen ungeeignet, weil sich auf den Straßen die Verkehrsabläufe ständig und sehr schnell ändern, denen der vermindert Leistungsfähige sich nicht mehr und immer anpassen kann.

Verkehrsanpassungsfähigkeit

Kunstwort der „TÜVologischen“ Begutachtung, das auch nicht eindeutig ist, da sowohl die „Anpassungsfähigkeit an bestimmte Verkehrssituationen“ als auch das an „Normen und Regeln angepaßte Verhalten im öffentlichen motorisierten Straßenverkehr“ gemeint sein können. Durch diese nur verkürzt und unvollständig wiedergegebene Aussage kann es zu Fehldeutungen kommen.

Verkehrsbewährung

Siehe Legalbewährung

Verkehrsmedizin

Die Verkehrsmedizin beschäftigt sich mit vorhandenen Krankheiten und Schädigungen wie Bluthochdruck oder Sehstörungen und mit durch Arzneimittel, Alkohol, Drogen usw. hervorgerufenen Veränderungen des Bewußtseins und anderer körperlicher Funktionen, die die Fähigkeit zur Teilnahme am öffentlichen Straßenverkehr beeinträchtigen oder die Fahrtätigkeit sogar völlig ausschließen. Solche Veränderungen treten z. B. nach der Einnahme von Medikamenten auf, die das zentrale Nervensystem beeinflussen, wie Alkohol, Schlafmittel, Psychopharmaka, Antiepileptika, Antihypertensiva, Antihistaminika, aber auch bei anderen Wirkstoffen, wie z. B. Atropin am Auge.
(Nach: Pschyrembel, Klinisches Wörterbuch, 256. Auflage, Verlag De Gruyter, Berlin 1990, S. 1779.)

Verkehrspsychologie

Die Verkehrspsychologie ist eine Teildisziplin der Angewandten Psychologie. Sie befaßt sich mit der Behandlung von psychologischen Problemen, die sich aus dem motorisierten Straßenverkehr, aus dem Eisenbahnverkehr sowie aus dem Luftverkehr ergeben. (. . .)

Die verkehrspsychologische Forschung hat sich lange Zeit vorwiegend mit dem Kraftfahrer beschäftigt, sich in jüngster Zeit jedoch verstärkt auch anderen Straßenbenutzern zugewandt. Die vorliegenden Ergebnisse zum Autofahrer kann man unterteilen in die Analyse des Gesamtverhaltens, allgemein als Fahrverhalten bezeichnet, und in Untersuchungen einzelner Phasen der Interaktion des Fahrers mit den anderen Elementen des Verkehrssystems. (. . .)

Auf die Funktionsweise des Teilsystems „Fahrer“, die den Verkehrspsychologen primär interessiert, wirken zahlreiche zeitvariable und zeitkonstante Bedingungen ein, die in der Forschung breites Interesse gefunden haben. Zu den folgenreichsten zeitvariablen Bedingungen gehört zweifellos die Trunkenheit am Steuer (Alkoholismus). Sie erweist sich im Bereich des Fahrverhaltens als folgenreich, da in Abhängigkeit vom Grad der Trunkenheit Leistungsausfälle eintreten, es besonders aber auch im Bereich der Entscheidungen zu Fehleinschätzungen externer und interner Größen kommt. Auf der Ebene der Entscheidungen ist zu untersuchen, warum Personen mit eingeschränkter Fahrtüchtigkeit ihr Fahrzeug in Betrieb nehmen. Analoge Probleme bestehen bei zeitvariablen Bedingungen, wie Medikamentenbeeinflussung, Vigilanz, Ermüdung, in gewisser Weise auch bei vorübergehenden Stimmungen. Zeitkonstante Leistungsvorbedingungen wurden in allen nur erdenklichen Hinsichten in ihrer Wirkung auf Kriterien des Fahrverhaltens untersucht, speziell in ihrem Zusammenhang mit Unfällen. Intelligenz und andere mentale Fähigkeiten, motorische Fähigkeiten und Persönlichkeitsvariablen vielfältigster Art wurden mit Unfällen und anderen aus dem Verkehr und der Fahrpraxis gewonnenen Daten in Beziehung gesetzt, erbrachten aber mit wenigen Ausnahmen nur geringe Korrelationen. Allein biographische Angaben über soziale Auffälligkeiten haben sich als brauchbare Prädiktoren des Fahrverhaltens erwiesen (Unfallforschung). Der relative Mißerfolg dieser Untersuchungen läßt sich z. T. durch methodische Schwierigkeiten erklären. Da gewöhnlich Daten aus Persönlichkeitstests direkt mit Außenkriterien verglichen wurden, blieb unklar, wo und wie das Funktionsgefüge durch eine Persönlichkeitsvariable beeinflußt werden kann. Auf der anderen Seite bildet der Unfall wegen seiner unzulänglichen psychometrischen Eigenschaften einen Unsicherheitsfaktor. Weitere Untersuchungen müßten stärker von der Systemanalyse des Autofahrens ausgehen und außerdem neue und bessere Kriterien einbeziehen. Simulationsversuche könnten dabei eine Hilfe bieten. Gewisse Erfolge versprechen die Bemühungen, den Einfluß von Haltungen und Einstellungen auf das Fahrverhalten nachzuweisen. Haltungen sind stärker gegenstandsbezogen und lassen sich durch geeignete Verfahren hinreichend sicher erfassen. Unter diesen Haltungen sind unter anderem Sicherheitseinstellungen, Einstellungen gegenüber der Autorität besonders zu beachten.

Eine wesentliche Einflußgröße für das Fahrverhalten bildet das Alter des Fahrers. Jugendliche Fahrer sowie Fahrer mit höherem Alter haben das besondere Interesse der Forschung gefunden. Die hinreichend erwiesene höhere Unfallbelastung der Altersgruppe bis 25 wird hauptsächlich durch unangemessene Haltungen und Einstellungen sowie einen Mangel an Erfahrungen bezüglich der Leistungsgrenzen des Systems erklärt. Ältere Fahrer zeigen gehäuft Einbußen im Leistungsbereich, die ihre Fahrtauglichkeit z. T. stark einschränken.

In jüngster Zeit wurde das Fußgängerverhalten intensiver untersucht, denn die Fußgänger stellen – bei einem Anteil von 10% an Unfällen mit Personenschaden – mit 27% (1976) einen sehr hohen Anteil an den Verkehrstoten. Fußgängerverhalten ist kritisch, wenn es mit anderen Verkehrsströmen interferiert. So wurde das Verhalten von Fußgängern an Übergängen, meist im Kreuzungsbereich, häufiger beobachtet, umgekehrt aber auch aus Unfallprotokollen die Gefahr des Überquerens von Fahrbahnen abseits von Übergängen untermauert. Nur wenige Studien konnten bisher zeigen, was der Fußgänger sieht, denkt und entscheidet. Mit Simulationstechniken konnten wirkungsvolle Muster für die Kommunikation zwischen Fahrer und Fußgänger entwickelt werden.

Verkehrspsychologie ist auch eine praktisch-psychologische Disziplin. Die Technischen Überwachungsvereine (TÜV) gründeten vornehmlich für

diese Aufgabe medizinisch-psychologische Institute, um den Aufträgen der Gerichte, Behörden, Verkehrsbetriebe, privater Firmen nach Begutachtung nachkommen zu können. Daneben gibt es Beratungstätigkeit vielfältiger Art, Modellversuche zur Verbesserung der Fahrausbildung zur Wiederanpassung von Fahrern an den Verkehr (driver improvement), zur Rehabilitation von Trunkenheitstätern. In diesen Bereichen bestehen enge Verbindungen zur Verkehrserziehung.
(Nach: Lexikon der Psychologie, Herder Verlag, Freiburg 1980, S. 2469 ff.)

Vermeidungstechnik

Verhaltensweise, die eine erneute Trunkenheitsfahrt bzw. den Rückfall in den früheren übermäßigen Genuß alkoholischer Getränke verhindern soll. Vermeidungstechniken sollen es dem ehemaligen Trunkenheitsfahrer ermöglichen, dem Genuß alkoholischer Getränke auszuweichen und somit gar nicht erst in Versuchung zu geraten, nach Alkoholkonsum mit dem Auto zu fahren. Diese Techniken können z. B. im Konsum alkoholfreier Getränke bestehen oder darin, daß der Betroffene bestimmte Trinksituationen meidet oder nicht mehr entstehen läßt bzw. sich mit bestimmten Bekannten nicht mehr trifft. Damit soll der Rückfall in alte Gewohnheiten des Alkoholkonsums ausgeschlossen werden. Vermeidungstechniken sind unerläßliche Voraussetzung des „kontrollierten Trinkens“, sie können aber auch eine Alkoholabstinenz zum Ziel haben.

Die glaubhafte Darstellung erprobter und bewährter Vermeidungstechniken ist eine wesentliche Voraussetzung der positiven Begutachtung. In den „TÜVologischen“ Gutachten werden die Vermeidungstechniken i. d. R. gar nicht abgehandelt oder auf deren Glaubhaftigkeit geprüft. Die „TÜVologen“ machen sich ihre Arbeit allzu leicht, denn sie verlangen fast immer schematisch Alkoholabstinenz, um nicht prüfen zu müssen, ob die Angaben des Untersuchten zu seinen Vermeidungstechniken beim „kontrollierten Trinken“ glaubhaft sind.

Vorgeschichtsdaten

Siehe Vorgeschichte, Anamnese. Gemeint sind die Daten zur Verkehrsvorgeschichte.

Vorgutachten

Bis zum Erscheinen des ersten psychologischen Kriterienkatalogs **„Psychologisches Gutachten – Kraftfahreignung“** im Frühjahr 1995 (KROJ, 1995) verstand man unter Vorgutachten alle Gutachten, die vor einer aktuellen, zweiten oder dritten Begutachtung erstellt wurden.

KROJ (Hrsg.) führt nun auf Seite 29 Abs. 2 diesen Begriff als Gegensatz zum Obergutachten an und erklärt: *„Insbesondere sind die gesteigerten Anforderungen an ein Obergutachten auf ein Vorgutachten einer amtlich anerkannten medizinisch-psychologischen Untersuchungsstelle nicht übertragbar.“*

Daraus kann sich ergeben, daß einem MPU-Gutachten der Charakter der Vorläufigkeit zugeschrieben wird, obwohl natürlich auch ein Obergutachten nichts Endgültiges ist, denn auch dieses kann nicht nachvollziehbar, daher mangelhaft sein.

wissenschaftlich abgesichert

Standardbehauptung in den MPU-Gutachten über die eigenen Methoden der Untersuchung und Begutachtung. Was genau, welche Methoden, welche Tests, welche Untersuchungsverfahren wissenschaftlich abgesichert sind und wie genau diese Absicherung erfolgte, ist aus den MPU-Gutachten nicht zu entnehmen. Es handelt sich also um eine pauschale Erklärung, die aus möglichem juristischem Kalkül in das MPU-Gutachten aufgenommen wird, um einem Kriterium der „Eignungsrichtlinien“ (Ziffer 8) formal zu genügen.

Wissens- und Einstellungsdefizite

Ein Standardausdruck der „TÜVologischen Geheimsprache“, der näher nicht definiert ist. Gemeint sein dürften die ggf. fehlenden Kenntnisse über die Wirkung alkoholischer Getränke und die „Fehleinstellungen“ (s. dort).

Siehe auch Informationsdefizit. Der Begriffsteil „Wissensdefizit“ ist praktisch in seiner Bedeutung dem objektiven Ausdruck „Informationsdefizit“ gleichzusetzen, da man Wissen immer aufgrund von Informationen erwirbt. „Einstellungsdefizit“ ist demgegenüber ein Kunstbegriff, der nicht analog als „Mangel an Einstellungen“ definiert werden kann, denn Einstellungen sind immer vorhanden. In diesem Begriff soll wohl eher die Bedeutung „mangelhafte oder fehlerhafte Einstellungen“ zum Ausdruck kommen, was aber aufgrund der sprachlichen Analyse nicht abzuleiten ist. Mit „Einstellungen“ sind immer charakterlich wirksame Einstellungen gemeint.

zulässige Alkoholtrinkmenge

Ein Standardausdruck der „TÜVologischen Geheimsprache“, der näher nicht definiert ist. Es bleibt stets das Geheimnis der Gutachter, welche Alkoholtrinkmenge sie wann für zulässig halten. Ein Orientierungsmaßstab kann dabei die Beschreibung zum „normalen“ bzw. „sozialen Trinken“ sein.

Anhang: Bedeutung der in diesem Buch verwendeten sprachwissenschaftlichen Fachausdrücke

Abstraktum	Substantiv (= Hauptwort), das keine gegenständlichen, sondern nur gedachte Dinge benennt *(Eignung, Tauglichkeit)*
Adjektiv	Eigenschaftswort (z. B. *schön, tauglich, sicher*)
Adverb	Umstandswort, Beiwort, das den Ort, die Zeit oder die Art und Weise bezeichnet (z. B. das *sicher* geführte Fahrzeug, der *schnell* rückfällig gewordene Fahrer)
Attribut	Beifügung zu einem Substantiv (z. B. das *schnelle* Auto)
Aussagesatz	Satz, der einen Sachverhalt berichtend darstellt (z. B. *Das Auto hält. Der Fahrer stieg aus.)*
Kompositum	zusammengesetztes Wort (z. B. *Führerschein, Trunkenheitsfahrt)*
Konjunktion	Bindewort zur Darstellung einer logischen Beziehung in einem Satz (z. B. *und, oder, weil)*
Konjunktiv	Möglichkeitsform. Sie dient dazu, etwas als Wunsch oder eine ohne Gewähr weitergegebene Aussage zu kennzeichnen
Konnotation	Neben- und Mitbedeutungen eines Wortes, die emotional bestimmt sind oder wertend bzw. beurteilend wirken. Der Ausdruck *„Rückfälliger Trunkenheitsfahrer"* hat immer auch eine negative bzw. wertende **konnotative Bedeutung,** weil diese Person es nicht verstanden hat, gute Vorsätze umzusetzen und ihre Trinkgewohnheiten so zu ändern, daß sie nicht wieder mit Trunkenheit am Steuer auffällt – die Person ist also z. B. willensschwach
Kontext	Einbettung von Sätzen und Texten in eine bestimmte Situation oder einen gesellschaftlichen Zusammenhang
Linguistik	Sprachwissenschaft, Adjektiv: linguistisch
nominaler Ausdruck	Konstruktion mit einem zum Substantiv gemachten Verb (z. B. *das Lesen des Buches)*
Partizip	Wort, das eine Mittelstellung zwischen Verb und Adjektiv einnimmt (z. B. *trinkend, fahrend)*
Partizipialkonstruktion	Das Partizip wird durch andere Beifügungen wie z. B. ein Adverb ergänzt und hat eine unabhängige Aussage innerhalb eines Satzes – es bildet praktisch einen Satz im Satz

Pleonasmus	vgl. Tautologie (s. u.)
Präposition	Verhältniswort (z. B. *in, auf, hinter)*
Semantik	wissenschaftliche Lehre von der Bedeutung der Worte
Subjekt	Satzgegenstand, nennt das Wesen oder Ding, das die Aussage trägt
Substantiv	Hauptwort, Nennwort (z. B. *Auto, Straße, Haus)*
Syntax	wissenschaftliche Lehre vom Satzbau
Terminologie	Gesamtheit der in einem Fachgebiet üblichen Fachwörter und -ausdrücke
Tautologie	Fügung, die einen Sachverhalt doppelt wiedergibt (z. B. *runder Kreis;* umgangssprachlich *„doppelt gemoppelt“)*
Verb	Zeitwort, Tätigkeitswort, bildet in fast allen Sätzen den Kern der Aussage

Literaturverzeichnis

Antons, K.; Schulz, W.: Normales Trinken und Suchtentwicklung. Verlag für Psychologie Dr. C. J. Hogrefe, Göttingen 1976.

Arnold, W.; Eysenck, J.; Meili, R.: Lexikon der Psychologie, Band I-III, 12. Auflage, Herder Verlag, Freiburg 1980.

Batra, A.; Foerster, K.: Die Beurteilung der Alkoholabhängigkeit im Rahmen der medizinisch-psychologischen Begutachtung, Tübingen, NZV 1994, Heft 2, S. 57 ff.

Beine, R.: Die rechtlichen Maßstäbe bei der Beurteilung der Eignung zum Führen von Kraftfahrzeugen und die Aufgaben der Sachverständigen. In: Arbeits- und Forschungsgemeinschaft für Straßenverkehr und Verkehrssicherheit, Köln (Hrsg.) 1972, Buchreihe Bd. XXI.

Buikhuisen, W.; Alcohol en verkeer, J.A. Boom en Zoon, Meppel 1968, boom paperback 21, S. 132 ff.

Buikhuisen, W.; Jongmann, R.W.: Der Einfluß des Alkohols auf das Wahrnehmen von Verkehrssituationen, Dr.-Arthur-Tetzlaff-Verlag, Frankfurt am Main 1971.

Bundesanstalt für Straßenwesen: Beeinflussung und Behandlung alkoholauffälliger Kraftfahrer, Bericht der Projektgruppe Bereich Unfallforschung, Köln 1978.

Bundesminister für Verkehr: Krankheit und Kraftverkehr, Gutachten des Gemeinsamen Beirats für Verkehrsmedizin, 4. Auflage, Heft 71, Bonn 1992.

Bundesminister für Verkehr: Richtlinien für die Prüfung der körperlichen und geistigen Eignung von Fahrerlaubnisbewerbern und -inhabern (Eignungsrichtlinien), in: VkBl. 82, 496 mit Berichtigung, in: VkBl. 83, 7 und Änderung, in: VkBl. 89, 786.

Bundesverwaltungsamt: Bürgernahe Verwaltungssprache, Merkblatt M 18, Bundesstelle für Büroorganisation und Bürotechnik, 9. Auflage, Köln 1991.

Dachrodt, H.-G.: Zeugnisse lesen und verstehen, 2. Auflage, Bund-Verlag, Köln 1991.

Der Bundesminister für Verkehr: Alkohol und Straßenverkehr – Neue Fronten bei einem alten Problem? Bonn 1985.

Drever, J.: Wörterbuch zur Psychologie, Deutscher Taschenbuchverlag, München 1968.

Duden, Das große Wörterbuch der deutschen Sprache, 2. Auflage, Duden Verlag 1993.

Duden, Deutsches Universalwörterbuch, Duden Verlag 1989.

Duden, Großes Lexikon der Deutschen Sprache, Duden Verlag 1994.

Fluck, H.-R.: Fachsprachen, Francke Verlag, München 1976.

Fortschritte der Diagnostik, Praxisreport 5, 4. Jahrgang, November 1993

Funk-Kolleg Sprache: Eine Einführung in die moderne Linguistik, Band I und II, Fischer Taschenbuch Verlag, Frankfurt 1973.

Haus, Klaus-Ludwig: Eignungsbegutachtung aufgrund medizinisch-psychologischer Gutachten – Rheinland-Pfalz erläßt landeseinheitliche Kriterien für die Bewertung von Gutachten – in: Zeitschrift für Schadensrecht, Jahrgang 13, Heft 5, Mai 1992.

Heifer, U.: Alkoholbedingte Leistungsmängel und ihre Auswirkung auf die Fahrsicherheit. In: Arbeits- und Forschungsgemeinschaft für Straßenverkehr und Verkehrssicherheit, Köln 1972.

Himmelreich, K.: Bindung der Verwaltungsbehörde an rechtskräftige Entscheidungen des Strafrichters zur Eignungsfrage, Köln, DAR 8/89, S. 285-288.

Himmelreich, K.: Rechtliche Aspekte der Qualitätskontrolle bei der verkehrsmedizinisch-psychologischen Fahrtauglichkeitsbegutachtung, Köln, DAR 4/93, S. 127-131.

Himmelreich, K.; Hentschel, P.: Fahrverbot – Führerscheinentzug, 6. Auflage, Werner-Verlag, Düsseldorf 1992.

Himmelreich, K.; Janker, H.: MPU-Begutachtung, Werner-Verlag, Düsseldorf 1992.

Kahle, W.: Nervensystem und Sinnesorgane, 5. Auflage, Georg Thieme Verlag, Stuttgart, New York 1986.

Kerner, H. J.: Dokumentation von Gesetzgebung, Kontrolle und Sanktion (Alkohol und Fahren), Institut für Kriminologie der Universität Heidelberg, 1984.

Kiegeland, P.: Verkehrsbezogene Einstellungen von Berufskraftfahrern, ZVS 37 (1991), Nr. 3, S. 98 ff.

Kretschmer-Bäumel, E.: Alkohol am Steuer: Orientierungen und Verhalten der Kraftfahrer (Untersuchungen Alkohol und Fahren, Bd. 12), Bergisch Gladbach 1985.

Kroj, Günter (Hrsg.): Psychologisches Gutachten – Kraftfahreignung, Deutscher Psychologen Verlag GmbH, 1995

Kunkel, E.: Die Abstinenzforderung bei STEPHAN, Mainz, Zeitschrift für Schadensrecht, Jahrgang 14, Heft 11/93, S. 361 ff.

Kunkel, E.: Die anlaßbezogene Untersuchung der Fahreignung in den amtlich anerkannten Untersuchungsstellen, ZVS 4, 4, 1980, 160-165.

Kunkel, E.: Die Rückfallwahrscheinlichkeit als Kriterium der Fahreignung bei alkoholauffälligen Kraftfahrern, Blutalkohol 21, 5, 1984, 385 bis 395.

Kunkel, E.: Die Schwierigkeiten der Abstinenz als Problem in der Fahreignungsuntersuchung, Mainz, DAR 7/94, S. 263-265.

Kürti, K.: Der Weg zurück zum Führerschein, 2. Auflage, Werner-Verlag, Düsseldorf 1992.

Kürti, K.: Fehlerquellen bei der psychologischen Fahreignungsbegutachtung. In: Blutalkohol Vol. 23, Nr. 6, 1986.

Kürti, K.: Mein Führerschein ist weg – was tun?, 3. Auflage, Werner-Verlag, Düsseldorf 1992.

Kürti, K.: Superstart zum Führerschein, Werner-Verlag, Düsseldorf 1986.

Leitfaden zur Begutachtung der Eignung zum Führen von Kraftfahrzeugen in amtlich anerkannten Medizinisch-Psychologischen Untersuchungsstellen (MPU). ZVS 29 (1984), 4.

Lewrenz, Herbert: Das nachvollziehbare Eignungsgutachten, in: DAR 9/92, S. 50–53.

Menken, E.: Die Rechtsbeziehungen zwischen Verwaltungsbehörde, Betroffenem und Gutachter bei der Medizinisch-Psychologischen Fahreignungsbegutachtung. Verlag TÜV Rheinland 1980.

Müller, A.: Fahrerlaubnis, Eignungsbegutachtung, Nachschulung und Therapie bei Trunkenheitstätern: Ansätze zu einer notwendigen Neuorientierung, Blutalkohol, Vol. 30 Nr. 2, 1993

Müller, A.: Psychologische Begutachtung, Problembereiche und Praxisfelder, S. 306-328. Hrsg. H. Hartmann u. R. Haubl. Verlag Urban & Schrazenberg, München 1984.

Müller, A.: Rückfallrisiko und Begutachtung von alkoholauffälligen Kraftfahrern, Homburg (Saar), DAR 8/94, S. 308-312.

Münchener Rechts-Lexikon, Band I-III, Beck, München 1987.

Pfeiffer, G.; Trams, L.; Welzel, U.: Der Einfluß der Person des Gutachters auf das Gutachtenergebnis, Köln 1977. Psychologisches Institut I der Universität Köln. Bibliothek-Katalog-Nr. 178/05043.

Platzer, W.: Bewegungsapparat, 5. Auflage, Georg Thieme Verlag, Stuttgart, New York 1986.

Pschyrembel: Klinisches Wörterbuch, 256. Auflage, Verlag de Gruyter, Berlin, New York 1990.

Rieh, Theodor: Der Testknacker bei Führerscheinverlust, Falken Verlag, Niedernhausen 1992.

Schettler, G.: Innere Medizin, Band I und II, 7. Auflage, Georg Thieme Verlag, Stuttgart, New York 1987.

Schweizer Medizinische Wochenzeitschrift, Jahrgang 1992; 122, S. 616ff.

Schwendtke, A.: Wörterbuch der Sozialarbeit und Sozialpädagogik, 2. Auflage, Quelle & Meyer, Heidelberg 1980.

Schwerd, W.: Rechtsmedizin, Lehrbuch für Mediziner und Juristen, 5. Auflage, Deutscher Ärzte-Verlag, Köln 1992.

Stephan, E.: Die Rückfallwahrscheinlichkeit bei alkoholauffälligen Kraftfahrern in der Bundesrepublik Deutschland. ZVS 30, 1984, 28-34.

Stratton, P.; Hayes, N.: A Students Dictionary of Psychology, Edward Arnold Great Britain, 1988.

Tannen, D.: Das hab ich nicht gesagt! Kommunikationsprobleme im Alltag, Ernst Kabel Verlag, Hamburg 1992.

Thieme: Wörterbuch der Medizin, Band I und II, 6. Auflage, Georg Thieme Verlag, Stuttgart 1973.

Trudgill, P.: Sociolinguistics, 6. Auflage, Penguin Books Ltd., Great Britain 1979.

Undeutsch, U.; Pfeiffer, G.; Welzel, U.; Friedeler, A.: Im Spannungsfeld von Trinken und Fahren. Dr.-Arthur-Tetzlaff-Verlag GmbH, Darmstadt 1976.

Undeutsch, U.: Psychologische Impulse für die Verkehrssicherheit. Verlag TÜV Rheinland GmbH, Köln 1977.

von Herbay, A.; Strohmeyer, G.: Die erhöhte γ-GT (γ-Glutamyltransferase), DMW 1994, 119. Jg. Nr. 30, S. 1041-1044.

Wagner, H.J.: Beurteilungshinweise für die Begutachtung von Trunkenheitstätern, Homburg (Saar), DAR 2/93, S. 49-52.

Winkler, W., et al.: Wirksamkeit von Kursen für wiederholt alkoholauffällige Kraftfahrer, Bundesanstalt für Straßenwesen, 1988.